STUDIA
HUMANITATIS
문명텍스트

STUDIA
HUMANITATIS
문명텍스트
36

레온 바티스타 알베르티의

『건축론』

(1, 2, 3권)

서정일 번역·주해

서울대학교출판문화원

STUDIA
HUMANITATIS
문명텍스트
36

레온 바티스타 알베르티의
『건축론』(1, 2, 3권)

초판 1쇄 발행 2018년 4월 20일
초판 3쇄 발행 2022년 8월 10일

지은이 레온 바티스타 알베르티
옮긴이 서정일

펴낸곳 서울대학교출판문화원
주소 08826 서울 관악구 관악로 1
도서주문 02-889-4424, 02-880-7995
홈페이지 www.snupress.com
페이스북 @snupress1947
인스타그램 @snupress
이메일 snubook@snu.ac.kr
출판등록 제15-3호

ISBN 978-89-521-1936-0 94540
978-89-521-1574-4 (세트)

이 저서는 2007년 정부(교육과학기술부)의 재원으로
한국연구재단의 지원을 받아 수행된 연구임(NRF-2007-361-AL0016).

❁ 옮긴이의 말

이 한국어 번역작업은 2007년 말 출범한 서울대학교 인문학연구원의 인문한국 문명텍스트총서사업으로 기획되었고, 인문학연구원 내의 협력적인 학제연구의 풍토 안에서 많은 도움을 받아 진행되었다. 멀게는 펜실베이니아 대학교의 조셉 리쿼트 교수의 비트루비우스와 알베르티의 건축고전강독수업으로부터 영향을 받아 이 고전번역 작업을 기획했다. 역자에게 많은 도움과 격려를 베풀어 주신 서울대학교 인문학연구원과 인문대학의 여러 선생님들께 감사드린다. 특히 고전학자 안재원 선생님이 어려운 라틴어 구문들을 이해하는 데 소중한 도움을 주셨다. 또한 백진, 김일현 선생님을 비롯하여 이 텍스트의 번역작업에 관심과 도움을 주신 건축학자분들께 감사드린다. 전임 인문학연구원 원장이신 김남두 선생님과 은사이신 김광현 선생님의 격려가 큰 힘이 되었다. 그 밖에 이 책의 번역과 출판에 관심을 가지고 도와주신 인문학연구원의 김주원 원장님, 이강재 부원장님을 비롯하여 많은 분들께 지면을 빌려 깊이 감사드린다.

서정일

✿ 차례*

---

* 각 권에 포함되는 세부 장 목차는 1541년 판본(*De re aedificatoria libri decem..., per Eberhardum Tappium Lunensem*. Strasboug: Giacomo Cammerlander)의 내용을 따랐다.

제2권 재료

제3권 작업

✿ 그림 차례

일러두기

1, 2, 3권에 인용된 고전텍스트의 저자와 서명

갈레노스(Aelius Galenus), 『다양한 열병에 대하여』(*De febrium differentiis*)

겔리우스(Aulus Gellius), 『아티카의 밤』(*Noctes Atticae*)

디오도로스 시켈로스(Diodorus Siculus), 『세계사』(*Ἱστορικὴ Βιβλιοθήκη*)

루크레티우스(Lucretius), 『사물의 본성에 대하여』(*De rerum natura*)

바로(Marcus Terentius Varro), 『농사3서』(*Rerum Rusticarum Libri Tres*), 『라틴어에 대하여』(*De Lingua Latina*)

베게티우스(Flavius Vegetius Renatus), 『군사론』(*Epitoma rei militaris*)

베르길리우스(Publius Vergilius Maro), 『게오르기카 카르미나』, 『목가집』(*Eclogae*)

비트루비우스(Vitruvius), 『건축십서』(*De architectura*)

세네카(Lucius Annaeus Seneca), 『예지에 대하여』(*De providentia*)

세르비우스 호노라투스(Marius Servius Honoratus), 『게오르기카 주해서』(*Ad Georgica commentarii*), 『아이네이스 주해서』(*Ad Aeneidem commentarii*)

수에토니우스(Gaius Suetonius Tranquillus), 『네로』(*Nero*), 『아우구스투스』(*Augustus*), 『카이사르』(*Caesar*), 『칼리굴라』(*Caligula*), 『클라우디우스』(*Claudius*)

스트라본(Strabo), 『지리학』(*Geographica*)

아리스토텔레스(Aristoteles), 『기상학』(*Meteorologica*), 『식물에 대하여』(*Περὶ φυτῶν; De plantis*), 『정치학』

아리아노스(Arrianos), 『인도학』(*Indica*), 『원정』(*Anabasis*)

알렉산드리아의 아피아(Appia), 『로마사』(*Historia Romana*)

암미아누스 마르켈리누스(Ammianus Marcellinus), 『역사』(*Rerum gestarum libri*)

에우세비우스(Eusebius), 『복음의 준비』(*Praeparatio Evangelica*)

오비디우스(Publius Ovidius Naso), 『흑해에서 보낸 편지』(*Epistulae ex Ponto*)

이시도르(Isidore of Seville), 『어원백과사전』(*Ethymologiarum sive originum libri XX*)

율리우스 카피톨리누스(Iulius Capitolinus), 『로마황제전기작가들』(*Scriptores Historiae*

Augustae)

카이사르(Gaius Julius Caesar), 『갈리아 전기』(*De Bello Gallico*)

카토(Marcus Porcius Cato), 『농사에 대하여』(*De Agri Cultura*)

쿠르티우스 루푸스(Quintus Curtius Rufus), 『알렉산드로스 대왕의 역사』(*Historiae Alexandri Magni*)

크세노폰(Xenophon), 『아나바시스』(*Anabasis*), 『오이코노미코스』(*Oikonomikos*), 『키로파이디아』(*Cyropaedia*)

키케로(Marcus Tullius Cicero), 『예견에 대하여』(*De divinatione*), 『투스쿨룸 논쟁』(*Tusculanae disputationes*), 『궤변』(*Paradoxa*), 『의무론』(*De officiis*), 『베레스 연설』(*Orationes in Verrem*), 『연설가』(*Orator*), 『연설가에 대하여』(*De Oratore*)

콜루멜라(Lucius Junius Moderatus Columella), 『농업』(*Res Rustica*)

타키투스(Publius Cornelius Tacitus), 『역사』(*Historiae*), 『편년사』(*Annales*)

테오프라스토스(Theophrastus), 『식물연구』(*Historia plantarum; Περὶ φυτῶν ἱστορία*)

투키디데스(Thucydides), 『펠레폰네소스 전쟁』(*Ἱστορίαι*)

티투스 리비우스(Titus Livius Patavinus), 『로마사』(*Ab urbe condita libri*)

팔라디우스(Rutilius Taurus Aemilianus Palladius), 『접붙이기에 대하여』(*De insitione*)

폼포니우스 멜라(Pomponius Mela), 『지지학에 대하여』(*De chorographia*)

프론티누스(Sextus Julius Frontinus), 『로마의 수로에 대하여』(*De aquis urbis Romae*)

플라비우스 요세푸스(Flavius Josephus), 『유대인 초기사』(*Antiquitates Iudaicae*), 『유대전쟁사』(*Bellum Iudaicum*)

플라톤(Plato), 『법률』(*Νόμοι*)

플루타르코스(Lucius Mestrius Plutarchus), 『누마』(*Numa*), 『안토니우스』(*Antonius*)

플리니우스(Gaius Plinius Secundus), 『자연사』(*Naturalis Historia*)

피르미쿠스 마테르누스(Firmicus Maternus), 『마테세오소』(*Matheseos sive astronomicorum libri*)

호라티우스(Quintus Horatius Flaccus), 『송가 혹은 서정시 전집』(*Odarum seu carminum libri*)

호메로스(Homerus), 『일리아스』(*Ἰλιάς*)

헤로도토스(Herodotus), 『역사』(*ἱστορίαι*)

헤시오도스(Hesiodus), 『일과 날』(*Ἔργα καὶ Ἡμέραι*)

히포크라테스(Hippocrates), 『공기, 물, 장소』(*De aere aquis et locis*)

레온 바티스타 알베르티, 『건축론』(1, 2, 3권)

■ 해제

1. 알베르티와 『건축론』의 저술배경

레온 바티스타 알베르티(Leon Battista Alberti, 1404-72)의 『건축론』(*De re aedificatoria*)은 인류문명사를 통틀어서 건축분야에서 가장 중요한 고전 중 하나다. 건축에 대해서 쓰여진 단편적인 글들을 제외하고 일반적이고 체계적인 설명을 제공한 가장 오래된 건축문헌으로 남아 있는 것은 기원전 1세기 말에 비트루비우스(Vitruvius)가 저술하여 아우구스투스 황제에게 바친 『건축십서』(*De architectura*)다. 이 저작은 역사에서 오랫동안 잊혀져 있다가 1414년 피렌체의 인문학자 포조 브라치올리니(Poggio Bracciolini, 1380-1459)에 의해 발견된 뒤 학술적으로 연구되기 시작했다. 비트루비우스의 이 저작을 가장 먼저 진지하게 연구한 사람들 중의 한 명이 알베르티였다. 하지만 알베르티는 비트루비우스의 저작을 연구하는 데 머무르지 않고 여러 고대 작가들의 저작들로부터 다양한 건축적 지식들을 발굴했으며, 또한 고대로부터 전해 내려오는 건축유산들과 당대의 건축물들을 직접 관찰함으로써 폭넓은 건축적 지식을 집대성했다. 그리하여 비트루비우스의 저작으로부터 거의 1,500년 만에 또 하나의 건축문헌을 완성했다. 알베르티와 비트루비우스에 의한 두 건축서는 공교롭게도 그 첫 번째 인쇄본들이 각각 로마와 피렌체에서 같은 해인 1485년에 — 알베르티가 사망한 지 13년 뒤에 — 출판되었다.

알베르티는 그 자신이 여러 건축물을 설계한 건축가이기도 했지만 또한 성직자이자 외교관이었고 다방면에 걸친 저술을 남긴 인문학자였다. 알베르티 가문은 토스카나 지방의 유서 깊은 가문으로서, 13세기에 카테나이아 성으로부터 피렌체로 옮겨 와서 유력한 부상 및 은행가 가문을 이루었다. 그들은 치옴피 반란을 지지했다가 피렌체에서 축출되기도 했고 15세기에 알비치 가문에 맞서서 메디치 가문과 협력하면서 피렌체로 복귀했다. 이 가문 최초의 유력 정치가는 베네디토였고 그의 손자가 바로 바티스타다. 바티스타 알베르티는 1404년 2월 18일, 망명지인 제네바에서 태어났는데, 그의 아버지는 로렌초(Lorenzo de' Benedetto degli Alberti)였고, 어머니는 제네바 출신의 과부 비안카 피에스키(Bianca Fieschi)로서 본 남편의 성은 그리말디였다. 로렌초와 비안카는 둘 사이에 알베르티의 형 카를로를 두었고, 이후 바티스타가 태어난 지 얼마 뒤 비안카가 죽자 로렌초는 두 형제를 데리고 베네치아와 파도바로, 또한 제노바로 옮겨 다녔으며, 제노바에서 1408년에 혼인한다. 바티스타는 어릴 적부터 인문교육을 체계적으로 받았는데, 유년기에 북부 이탈리아의 가장 뛰어난 인문교육기관이던 가스파리노 바르지짜(Gasparino Barizizza)의 김나지움에서 공부했고(가스파리노는 키케로의 작품들에 영향 받은 새로운 형식의 글쓰기를 교육을 가르친 사람이었다), 십대 후반부터는 볼로냐에서 양법학박사(doctor utriusque juris) 학위를 받아 고위성직자가 될 자격을 갖추었

〈그림 1〉 마테오 데 파스티(Matteo de'Pasti)가 제작한 알베르티의 초상메달. 알베르티가 20대 후반이던 1430년경에 제작되었다. 메달 뒷면에는 번개를 뿜는 날개 달린 눈의 엠블럼과 함께 '그래서 무엇?'(QUID TUM)이라고 쓰여 있다. 수수께끼 같은 이 엠블럼의 내용에 대해 학자들은 여러 가지로 추정했다. 그것은 출생과 환경의 제약을 극복하려는 '파격적 태도'의 표현일 수도, 계시적인 '신의 눈'의 표현일 수도, 시대의 사회적 곤경 속에서 '인본주의의 무기'의 표현일 수도, 신 앞에 확인받고 싶은 자신의 '선견지명'의 표현일 수도 있다.

다. 바티스타 알베르티는 1432-34년에 그라도 총대주교 비아조 몰린(Biagio Molin)의 비서를 지냈고, 피렌체 근처 강갈란디(Gangalandi)의 산 마르티노 수도원의 부원장을 맡기도 했다. 로마체류기에 브루니(Bruni), 포조(Poggio), 비온도(Biondo) 등의 인문학자들과 교류하기도 했고, 1434년에 교황 에우게니우스 4세의 수행원으로 피렌체에 가 있다가 1443년에 그와 함께 로마로 돌아와 1472년 세상을 뜰 때까지 로마에서 살았다.

알베르티는 희극작품인 『필로독세우스』(*Philodoxeus*, 1424)를 써서 작가로서 이름을 얻기 시작했고, 그 뒤로 『가족론』(*Della famiglia*, 1434), 『회화론』(*De pictura*, 1435) 등의 여러 저작들을 남겼다.[1] 이 중 『건축론』은 1443-52년 사이에 집필된 것으로 추정된다. 『건축론』

은 그 제목처럼 '짓는 것'(res aedificatoria)의 문제 일반을 다루었다. 달리 말해 건축이라는 학술(ars)의 문제를 포괄적으로 다루었다. 『건축론』은 비트루비우스의 『건축십서』와 똑같이 10권으로 이루어져 있어서, 오늘날의 학자들은 이 두 저작의 상호관련성에 대해 주목했다. 알베르티가 책의 제목에 건축(architectura)이라는 용어 대신 '짓는 것'(res aedificatoria)이라는 명칭을 쓴 것부터가 실은 주목할 만하다. 이는 비트루비우스의 책 제목인 '건축에 대하여'(de architectura)와 의도적인 차별성이 있는 듯하고, 따라서 그 의도에 대해 여러 가지 의견이 있을 수 있다. 하지만 분명 알베르티는 책의 내용 전체에서 '건축'(architectura)이란 용어를 기피하거나 부정하지는 않은 것이 사실이고, 또한 '짓는 것'(res aedificatoria)이라는 용어는 비트루비우스가 정의한 '건축'의 세 가지 분야 중 하나로서 짓는 일(aedificatio), 시계(gnomonice), 기계(machinatio) 중 하나(비트루비우스, 『건축십서』, I, 3, 1)이다. 따라서 알베르티는 그중 뒤의 두 가지를 빼고 '건축물 짓는 일'(aedificatio)에 국한한 것으로도 볼 수 있다. 책의 주된 체계와 내용에서 알베르티가 비트루비우스로부터 가져온 것은 분명 적지 않다. 일례로, 알베르티는 짓는 일(aedificatio)을 다시 공적 작업과 사적 작업으로 나눈 비트루비우스의 분류방식도 그대로 채택했다.[2]

---

1 *Philodoxeus*(영광의 연인, 1424), *De commodis litterarum atque incommodis*(문학연구의 장단점, 1429), *Intercoenales*(좌담, 1429), *Vita S. Potiti*(성 포티부스의 생애, 1433), *Commentarium Philodoxeos Fabule*(1434), *De iure*(법률론, 1437), *Vita anonyma*(1438), *Theogenius*(신들의 기원, 1440경), *Profugiorum ab aerumna*(정신적 고뇌로부터 도피, 1442-43), *Momus*(모무스, 1450), *De Iciarchia*(군주론, 1468) 등의 작품이 있다.

2 비트루비우스의 저작에 대한 알베르티의 평가는 『건축론』 6권 1장을 볼 것.

알베르티의 저작의 의의를 따질 때 우리는 우선 그가 『건축론』 전체를 꿰뚫는 가치체계를 비트루비우스에 비해 더욱 명확히 설정하고 그 가치들을 실현하기 위한 원리들을 따져 나갔음에 주목할 필요가 있다.

> 삶을 좋게 또 복되게 살도록 해 주는, 많고 다양한 학술들을 우리 선조들께서는 많은 노력과 관심을 기울여 얻어 내어 우리에게 전해 주셨다. 이 모든 것들은, 비록 인류에게 많을 것들을 가져다주려고 서로 경쟁하듯 자기 자신들을 드러내 왔지만, 그럼에도 불구하고 그 어떤 것들도 저마다 타고나고 고유한 것을 가지고 있어서, 이 때문에 개별적인 것들에게 다른 것들과 다른 개별적이고도 다른 열매들이 주어지는 듯이 보인다는 것을 우리는 알고 있다. 즉, 어떤 학술들을 우리는 필요성 때문에 추구하고, 어떤 것들을 유용성 때문에 인정하고, 어떤 것들은 그것들을 앎으로써 아주 큰 매력을 느끼기 때문에 값어치가 있다. 이 학술들이 어떤 것들인지에 대해서는 좇아 가 보지 않아도 되니, 그것들은 분명하다. 그대가 되짚어 보면, 무릇 가장 중요한 학술들의 범위에서부터, 나머지 것들과 떨어져 각별한 목적을 추구하고 고려하지 않는 것은 발견할 수 없을 것이다. 또는 그것이 없어서는 안 된다는 데 동의하면서도 그것의 유용성을 매력과 품위와 한데 묶는 어떤 학술을 마침내 찾아낸다면, 내 생각에 그 범위에서 건축이 뒤떨어지지 않을 것이다.(알베르티, 『건축론』 서문)

비트루비우스가 제시한 견고함, 유용함, 아름다움[3]이라는 항목이 건축분야에 국한되는 가치체계였다면, 이에 비해 알베르티는 학술

---

3 firmitas, utilitas, venustas.

일반으로부터 필요성, 유용성, 삶의 매력이라는 열매(가치)를 도출하고 이 관점에서 건축을 설명하고 있다. 이 점은 무시할 수 없는 차이를 보인다. 건축의 가치체계를 설정함으로써 건축가를 동시에 새로 규정하는 것과 관련되기 때문이다.

> 공화국의 안전, 위엄, 명예는 건축가에게 크게 달려 있다. 우리의 안식에 있어 기쁨, 즐거움, 건강을 책임지는 자, 일함에 있어 이익과 편의를 책임지는 자, 간략히 말해 위험에서 벗어난 품격 있는 삶을 책임지는 자가 건축가다. 생각해 보라. 건축가의 작업의 기쁨과 훌륭한 품위를, 그들이 얼마나 필수적인지를, 그 창작물의 이로움과 편의를. 건축가가 후세에 남기는 바를. 그렇다면 건축가는 마땅히 칭송과 존경을 받아야 하고, 존경받고 인정받을 자들에 손꼽아야 한다. 이런 인식에서, 우리 자신의 기쁨을 위해, 건축가의 학술과 일, 또 그것이 도출되는 원칙, 그것을 구성하고 규정하는 분야들에 대해 더 깊이 탐구하게 된 것이다. (『건축론』, 서문)

알베르티가 강조하는 건축적 가치란 무엇인가? 그것은 곧 필요성의 만족 위에, 유용성, 품위, 매력, 거기에 더해 권위와 명예다.[4] 즉, 건축은 우리를 "도와주고," "기쁘게 해 주고," "(고상하게) 꾸며 준다."[5] 알베르티는 건축이 이 역할을 균형 있게 해내야 한다고 말한다. 그럼에도 불구하고 건축의 지고한 가치가 품위와 매력에 있음을 감추지 않는다. 사실 품위와 매력이라는 가치는 회화를 비롯한 다른 학

---

4 필요성(necessitas), 유용성(utilitas), 품위(dignitas), 매력(voluptas), 권위(auctoritas), 명예(decus).

5 도와주고(iuvare) 기쁘게 해 주고(delectare) 꾸며 주다(honestare)(서문, 13쪽).

술 분야에서도 알베르티가 추구하는 핵심 가치들이었다. 또한, 권위와 명예 같은 가치들도 건축에서 각별히 실현되는 가치로 제시되고 있다. 이런 가치들은 훼손과 파괴로부터 작업을 보호하는 효과적인 수단이기도 하다고 알베르티는 쓴다. 권위의 경우 비트루비우스의 용법과 달리 알베르티는 오래된 시간으로부터 나오는 건축의 권위를 지적함으로써 건축의 문화유산적 가치에 대한 현대적 인식의 초석을 마련한 것으로 볼 수 있다. 하지만, 알베르티는 학술의 발전을 인식하고 옛사람을 능가할 수 있는 현대인의 잠재력을 언급하며 현실도시의 개선이라는 현대적 기획을 펼쳤다. 즉, 고대건축에 대한 존중과 수학적 비례의 타당성에 대한 신념을 바탕으로 하여, 고대건축의 전통을 더욱 발전시켜 "우리 자신의 발명품을 낳고, 옛사람들보다 더 나은 칭송을 받고자" 추구했다.

알베르티는 이 저술에서 결국 건축을 하나의 학술(ars)로 정립한다. 건축이 어떤 가치를 지니는지, 건축을 어떤 원리들에 따라 수행해야 할지 가급적 명증하게 설명하려는 시도는 비트루비우스의 저작과 충분히 구별된다. 알베르티는 건축 말고도 회화 및 조각을 학술로서 정립하려고 했다.[6] 『건축론』은 건축의 기술적 측면과 학술적 입지

---

6 『회화의 요소』(*Elementa picturae*), 『회화론』(*De pictura*, 1435), 『조각론』(*De statua*, 1462)이 이런 목적에서 쓴 저작들이었다. 회화론의 체계에 관한 연구로는 다음을 참고할 것. D. R. Edward Wright, "Alberti's De Pictura: Its Literary Structure and Purpose," *Journal of the Warburg and Courtauld Institutes*, vol. 47 (1984): 52-71; Mark Jarzombek "The Structural Problematic of Leon Battista Alberti's De pictura," *Renaissance Quarterly* 4/3 (1990): 273-285. 알베르티의 『조각론』의 학술적 성격에 대해서는 다음을 볼 것. J. B. Riess, "The Civic View of Sculpture in Alberti's De re aedificatoria," *Renaissance Quarterly*, vol. 32, no. 1 (Spring, 1979).

의 측면을 포괄적으로 서술하는데, 이는, 알베르티 자신이 회화에 대해서는 『회화의 요소』(*Elementa picturae*)와 『회화론』(*De pictura*)에서, 조각에 대해서는 『조각론』(*De statua*)과 『건축론』에서 기술적 측면과 학술적 입지의 측면을 나누어 서술한 것에 대비된다.

건축을 학술로 정립하는 과제는 알베르티에게 특히 어렵게 느껴졌는데, 그 까닭은 건축의 연구대상의 양과 종류가 방대하기도 하거니와 건축이 다양한 가치들에 동시에 결부되어 있고 그것들에 대한 설명을 두루 만족시켜야 했기 때문이었다. 이 과제는 하나의 '일관된 이론'의 수립에 의해 달성되며, 또한 이것을 위해서는 "문제를 설명하고, 용어를 고안하고, 자료를 다루는"(6권 1장) 노고가 필요했다. 문제를 설명하기 위해서, 또한 건축의 여러 가치들이 어떤 원천에서 도출되고 어떻게 실현되는지 설명하기 위해서 알베르티는 건축의 개념(건축은 무엇으로 이루어지는가), 필요한 능력(건축가의 능력과 역할) 범위와 방식(건축의 유형과 장식의 문제)의 문제를 다룬다.[7] 비트루비우스도 『건축십서』에서 건축의 가치, 건축가의 역할 등을 언급하며 건축을 학술로 정립하는 한 것은 분명하지만, 『건축론』은 체계적 문제설정과 설명의 수준에서 훨씬 두드러진다.

이상의 내용이 『건축론』 텍스트에 명시적으로 드러나 있는 저작의 목적이라면, 이 텍스트의 성격은 알베르티의 작업 전체에 걸쳐 맥락을 파악할 필요가 있는데 그 전체 저작의 성격은 풍부하고 복합적

---

7 C. van Eck는 주장하기를, 건축에 대한 알베르티의 정의가 건축물을 짓는 과정에 대한 고찰에서 나온 것에 주목하고, 이것이 수사학의 구조가 글쓰기·말하기의 과정에 따라 구성된 것과 대응한다고 봤다. "The Structure of De re aedificatoria Reconsidered," 289쪽을 볼 것.

이다. 알베르티는 이성의 힘으로 제도를 개혁하고 사람의 의지를 통해 낡고 부패한 사회를 개선할 수 있다는 것을 강조하였는데, 『건축론』을 그러한 태도를 나타내는 대표적 텍스트로 여겨져 온 것이 사실이다. 하지만 알베르티가 남긴 여러 저작들로부터 그의 인격과 세계관을 더 깊게 살펴보면 그의 복합적인 인격을 파악할 수 있고, 따라서 『건축론』의 성격도 단적으로 규명하기가 어렵다.

알베르티는 자신의 거의 모든 도덕적 혹은 풍자적 작품들에 자신과 닮은 인물들을 등장시켜서 개인과 사회, 현실과 이상 사이의 내적 긴장관계의 괴리를 텍스트화했고, 성자, 견유학파, 기능주의자의 복합적 인격을 드러냈다.[8] 이런 복합성은 알베르티의 시대인식과 밀접하게 관련되어 있다. 즉, 알베르티는 당시를 인문주의자와 사회가 서로 분열되어 있는 위기의 사회로 인식했다. 그가 자신의 작품들에서 바라보는 사회는 소음과 광란의 광경들로 가득하고, 지식을 추구함으로써 내적 덕성이나 도덕적 완성을 추구하기보다는 물질적 보상이나 쾌락, 부와 명예 같은 세속적 가치만 강조되는 통속적인 사회였다. 또한 그 사회는 지식과 권력의 모순이 지배하는 세계, 나아가 인간 삶의 성패를 외부판단에 의해 재단하는 세계로서, 외부세계에 인위적 가상을 내보일 수밖에 없는 가상으로 가득했다. 알베르티는 자신의 문학작품들에서, 학문과 실용적 삶 사이의 갈등과 여기서 비롯된 존재론적 위기감을 표현했다. 알베르티는 르네상스 인본주의 안에서도 주류적 경향에서 벗어나 비판적 세계관과 역사관을 통해 희

---

8 이 문제에 초점 맞춘 연구로는, Mark Jarzombek, *On Leon Baptista Alberti: His Literary and Aesthetic Theories* (The MIT Press, 1989)를 볼 것.

망을 제시했다.

이러한 맥락에서 우리는 『건축론』을 문명사적 관점에서 새롭게 조망하며 읽을 수 있다. 우선, 『건축론』을 르네상스의 정치체제 안에서 도시문명공간의 현실적 조건에 대한 당대의 비판적 이해, 새로운 이상과 전망을 그려 내고 있다는 점에 주목해서 읽을 수 있다. 그의 신학적, 사회사상가적 면모를 관찰할 때, 그의 도시문명적 이상이 새롭게 드러날 수 있을 것이다. 또한, 우리는 건축과 도시의 전문분야 자체에 대한 기획에 주목할 수 있다. 『건축론』에서 '짓는 것'의 범위는 개별 건축물뿐 아니라 '도시'로 확장된다. 즉, 이 책은 도시의 터와 입지, 윤곽, 도시 내부의 건축물의 배치 등 도시 건설과 관련된 내용을 담고 있고, 성속을 포함하는 여러 가지 개별건축물의 역사적 기원, 자연적, 도시적 맥락, 사회적 관계 등에 대해 설명을 시도했다. 우리는 이 저작에서 도시문명 전체를 조망하면서 도시문명 전체를 새롭게 '짓는 것'을 목표로 하는 그의 태도를 찾아볼 수 있다. 건축과 도시의 공간적 생산조건이 변모하는 당대의 상황에 대해, 알베르티는 건축가의 가치, 교육, 건축주와의 관계를 새롭게 설정했고, 건축의 목적과 수단을 장인적 기술의 수준을 넘어 학술로 정립하려 했다. 인공물로서의 건축의 본성과 시민적 공공성 및 기념비성에 대한 현대적 태도를 보여 주려 했다. 결국, 『건축론』이 담고 있는, 공간환경을 이해하는 보편적 논의들은 현대의 건축적 사고와 실천을 더욱 풍부하게 성찰할 수 있도록 도와준다.

2. 『건축론』의 체제

앞에서 언급했듯이 알베르티의 『건축론』은 비트루비우스의 『건축십서』처럼 총 10권으로 이루어져 있고[9] 각 권의 제목은 다음과 같다: 1권 리네아멘타, [17] 2권 재료, 3권 작업, 4권 보편적 작업, 5권 개별적 작업, 6권 장식, 7권 신성한 작업들의 장식, 8권 공적이고 세속적인 작업들의 장식, 9권 사적인 작업들의 장식, 10권 작업들의 복원, 부록으로 선박, 구리, 수와 선의 역사, 건축가의 업무와 관련된 것.[10]

책의 전체 구성은 일반적인 설명을 제시한 뒤에 건축물의 쓰임새와 유형에 따라 그 설명을 하위로 이어 가는 방식을 취했다고 할 수 있다. 즉, 알베르티 자신에 따르면 총 열 권 중 처음 세 권은 건축에

---

9 알베르티의 『건축론』과 비트루비우스의 『건축십서』의 텍스트 구성이 비슷한 점에 대해서 현대의 여러 연구자들이 주목했다. 다음을 볼 것. R. Krautheimer, "Alberti and Vitruvius," *Studies in Early Christian, Medieval, and Renaissance Art*, New York and London, 1969; H. Biermann, "Die Aufbauprinzipien von Leon Battista Albertis De re aedificatoria," *Zeitschrift für Kunstgeschichte* 53(1990): 443-485; H. Kruft, *Geschichte der Architekturtheorie: Von der Antike bsi zur Gegenwart*, Munich, 1985; J. Onians, *Bearers of Meaning: The Classical Orders in Antiquity, the Middle Ages, and the Renaissance*, Princeton, N.J.: Princeton University Press, 1988.

10 1권 리네아멘타(lineamenta), 2권 재료(materia), 3권 작업(opus), 4권 보편적 작업(uniuersorum opus), 5권 개별적 작업(singulorum opus), 6권 장식(ornamentum), 7권 신성한 작업들의 장식(sacrorum ornamentum), 8권 공적이고 세속적인 작업들의 장식(publici profani ornamentum), 9권 사적인 작업들의 장식(priuatorium ornamentum), 10권 작업들의 복원(operum instauratio), 선박(navis), 구리(aeraria), 수와 선의 역사(historia numeri & linearum), 건축가의 업무와 관련된 것(quid conferat architecto in negocio)이 있다. 부록인 마지막 네 권은 소실되었다. 그중 첫 번째와 세 번째에 대해서는 참조서지가 있다.

대한 "일반적 특징을 모두 다룬" 대목이고 이에 이어 "더 구별적인 것들"에 대한 분류적, 유형적 설명이다.

> 이제 일반적 사안들에 대해 말하는 것을 마쳤으니 나머지 구별되는 것들을 살펴보는 것으로 넘어간다. 우리는 첫 번째로 다양한 건축물들의 종류와 다양성에 대해, 또한 각각의 것이 어떠해야 할지에 대해 다루겠고, 다음으로 건축물의 장식에 대해, 그런 뒤 마지막으로, 잘못된 작업 때문에 또는 기후에 의한 피해 때문에 만들어진 건축물들의 결함들을 어떻게 고치고 복구할지에 대한 것으로 넘어가겠다.[11] (3권 16장)

하지만 알베르티 자신이 책에 써서 밝혔듯이, 『건축론』의 서문에서 제시하는 건축물이 만족시켜야 할 조건들 중, "쓰임새에 알맞고, 구조가 견실해야 하는" 조건들을 먼저 다룬 뒤, 마지막 세 번째의 "가장 고상하고도 가장 필수적인" 조건을, 즉, "매력을 자아내는 외관"을 가져야 한다는 조건을 책의 후반부에서 다루는 식으로 책의 체제를 구성했다는 것도 분명하다.[12] 이와 관련해서, 1, 2, 3권은 필요성, 4, 5권은 유용성, 6, 7, 8, 9권은 매력과 관련된 내용을 다룸으로써 크게 세 부분으로 구성했다고 보는 입장도 있다.[13]

---

11 10권에서 다룬다.

12 "무릇 건축물에는 세 가지 조건이 적용된다. 곧 쓰임새에 합당하고, 구조가 견실하고, 어여쁘고 기분 좋은 외관이 있어야 한다. 두 가지는 앞에서 다루었고, 세 번째가 남았으니, 이것이 세 조건 중 가장 고상하고도 절실하다.(Id ipsum inhis quae sequuntur pro uiribus efficiemus ex tribus partibus quae ad uniuersam aedificatio nem pertinebant: uti essent quidem quae astrueremus ad usum apta: ad perpetuitatem firmissima / ad gratiam et amenitatem patissima: primis duabus ptibus absolutis restat tertia oinum)"(6권 1장)

13 *L'art d'édifier* (tr. P. Caye et F. Choay, Paris: Seuil, 2004), 21쪽을 볼 것.

특히, 세 번째 조건, 즉 매력을 자아내는 것이 어떻게 달성될 수 있는지를 설명하는 개념은 '아름다움(pulchritudo)과 장식(ornamentum)'인데, 이 두 개념을 알베르티는 특히 6권 2장에 명시한다. 즉, 매력은 아름다움과 장식에 의해서만 도출된다. 아름다움은 축조물에 매력과 품위를 부여하고, "사물의 장식에 결함이 있으면 사물의 매력과 품위로부터 멀어진다." 성공적인 장식으로써 얻어지는 매력과 품위는 "작업을 훼손되고 파괴되지 않게 보호하는 가장 효과적인 수단"이기도 하다.(6권 2장)[14] 그런데 아름다움과 장식은 서로 구별된다. 즉,

> 너무 많거나 적어서 아름다움의 법칙에 부합하지 못하는 형태가 있다. 이 경우 그림을 그리거나 추함을 가리거나 매력적인 점을 손질해 닦으면, 덜 불쾌하게, 더 유쾌하게 만들 수 있다. 이 점을 인정한다면, 장식은 분명 아름다움의 보조광이자 보충과 비슷한 것이다. 따라서 이렇게 말할 수 있다. 아름다움은 고유한 특질로서 아름답다 할 수 있는 몸체에 두루 퍼져 있고, 장식은 고유한 것이기보다 덧붙여 부착된 것이라고.(6권 2장)

이렇게 알베르티가 생각하는 아름다움은 본연적이고 고유하다. 자연법칙에 본질적으로 속하는 콘키니타스(concinnitas)야말로 이 아름다움을 해명하는 또 다른 개념이다. 즉,

> 아름다움에 대한 전반적인 이론을 이루는 세 가지 중요한 구성요소로서 우

14 "더구나 아름다움은 적에게 영향을 끼칠 수도 있다, 그의 분노를 억제하고 건축물이 침해받는 것을 보호함으로써. 따라서 나는 이렇게까지 말하고 싶다. 형태의 우아함과 품위야말로 그 어떤 수단도 훼손과 인간의 파괴로부터 작업을 보호하는 데 효과적인 것이 없다고."(6권 2장)

> 리가 물을 것은, 수(numerus), 윤곽(finitio), 위치(collocatio)라고 하는 것이다. 하지만 이 세 가지를 조합하고 연결 짓는 것은, 미가 완전한 모습으로 발하는 다른 특질에 의해서다. 이것을 콘키니타스(concinnitas)라고 하자. 콘키니타스는 온갖 우아함과 장려함으로 넘쳐 난다. 콘키니타스의 역할과 목적은 본성상 서로 멀리 떨어진 요소들을, 무언가 정확한 법칙에 따라 조합하여, 외관적으로 서로 조응하게 하는 것이다. 전체에 있어서도 부분에 있어서도 콘키니타스가 가장 넘치는 것은 자연이다. 하여 나는 자연을 영혼과 이성의 한 쌍이라고 부르겠다. … 무릇 자연이 만드는 것은 콘키니타스의 법칙으로 제어된다. … 이 점을 인정하면 이렇게 결론 낼 수 있다. 자연의 절대 근본 법칙인 콘키니타스가 하라는 대로 결정된 수, 윤곽, 위치에 따라 부분들이 한 몸체 안에 공조하는 형태를, 우리는 아름다움이라 할 수 있다. 이것이 건축술의 주된 목적이며, 건축의 품위와 매력, 권위, 가치의 원천이다.(9권 5장)

'아름다움의 법칙에 부합하지 못하는 것'을 변화시킬 실행방법은 알베르티에 따르면, "장식하는(꾸미는) 것" 말고는 없다. 『건축론』 6권부터는 줄곧 "어떻게 장식하는가"를 건축유형별로 즉, 종교적, 세속적, 공적, 사적 건축으로 구분하여 설명한다. 그런데 장식물 자체는 완전한 아름다움이 없을 수 있지만 그것이 꾸미는 방식은 미의 근본적 원칙, 즉, 수, 윤곽, 위치의 올바름을 보정해 주는 방식과 근본적으로는 동일하다. 알베르티는 '본연적인' 아름다움에 비해 '부가적인' 장식이 보조적이라고 주장했지만, 실행에서 장식의 중요성은 아름다움에 뒤지지 않는다. 오히려 『건축론』에서는 건축에서 매력을 지고한 가치를 얻기 위한 실행방법으로서 장식에 더 초점을 맞추고 있다.

『건축론』 텍스트 총 10권의 구성을 표로 정리하면 다음과 같다.[15]

권	장	내용
서문		건축가와 건축의 정의; 책 개괄(리네아멘타, 재료, 작업); 건축물의 유형 구별; 미의 원인; 결함과 수선
1권 리네아멘타	1	리네아멘타와 구조 건축물의 요소: 지역, 바닥, 구획, 벽, 지붕, 개구부
	3–6	장소
	7–9	구획
	10	벽
	11	지붕
	12–13	개구부
2권 재료	1–3	계획: 정신적 디자인을 도면, 스케치, 모형으로 물질화하기 타당하고 알맞은 계획의 중요성; 모형검토와 중복검토
	4–7	목재
	8–9	석재
	10	벽돌
	11	석회석
	12	모래
	13	작업방법: 전체과정을 설정할 것. 현 상황을 잘 고려할 것, 바닥을 계획할 것, 시기선정
3권 작업	1	작업방법: 작업상의 특이사항, 질서, 구성되는 선을 고려할 것 손으로 지을 사람들이 할 것처럼 질서를 따를 것
	1–5	기초
	6–10	벽
	11	기타 조적법
	12–15	지붕, 아치, 볼트, 기와
	16	포장

15 이 표는 Caroline van Eck, "The Structure of De re aedificatoria Reconsidered," *Journal of the Society of Architectural Historians* (1998)에서 제시된 표의 내용을 일부 수정 작성한 것이다.

권	장	내용
4권 보편적 작업	1	사회구분에 기초하여 인간의 다양성에 상응하는 다양한 건축방법 건축물유형의 구분의 기초로서 사회구분
	2–3	도시계획: 일반고려사항
	4	도시의 성벽, 요새
	5	성문과 군사도로
	6–7	다리와 하수도
	8	항구
5권 개별적 작업	1	개인이 필요한 것과 바라는 것; 사회구분, 더 칭송되는 시민의 건축물로 시작하기; 데코룸에 의한 설계; 동료시민에 대한 방어: 폭군; 또는 왕의 궁전
	2–3	궁전의 부분들: 포르티코, 현관, 지붕, 콜로네이드
	4–5	성채
	6	위치와 설계에 있어서 데코룸과 안녕에 대한 일반적 고찰; 공화국에서 궁전과 사원
	7	수도원, 팔라이스트라, 병원
	9	의회
	10–12	병영, 해군건축
	13	곡물창고, 금고, 무기고, 시장, 조선소, 마구간, 감옥
	14	빌라: 일반원칙
	15–16	농장과 결합된 농촌주택
	17	주인의 저택
	18	시청
6권 장식	1	앞부분의 개괄과 정리(저술의 어려움 언급); 두 가지 자료(유적과 비트루비우스); 좋은 건축의 세 조건
	2	미의 공적 중요성; 미와 장식의 정의
	3	미의 본질에 대한 물음의 역사
	4	미의 원인: 발명/지성, 솜씨, 사물 자체 건축물의 전부분에서 미의 일반적 원인은 무엇인가 다양한 건축물유형의 고유한 차이. 바닥 만들기
	5	구획의 으뜸 장식은 흉한 것을 모두 치우는 것

권	장	내용
	6–9	벽: 옹벽 벽의 주된 장식; 기중방식에 대한 부연설명; 벽 치장
	10	포장
	11	지붕: 지붕의 장식
	12	개구부: 장식으로 여기는 개구부
	13	기둥: 설계의 일반원칙
7권 신성한 작업들의 장식	1–2	구획은 건축물의 쓰임새/내구성보다 기쁨/장려함에 더 기여한다는 점 공공의 신성한 건축물의 구획; 도시의 구획; 벽, 사원
	3–4	사원의 구성과 장식: 바닥과 구획; 사원의 바닥평면
	5	바닥평면의 유형: 간주법
	6	콜룸나치오: 기둥의 리네아멘타 일반
	7–8	개별 오더의 리네아멘타
	9	보, 코니스, 엔타블러처
	10	층, 계단, 벽두께, 벽의 내부장식과 보강
	11	지붕
	12	창, 문
	13	사원의 제단, 조명, 가구
	14–15	아치 콜로네이드: 바실리카의 장식
	16–17	기념비: 인물상
8권 공적이고 세속적인 작업들의 장식	1–3	장식으로 여기는 길. 길을 따라 난 장식 무덤: 채플, 피라미드, 기둥, 케른
	4	비명
	5	망루
	6	도시의 장식: 사원, 성문, 다리, 포룸 개선문에 이르는 중요한 길
	7–8	귀족과 평민에게 개방된 건축물: 관람건축물: 극장, 경기장, 원형극장.
	9	재판관과 중요인사에게 할당된 건축물: 쿠리아
	10	욕장

권	장	내용
9권 사적인 작업들의 장식	1	사적 건축물의 장식의 원칙(검약과 데코룸); 주택의 사적 구역의 장식.
	2	도시와 농촌의 개인주택
	3	주택의 부분의 크기
	4	벽의 보강: 프레스코, 회화
	5	미와 장식의 요소, 다양한 미의 원인, 미의 원리와 효과; 조화에 의해 정해지는 수, 윤곽, 위치; 도리스 이오니아 코린토스의 장식 체계
	6	바닥의 비례
	7	기둥의 형상과 크기
	8	요약: 흉함을 피하는 제안
	9	계획과 모형사용의 중요성
	10–11	건축가의 교육, 건축가와 건축주의 관계
10권 작업들의 복구	1	결함의 본질과 유형: 내적결함이라면 건축가의 책임; 외적결함이라면 건축가의 영향이다: 교정가능한 것과 불가능한 것; 정신적인 것과 솜씨; 건축가의 책임 밖에 있는 수선가능한 결함; 솜씨로서 개선시킬 수 있는 구조상 결함으로 도시의 위치, 요새, 기후와 연관된 것
	2–9	필요충족에서 정신적 결함; 음식, 의복, 보금자리, 물; 탐사, 유지, 관개
	10	땅과 물에 의한 예비구입
	11	운하
	12	인공제방에 의한 해안보강
	13	외풍, 해초, 습지에 대한 처방
	14	화재
	15	페스트
	16	벽의 결함
	17	수선될 수 있는 예측 못한 결함
부록		선박
		구리
		수와 선의 역사
		건축가의 업무와 관련된 것

3. 『건축론』의 판본과 번역

- *De re aedificatoria libri decem*, Firenze: Nicolo Lorenzo Alemano, 1485.(로렌초 일 마니피코에게 바친 초판)
- *Libri de re aedificatoria decem*, Paris: Berthold Rembolt, 1512.
- *De re aedificatoria libri decem*, *Strasbourg*, Giacomo Cammerlander, 1541.(Orlandi에 의한 1966년 판본 이전의 마지막 라틴어 판본)
- *I Dieci libri de l'Architettura di Leon Battista Alberti fiorentino novamente de la Latina ne là volgar lingua con molta diligenza tradotti da Pietro Lauro Modonese*, Venezia: Vincenzo, 1546.
- *L'Architettura*, tr. C Bartoli, Firenze: Lorenzo Torrentino, 1550.(최초의 도해본)
- *L'Architecture et Art de bien bastir du Seigneur Leon Bapstiste Albert, Gentilhomme Florentin, divisée en dix livres, traduicts de Latin en Françoys, par deffunct Jan Martin, Parisien, nagueres Secretaire du Reverendissime Cardinal de Lenoncourt*, Paris: Jacques Kerver, 1553.
- *L'architettura*, tr. C. Bartoli, et *La pittura*, tr. L. Domenichi, Mondovi: Lionardo Torrentino, 1565.
- *L'Architettura*, tr. C Bartoli, Venezia, Francesco Franceschi, 1565. (1550년 판본의 재판)
- *De re aedificatoria o los diez libros de arquitectura de Leon Baptista Alverti*, traducidos de latin en romance, Madrid: Alonso Gomez. 1582.
- *The Architecture in Ten Books, Of Painting in Three Books And of*

Statuary in One Book, tr. J. Leoni, London: Thomas Edlin, 1726.

- *I Diece libri di architettura, ossia dell'arte d'edificare* [⋯] *illustrati con note*, trad. it. B. Orsini, Perugia: Carlo Baduel, 1804.
- *Della architettura libri dieci*, tr. C. Bartoli, Milan, Ferrario, 1833.
- *Zehn Bücher über Baukunst*, tr. M. Theuer, Wien: H. Heller, 1912.
- *Desat Knig'o Zodčestve*, tr. Perevodie V. P. Zoubov, Moscow, 1935, 1937.
- *Deset Knih o Stavitelství*, tr. Alois Otoupalík, Praha, 1956.
- *Ksiąg dziesięć o Sztuce Budowania*, tr. Kazimierz Dziewoński, Warszawa: Państwowe Wydawnictwo Naukowe, 1960.
- *L'architettura, De re aedificatoria*, ed. et tr. Giovanni Orlandi et Paolo Portoghesi, Milan: Edizioni il Polifilo. 1966.
- 『建築論』, tr. 相川 浩, 中央公論美術出版, 1982.
- *On the Art of Building in Ten Books*, tr. J. Rykwert, N. Leach et R. Tavernor, Cambridge, MA: MIT Press, 1988.
- *L'art d'édifier*, tr. P. Caye et F. Choay, Paris, Seuil, 2004.
- *Da arte aedificatória*, tr. A. M. E. Santo, Lisboa: Fundação Calouste Gulbenkian, 2011.

4. 『건축론』의 한국어 번역에 관하여

『건축론』은 라틴어 초판본 이후 여태까지 모두 열한 가지 언어로 번역되었고, 한국어 번역은 열두 번째 언어로 번역되는 셈이다. 다만,

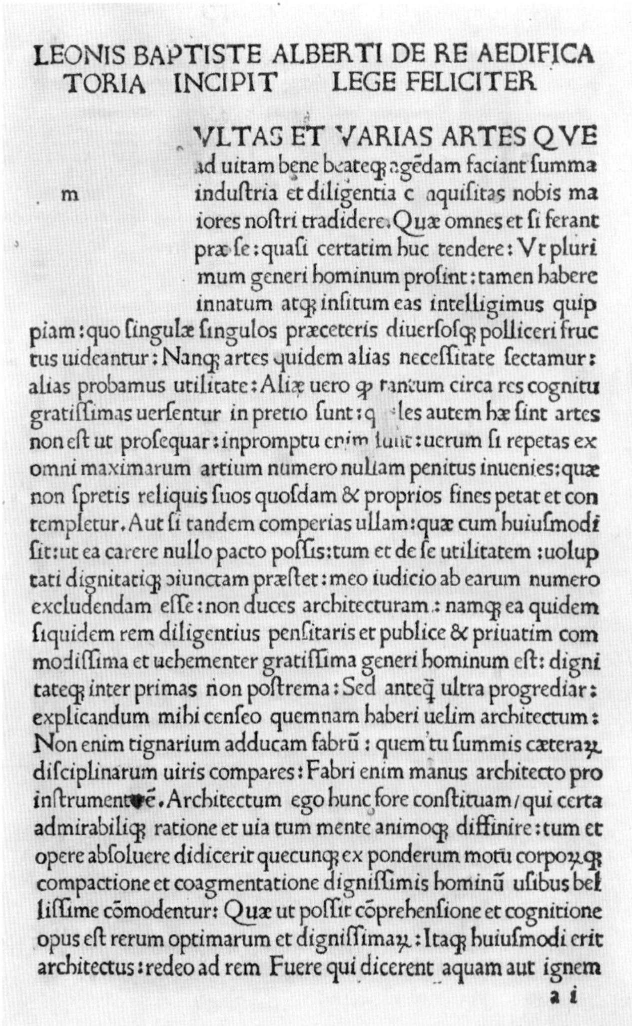

LEONIS BAPTISTE ALBERTI DE RE AEDIFICA
TORIA INCIPIT LEGE FELICITER

m VLTAS ET VARIAS ARTES QVE ad uitam bene beateq; agẽdam faciant summa industria et diligentia c aquisitas nobis maiores nostri tradidere. Quæ omnes et si ferant præ se: quasi certatim huc tendere: Vt plurimum generi hominum prosint: tamen habere innatum atq; insitum eas intelligimus quippiam: quo singulæ singulos præceteris diuersosq; polliceri fructus uideantur: Nanq; artes quidem alias necessitate sectamur: alias probamus utilitate: Aliæ uero q̃ tantum circa res cognitu gratissimas uersentur in pretio sunt: q les autem hæ sint artes non est ut prosequar: inpromptu enim sunt: uerum si repetas ex omni maximarum artium numero nullam penitus inuenies: quæ non spretis reliquis suos quosdam & proprios fines petat et contempletur. Aut si tandem comperias ullam: quæ cum huiusmodi sit: ut ea carere nullo pacto possis: tum et de se utilitatem: uoluptati dignitatiq; coniunctam præstet: meo iudicio ab earum numero excludendam esse: non duces architecturam: namq; ea quidem siquidem rem diligentius pensitaris et publice & priuatim commodissima et uehementer gratissima generi hominum est: dignitateq; inter primas non postrema: Sed anteq̃ ultra progrediar: explicandum mihi censeo quemnam haberi uelim architectum: Non enim tignarium adducam fabrũ: quem tu summis cæterarum disciplinarum uiris compares: Fabri enim manus architecto pro instrumento e. Architectum ego hunc fore constituam / qui certa admirabiliq; ratione et uia tum mente animoq; diffinire: tum et opere absoluere didicerit quecunq; ex ponderum motũ corporumq; compactione et coagmentatione dignissimis hominũ usibus bellissime cõmodentur: Quæ ut possit cõprehensione et cognitione opus est rerum optimarum et dignissimarum: Itaq; huiusmodi erit architectus: redeo ad rem Fuere qui dicerent aquam aut ignem

a i

〈그림 2〉 1485년 초판본(Leonis Baptistae Alberti de re aedificatoria incipit ... Florentiae accuratissime inpressum opera Magistri Nicolai Laurentii Alamani. Anno salutis milesimo octuagesimo quinto quarto calendis januarias)의 첫 번째 쪽. 니콜로 디 로레초 알라마니(Niccolo di Lorenzo Alamani)는 피렌체에서 최초로 출판 사업을 운영한 인물이다.

Leonis Baptistae Alberti Florentini viri clarissimi Libri De re aedificatoria decẽ. Opus integrũ et absolutũ : diligenterq; recognitum. Distinctum est autẽ nuper opus ipsum totum / quod antea peruia legebatur oratione per capita: nõnullis e textu reb⁹ insignibus deprompus/ et in margine annotatis. Facta est etiã capitũ ipsorũ nõ inelegans tabula cũ dictionũ et ipsarũ rerum scitu dignarum quę in margine sunt / indice admodum luculento.

B·R B·REMBOLT

Venũdantur Parrhisijs In Sole aureo vici sancti Iacobi. Et in intersignio triũ coronarũ e regione diui Benedicti.

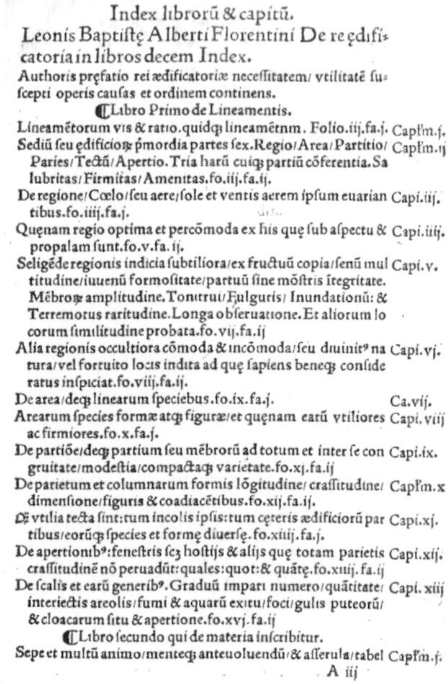

Index librorũ & capitũ.

Leonis Baptistę Alberti Florentini De re ędificatoria in libros decem Index.

Authoris pręfatio rei aedificatoriae necessitatem / vtilitatẽ suscepti operis causas et ordinem continens.

Libro Primo de Lineamentis.

Lineamẽtorum vis & ratio. quidq; lineamẽtum. Folio.iij.fa.j. Capl'm.j.

Sediũ seu ędificiorũ pmordia partes sex. Regio / Area / Partitio / Paries / Tectũ / Apertio. Tria harũ cuiq; partiũ cõferentia. Salubritas / Firmitas / Amenitas. fo.iij.fa.ij. Capl'm.ij

De regione / Coelo / seu aere / sole et ventis aerem ipsum euariantibus. fo.iiij.fa.j. Capi.iij.

Quęnam regio optima et percõmoda ex his quę sub aspectu & propalam sunt. fo.v.fa.ij. Capi.iiij.

Seligẽde regionis indicia subtiliora / ex fructuũ copia / senũ multitudine / iuuenũ formositate / partuũ sine mõstris ĩtegritate. Mẽbrorũ amplitudine. Tonitrui / Fulguris / Inundationũ: & Terremotus raritudine. Longa obseruatione. Et aliorum locorum similitudine probata. fo.vij.fa.ij Capi.v.

Alia regionis occultiora cõmoda & incõmoda / seu diuinit⁹ natura / vel fortuito locis indita ad quę sapiens beneq; considerans inspiciat. fo.viij.fa.ij. Capi.vj.

De area / deq; linearum speciebus. fo.ix.fa.j. Ca.vij.

Arearum species formae atq; figurae / et quęnam earũ vtiliores ac firmiores. fo.x.fa.j. Capi.viij

De partiõe / deq; partium seu mẽbrorũ ad totum et inter se congruitate / modestia / compactaq; varietate. fo.xj.fa.ij Capi.ix.

De parietum et columnarum formis lõgitudine / crassitudine / dimensione / figuris & coadiacẽtibus. fo.xij.fa.ij. Capl'm.x

Q vtilia tecta sint: tum incolis ipsis: tum cęteris aedificiorũ partibus / eorũq; species et formę diuersę. fo.xiij.fa.j. Capi.xj.

De apertionib⁹: fenestris sc; hostijs & alijs quę totam parietis crassitudinẽ nõ peruadũt: quales: quot: & quãtę. fo.xiiij.fa.ij Capi.xij.

De scalis et earũ generib⁹. Graduũ impari numero / quãtitate / interiectis areolis / fumi & aquarũ exitu / foci / gulis puteorũ / & cloacarum situ & apertione. fo.xvj.fa.ij Capi.xiij

Libro secundo qui de materia inscribitur.

Sepe et multũ animo / menteq; anteuoluendũ / & asserula / tabel Capl'm.j.

A iij

〈그림 3〉 1512년 파리 판본. *Libri de re aedificatoria decem* ... Paris: Berthold Rembolt.

〈그림 4〉 1512년 파리 판본의 장 구분과 번호

『건축론』을 구성하는 총 10권 가운데 서문과 1, 2, 3권을 우선 번역하고 주석을 달아 먼저 출판한다. 10권까지의 나머지 권들은 이어서 출판하고자 한다. 한국어 번역의 저본으로 삼은 것은 조반니 올란디(Giovanni Orlandi)에 의한 1966년 판본(*L'architettura*, Milan, Il Polifilo, 1966)의 라틴어 원문으로서 이것은 1486년 라틴어 초판본(*Leonis Baptistae Alberti de re aedificatoria incipit ... Florentiae accuratissime inpressum opera Magistri Nicolai Laurentii Alamani*. Anno salutis milesimo octuagesimo quinto quarto calendis januarias)에 대한 정본작업이다.

한국어 번역은 가급적 라틴어 원문의 구조를 중시한 직역을 우선으로 하되, 독자가 문장의 의미를 파악하기 까다로울 수 있는 대목은 올란디의 비판정본 이후의 작업인 1988년의 영어 번역본, 2004년의 프랑스어 번역본을 주로 참조하여 의역했다. 특히 이 둘 중에서 프랑스어 번역본이 라틴어 원문의 직역에 더 가깝고 주석도 더 풍부하다. 번역상의 이슈가 문제 되는 대목은 올란디의 비판정본 이전의 다른 번역본들을 참고했고, 필요한 경우 주석에 그 번역어들을 나란히 제시했다. 위의 두 번역서들에서 중복되는 주석내용들은 한국어 번역에서 출처를 일일이 밝히지 않았다. 하지만 특정 번역주해본의 고유하고 의미 있는 번역 또는 주해를 취할 경우에는 이를 한국어 번역에서 밝혔다. 『건축론』 원문에서 고전작품이 인용된 내용들도 또한 그 서지목록을 한국어 번역본에서 가급적 밝혔다.

한국어 번역본의 본문에 꺽쇠([ ]) 안에 기입한 숫자는 올란디의 비판정본의 라틴어 원문의 쪽수로서, 프랑스어 번역본에서 취한 방식을 따랐다. 장 구분과 번호매김 및 장별 제목은 라틴어 초판본에는 없는 것으로서, 1512년 판본(*Libri de re aedificatoria decem...Paris: Berthold Rembolt*)부터 표기되기 시작했다. 이 장 구분과 장 제목이 이 텍스트의 내용을 이해하는 데 도움이 되므로 한국어 번역에서 이를 채택했고, 그 내용은 1541년 라틴어 판본(*De re aedificatoria libri decem ..., per Eberhardum Tappium Lunensem*. Strasboug: Giacomo Cammerlander)을 따랐다.

또한 한국어 번역본에 실은 그림들도 초판본에는 없던 것으로서, 1550년 코지모 바르톨리의 이탈리아 번역본(*L'architettura (De re aedificatoria) di Leon Battista Alberti trodotta in lingua fiorentina da Cosimo Bartoli...con l'aggiunta de disegni*. Firenze: Nicolo Lorenzo

Torrentino)부터 포함되었다. 이 판본에 처음 실린 그림들을 한국어 번역본에서 싣고 새로 그림설명을 추가했다.

레온 바티스타 알베르티의

『건축론』

(1, 2, 3권)

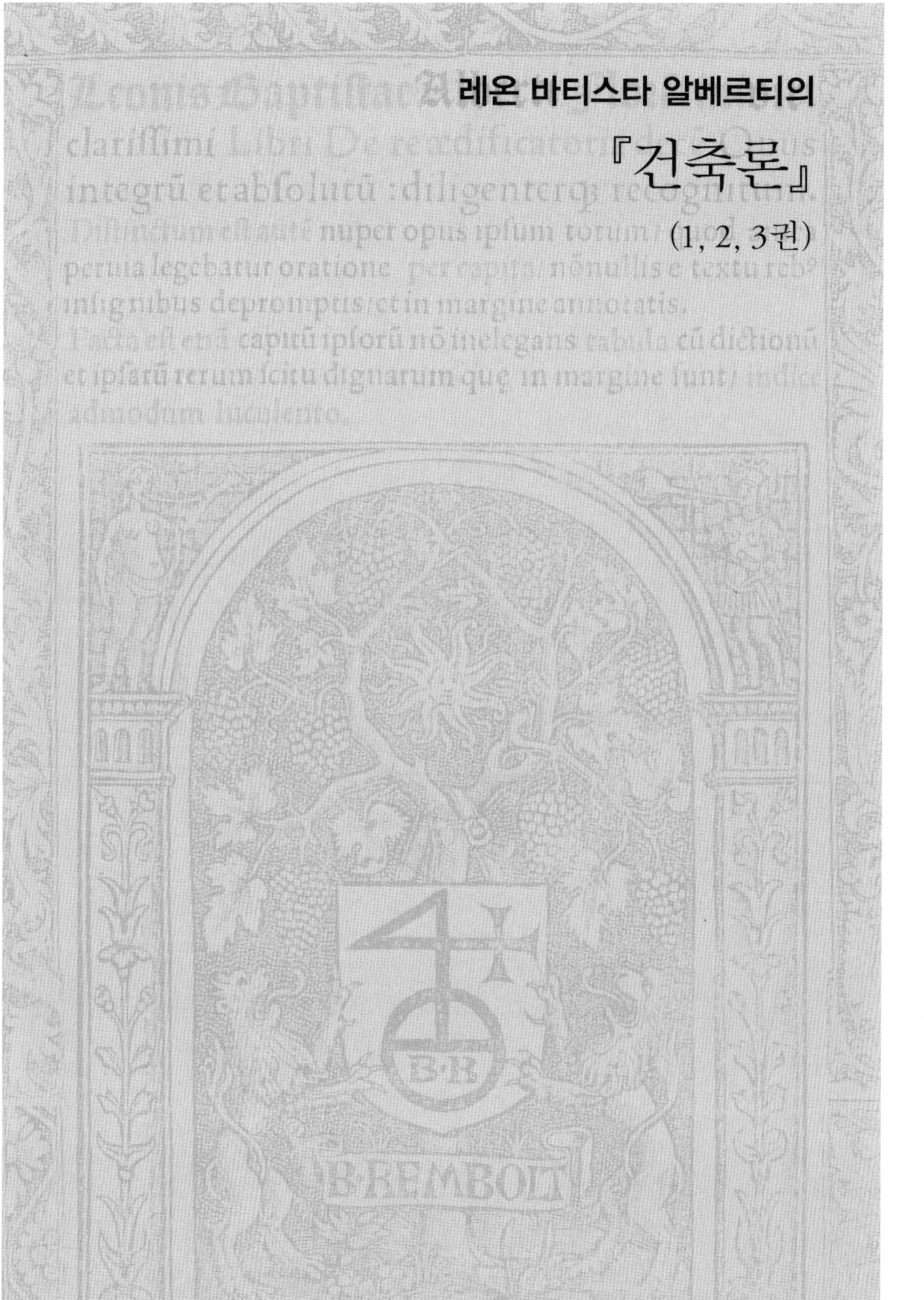

서문

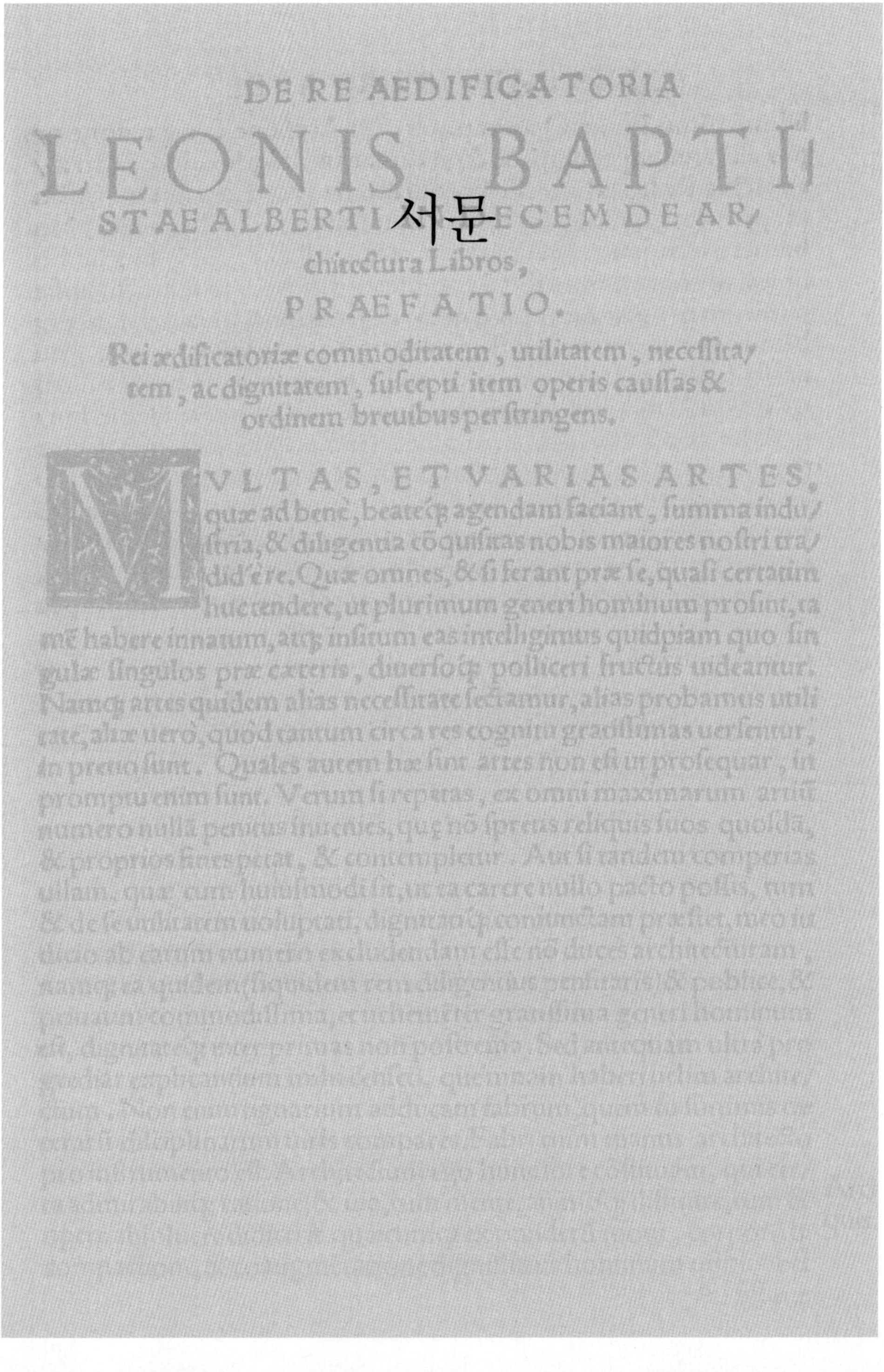

DE RE AEDIFICATORIA

LEONIS BAPTI/STAE ALBERTI … ECEM DE AR/chitectura Libros,

PRAEFATIO.

Rei ædificatoriæ commoditatem, utilitatem, necessita/tem, ac dignitatem, suscepti item operis caussas & ordinem breuibus perstringens.

MULTAS, ET VARIAS ARTES, quæ ad benè, beateq; agendam faciant, summa indu/stria, & diligentia cōquisitas nobis maiores nostri tra/did'ere. Quæ omnes, & si ferant præ se, quasi certatim huc tendere, ut plurimum generi hominum prosint, ta/mē habere innatum, atq; insitum eas intelligimus quidpiam quo sin/gulæ singulos præ cæteris, diuersosq; polliceri fructus uideantur. Namq; artes quidem alias necessitate sectamur, alias probamus utili/tate, aliæ uerò, quòd tantum circa res cognitu gratissimas uersentur, in pretio sunt. Quales autem hæ sint artes non est ut prosequar, in promptu enim sunt. Verum si repetas, ex omni maximarum artiū numero nullā penitus inuenies, quę nō spretis reliquis suos quosdā, & proprios fines petat, & contempletur. Aut si tandem comperias ullam, quæ cum huiusmodi sit, ut ea carere nullo pacto possis, tum & de se utilitatem uoluptati, dignitatiq; coniunctam præstet, meo iu/dicio ab earum numero excludendam esse nō duces architecturam,

서문

레온 바티스타 알베르티의 『건축론』을 시작한다. 즐겁게 읽으시길

[7] 우리로 하여금 삶을 좋게, 복되게 살게[1] 해 주는 많고도 다양한 학술[2]들을 우리 선조들은 많은 노력과 정성을 들여서 얻어 내어 우리에게 전해 주셨도다. 무릇 이 학술들은 인류에게 많은 혜택을 주려고 경쟁해 온 듯이 스스로를 내보이는데, 그럼에도 불구하고 그 어느 것이나 저마다 타고나고 고유한 것이 있고 그래서 하나의 개별적인 것에 다른 것과 다른 개별적이고 남다른 열매들[3]이 주어지는 듯 보인다는 것을 우리는 알고 있다. 즉, 어떤 학술들은 필요성[4] 때문에 우리가 그것을 추구하고, 어떤 것들은 유용성[5] 때문에 인정하고, 어떤 것

---

1 ad vitam bene beateque agendam; à une vie bonne et heureuse (Caye et Choay); to make the course of our life more agreeable and cheerful (Rykwert et al.); Orlandi는 이를 키케로의 개념이라고 지적한다.(Orlandi, 6쪽) 이와 관련해서는 Cicero, *Paradoxa*, I, 3, 15; 『의무론』, I, 6, 19을 볼 것; 이 개념은 고대그리스의 "아름답고 좋은"(καλῶς κἀγαθῶς) 삶의 개념과 관련되어 있어 보인다.

2 ars; 아르스 즉 학술은 그리스어 테크네(τέχνη)에 해당한다. 알베르티는 건축을 일반적인 학술의 관점에서 비교하는 것으로 이 책을 시작한다.

3 fructus.

4 necessitas; 필수적임 내지 필연적임.

5 utilitas; utilitas를 이 책에서는 유용성(有用性)으로 일관되게 번역한다. 이와 밀접한

들은 그것을 앎으로써 큰 매력을 느끼기에 값지다.[6] 이 학술들이 어떤 것들인지는 좇아가 보지 않아도 될 만치 분명하다. 그대가 되짚어 보면, 무릇 가장 중요한 학술들의 범위에서, 나머지 것들과 떨어져 각별한 목적을 추구하고 고려하고 있다는 것을 발견할 수 있을 것이다. 또는 그것이 없으면 안 된다는 데 동의할 수 있을 뿐 아니라 그것으로부터 유용성을 매력과 품위[7]와 한데 묶는 어떤 것을 마침내 찾아낸다면, 내 생각에 그 범위에서 건축[8]이 뒤떨어지지는 않을 것이다. 즉, 곰곰이 생각해 보면 건축은 공적으로도 사적으로도 편의성이 크고[9] 인류에게 아주 매력적일 뿐만 아니라[10] 품위에서도 으뜸가는 학술들 가운데 뒤지지 않는다.[11]

말인 commoditas는 편의성(혹은 경우에 따라 편리성)으로, 또한 usus는 쓰임새 내지 용도로 번역한다. 유용성은 알베르티의 이론에서 매우 중요한 개념 가운데 하나다. 즉, 절실한 필요성에 의한 제한적 사용을 넘어서서 더 폭넓은 요구들과 욕망들에 따라 이롭게 사용하는 것을 알베르티가 가리키는 개념이다. 이 말은 이용성(利用性) 내지 활용성(活用性)과도 뜻이 통할 수 있다(대개 한국어에서 사용(使用)은 "일정한 목적이나 기능에 맞게 쓰는 것"을 뜻하는 반면 이용(利用)은 "대상을 필요에 따라 이롭게 쓰는 것"을 뜻한다).

6 알베르티는 학술의 열매를 필요성, 유용성, 매력의 세 가지로 언급하고, 이를 건축에도 적용한다. 비트루비우스의 세 가지 범주, 즉 튼튼함(firmitas), 유용성(utilitas), 아름다움(venustas)과 관련되지만, 비트루비우스의 범주는 기예의 일반적인 범주에서 출발했다기보다는 건축의 고유한 특성으로 설명한 것과 비교된다.

7 utilitas(유용성), voluptas(매력), dignitas(품위).

8 architectura.

9 commodissima.

10 gratissima.

11 이 문장의 요지와 관련된 다른 표현을 I권 9장에서 찾아볼 수 있다. "즉, 무릇 건축의 원리는, 그대가 제대로 내다봤다면, 필요성으로부터 비롯되었는데, 그것을 편의성이 키웠고, 쓰임새가 꾸몄고, 결국 매력적으로 보이도록 되었으니 다만 매력 그 자체가 부적절한 그 어떤 것도 떨쳐 낸다면 말이다."(Nam aedificandi omnis ratio, si

하지만 더 나아가기 전에, 나는 건축가[12]가 누구인지 설명해야 하겠다고 판단한다. 왜냐하면 건축가는 그대가 다른 분야들의 최고의 장인[13]들에 빗대는 목수[14]가 아니기 때문인데, 목수의 손은 건축가의 도구일 뿐이다.[15] 나는 건축가를 다음과 같이 정의하겠다. 즉, 그는 확실하고 경탄할 만한 원리와 방법으로써[16] 또한 정신과 영혼으로써[17] 한정하는 법과 작업[18]에 의해 완성하는 법을 체득하여, 무엇이든지 무게의 움직임으로부터, 물체들을 결합하고 뭉침으로써,[19] 사람들의 고상한 쓰임새에 아주 잘 부합시킬 줄 아는 사람이다. [9] 이

---

recte prospexeris, a necessitate profecta est; eam aluit commoditas; usus honestavit; ultimum fuit, ut voluptati prospiceretur, tametsi nunquam ab immodicis omnibus ipsa voluptas non abhorruit)

12 architectus.

13 vir.

14 faber; 가령 목수, 석공 등이 작업자에 해당한다.

15 fabri enim manus architecto pro instrumento est; "목수는 건축가의 손 안의 도구일 뿐이다(the carpenter is but an instrument in the hands of the architect)."(Rykwer et al.); Cicero, *Brutus*. 73.257를 참고할 것: "하지만 아테네인들에게는 자기 집의 지붕을 튼튼하게 만드는 것이 아름다운 미네르바 조각을 가지는 것보다 중요했다. 하지만, 나는 가장 솜씨 좋은 목수보다는 페이디아스를 더 선호했을 것이다. 어떤 일에 각자가 얼마나 쓸데 있느냐보다 각자가 얼마나 대단한지 평가해야 한다. 뛰어난 화가와 조각들은 드물다. 목수와 노역자들은 전혀 모자라지 않지만 말이다."(Qua re non quantum quisque prosit, sed quanti quisque sit ponderandum est; praesertim cum pauci pingere egregie possint aut fingere, operarii autem aut baiuli deesse non possint)

16 certa admirabilique ratione et via; '확실한'(certa)이란 항상적이고 변함없어서 거듭 적용할 수 있다는 뜻이고, '원리와 방법'(ratio et via)이란 키케로가 그리스어 메토데이아(μεθοδεία)를 번역한 말이다. 원리(ratio)는 셈, 산술적 헤아림을 기본 뜻으로 한다.

17 mente animoque.

18 opus; 알베르티는 작업이라는 말을 일 또는 과정으로서의 작업과 완성품으로서 작업(작품) 모두에 대해 적용한다. 우리의 번역에서도 그 둘을 구분하지 않고 작업이라는 말로 통일시킨다.

19 compactio(결합), coagmentatio(뭉침).

것은 아주 훌륭하고 고상한 것들을 이해하고 인식해야지 가능하다.[20] 건축가란 이런 사람일 것이다. 주제로 돌아가자.

사람들의 모임을 키운 것이 원래 불이었다거나 물이었다고 어떤 사람들은 말했다. 우리는 진정 지붕과 벽의 유용성과 필요성을 바라봄으로써 그것들이 사람들을 모으고 유지시킨 데 큰 역할을 했음을 확신하게 될 것이다.[21] 하지만 우리는 태양의 열기와 겨울의 서리를 피할 은신처를 제공해 주는 데 대해 건축가에게 빚지고 있을 뿐 아니라, 그것도 작은 혜택은 아니지만, 또한 건축가는 사적으로나 공적으로나 오래도록 유용하고도 삶의 쓰임새에 거듭거듭 적응된 많은 것을 발명해 주었다.[22]

가문의 라레스[23]가 그들의 선조들의 품처럼 품어 주지 못했더라면, 우리 도시들과 세상의 다른 도시들로부터 얼마나 많은 명예로운

---

20 비트루비우스 1권 1장 3절11절에서 비트루비우스는 건축가가 갈고 닦아야 할 학술들로서 문장·기하학·역사학·철학·음악·의학·법학·천문학을 든다.("건축가는 여러 분야의 학술과 여러 종류의 지식에 능통해야 한다. 나머지 기술에 의해 이루어진 모든 작업이 건축가의 판단에 의해 시험되기 때문이다 […] 그[건축가]를 가르쳐 연필에 익숙하게 하고, 기하학을 알게 하고, 역사를 잘 알게 하고, 철학자들을 경청하여 따르게 하고, 음악을 이해하게 하고, 어느 만큼은 의학지식을 갖게 하고, 법률가의 견해를 알게 하고, 천문학과 천체의 원리에 익숙하게 하자 […] 결론적으로 건축은 여러 학술분야와 연결되어 세련되고 풍요로워지기 때문에 이 학술들을 단계적으로 딛고 올라가 학술과 과학에 대한 많은 지식을 갖추어 건축의 지고한 경지에 도달해야만 정당한 건축가의 지위를 취할 수 있다.") 이에 대한 알베르티의 견해에 대해서는 9권 9장-11장을 볼 것.

21 앞 문장에서 물과 불이 인간공동체의 기원이라는 주장에 대해, 지붕과 벽, 즉 건축의 기본적 요소가 인간공동체를 만드는 데 중요한 역할을 한다는 반론이다.

22 안전한 보금자리를 제공하는 등 필요성을 채워 주는 것 말고도, 다른 일상의 요구들을 유용하게 채워 주어 우리를 돕는다는 뜻이다.

23 patrii lares; foyers paternels(Caye et Choay); 조상신들을 집안에 모셔 둔 장소를 가리키는 듯하다.

가족들이 불의의 세월에 뿌리 뽑혀 내쫓겼을 텐가! 다이달로스가 그 시대에 사람들로부터 크게 인정받은 것은 그가 셀리누스[24]에 동굴[25]을 지어 거기서 따뜻하고 부드러운 김이 솟아나서 아주 상쾌하게 땀을 빼 주고 아주 즐겁게 몸을 낫게 해 주었기 때문이었다.[26] 또 무엇이 있는가? 산책로, 수영장, 욕장 등, 건강하게 만들어 주는 이런 장치들을 어찌 다 열거할 수 있겠는가! 또는, 탈것, 방앗간,[27] 시계,[28] 그 밖에 작지만 일상 삶에 아주 많은 것을 주는 것들에 대해 말해야 하겠는가? 깊숙이 감춰진 곳에서부터 물을 길어 올려 사용할 수 있게 하고 다양한 목적에 쓴 것은 어떤가? 또는, 기념비, 성소, 성지, 신전 등[29] 종교적 숭배를 위해서 또한 후대인들의 해택을 위해서 설계한 것들은 어떤가? 마지막으로, 바위를 가르고 산을 뚫고 계곡을 채움으로써, 호수와 바다의 물을 가두고 늪의 물을 빼고 배를 건조하고 강의 흐름을 바꿈으로써, 또한 항구와 다리를 지음으로써, 사람들에게 때맞춘 편의성을 채워 주었을 뿐 아니라 [11] 세상의 모든 지역들로 길을 터 준 것은 어떤가? 또한 그 효과로서, 과일과 향료와 보석과 경험과 지식을, 그리고 건강과 삶에 이바지할 수 있는 온갖 것을 사람들

---

24 Selinus; 셀리누스는 이탈리아 시칠리아 섬 남서쪽 해안에 있는 그리스 식민도시 중 하나였다.

25 antrum.

26 다이달로스에 관한 이야기는 디오도로스 시켈로스의 『세계사』, IV, 78, 3에 나온다.

27 pistrinum.

28 비트루비우스는 시계제작(gnomonice)을 짓기(aedificatio)와 기계제작(machinatio)과 더불어 건축의 세 영역 중 하나로 간주했다.

29 trophea(기념비): delubrum(성소): fanum(성지): templum(신전); 바로(Varro)는 delubrum을 신의 형상을 모신 집이라고 설명한다.

끼리 서로 공유하도록 교류할 수 있게 되었다.

이에 더해서 투석기, 전쟁기계, 요새들이 있고[30], 조국에 자유를, 도시[31]의 자산과 명예를 지키고 키워서 그 지배력[32]을 확장하고 안정시키는 값진 것들이 있다. 사람들이 기억하는 오래된 도시들로서 적의 손에 포위되어 함락된 것들에 대해 물어보면, 또한 누가 그것들을 물리치고 정복했는지 살펴보면, 그것이 건축가에 의해서였음을 그대가 부인하지 못하리라고 나는 생각한다. 즉, 무장한 적을 얕잡아 볼 수는 있었어도, 발견의 힘, 작업의 위력, 투석기의 공격력, 그것들로써 건축가가 적을 제압하고 무찌른 힘을 부정할 수 없었기 때문이다. 또한 옛날에 일어난 전투들을 되짚어 보면, 장수들이 이끈 전투와 선견지명에 의해서보다 건축가의 학술들과 능력에 의해서 더 많은 승리가 있었음을, 또한 적이 굴복한 것이 장수들의 무기 없이도 건축가의 재능에 의해서였던 것이, 건축가의 조언 없이 장수들의 칼로만 했던 것보다 더 많았음을 그대는 아마도 찾아낼 것이다.[33] 또한 가장 탁월한 것은 건축가가 손을 적게 쓰고도 군사를 구해 내고 승리하는 점이다. 여기까지가 건축의 유용성에 대해서다.

진정 우리 마음에는 짓는 일을 돌보고 따지는 일이 즐겁고 깊숙이 자리 잡고 있다. 그래서 지을 형편이 되는데도 지으려 하지 않는 사람을 찾아볼 수 없다. 또한 그것이 마치 본성인 듯, 어떤 건축술을 찾아낸 것을 기뻐하고 그것이 두루 쓰이도록 기꺼이 알려 주려 하

---

30 tormentum(투석기), machina(전쟁기계), arx(요새).

31 civitas.

32 imperium.

33 크세노폰, 『오이코노미코스』, XXI, 8.

지 않는 사람도 찾기 힘들다. 또한 다른 일에 바쁘더라도 우리는 짓는 일들을 마음에 떠올리지 않을 수 없다. 혹은 다른 건축물을 보고는 그 자리에서 척도들을 하나하나 들여다보고 재고, 또한 재능의 힘을 발휘해서 과연 무엇을 빼고 더하고 바꾸면 그 작업이 더 우아해질 수 있을지 탐구하여 조언하기까지 한다. [13] 그것이 잘 구상되고 제대로 완성되면 누가 그것을 보고 아주 즐거워하고 기뻐하지 않겠는가?[34] 고향에서건 외지에서건 건축이 시민들을 도와주고 기쁘게 해 줄 뿐 아니라, 또한 꾸며 준다는 것을 말해야 하겠는가? 자신이 지은 것에 대해 누가 자부심을 가지지 않겠는가? 우리가 거주하는 사적인 집을 조금만 신경 써서 지어도 우리는 그것을 자랑스러워한다. 그대가 아주 멋진 벽이나 현관을 세웠거나 문과 기둥과 지붕을 장식했을 때, 선한 사람들은 그 성공을 인정하고, 그대를 위해서 또한 그만큼 자신들을 위해서 기뻐한다. 이는 무엇보다 그대의 재산을 쓴 결실이 그대와 가문과 후손과 도시의 명예와 품위를 향상시켰음을 그들이 알기 때문이다.

크레타 섬이 유명했던 것은 무엇보다 유피테르의 무덤 때문이었다. 델로스가 유명했던 것은 아폴로 신탁보다는 도시의 형태와 모습, 또한 장대한 신전 때문이었다. 라틴 사람들이 그들의 건축물 덕분에 얻은 제국의 권위와 명성에 대해 나는 우리가 과거의 장대함을 두루 아는 무덤들과 유적들에 대해서만 말하겠는데, 그것들은 그것들이 없었다면 덜 믿을 만했을 많은 역사적 전통을 그것들 덕분에 우리

34 summa voluptate atque ilaritate.

가 받아들이게 된다. 자신들의 도시에 온갖 건축물들을 갖춤으로써 실제보다 더 유능해 보였던 옛사람들의 지혜를 투키디데스는 칭송할 만도 했다.[35] 또한 가장 위대하고 지혜로운 군주들 중에서 건축물을 후세에 이름을 남기는 으뜸가는 수단으로 여기지 않은 이가 누가 있었는가? 하지만 이에 대해서는 여기까지다.

결국 공화국의 안전과 품위와 명예는 건축가에게 크게 빚지고 있다. 우리의 기쁨, 즐거움, 건강,[36] 쉴 때나 일할 때 혜택을 입고 장점을 취하는 것이 그의 덕분이고, 요약컨대 우리가 위험 없이 품위 있게 사는 것이 그의 덕분이다. 따라서 작업의 즐거움과 경이로운 매력[37]으로부터, 필요성으로부터, 발명품의 도움[38]으로부터, 훗날의 열매로부터, 우리는 그를 인정하고 경애하고, [15] 인류로부터 명예와 존중을 받을 가장 합당한 사람들 중에 두어야 함을 부정하지 않는다.

이러함을 알았으니, 우리는 영혼을 위해 건축가의 학술과 일을 더 잘 조사해서, 그것들이 어떤 원리에서 나왔고 어떤 부분들로 이루어져 있고 규정되는지 연구해 보기 시작하자. 그것들이 종류가 다양하고 수가 무한하다시피하고 본성상 존중할 만하고 믿을 수 없을 만치 유용하다는 것을 발견하고 나서, 즉 어떤 인간적 조건이, 혹은 국가의 어느 부분이, 혹은 시민의 어느 계층이 건축가에게, 실로 모든 편의성을 그 발명자에게 더 빚지고 있는지, 군주인지 일반시민인지, 성스러운 영역인지, 세속적인 영역인지, 일인지 여가인지, 개인 각자

35 투키디데스, 『펠레폰네소스 전쟁』, I, 10, 2.

36 amoenitute festivitate salubritate.

37 ex voluptate exque mirifica operum gratia.

38 adiumentis praesidioque.

인지 인류 보편인지 발견하고 나서, 우리는 이 대목에서 설명하기에는 긴, 여러 가지 원인들로부터, 이 열 권의 책에 글로 서술된 것들을 모으기로 했다.

그 주제들을 순서대로 진행할 것이다. 실로 우리는 건축물[39]을 일종의 몸으로, 즉 다른 몸들처럼 리네아멘타와 재료로 이루어진 몸으로 여겼다.[40] 앞의 것은 재능으로부터 나왔고 뒤의 것은 자연으로부터 주어졌다.[41] 앞의 것에는 마음과 생각이[42], 뒤의 것에는 준비와 선택이 적용된다. 하지만 그 어느 것도 그 자체로는 충분하지 않고 숙련된 전문가[43]의 손이 리네아멘타에 따라 재료를 맞추어야 한다는 것을 우리는 깨달았다. 건축물은 다양한 쓰임새에 따르므로, 똑같은 리네아멘타의 경계가 여러 가지 것들에 적용되는지 찾아볼 필요가 있었다. 우리는 갖가지 건축물의 종류를 구분했고 그 선들의 연결과 상호관계가 아름다움의 근원으로서 중요함을 알게 되었다. 이런 까닭에 우리는 아름다움에 대해, 그것이 무엇이고 각각의 경우 어떠해야 하는지 탐구하기 시작했다. 무릇 이 문제에서 종종 결함이 발견되므로 그것들을 어떻게 고치고 바로잡을지 연구했다.

따라서 다양한 주제에 따라 각 권의 제목을 이렇게 붙였다. 즉,

---

39 aedificium.

40 알베르티가 건축물을 몸에 비유하는 까닭은 그다음 문장에 곧바로 이어지듯이 건축물이 리네아멘타와 재료로 이루어져 있다고 보기 때문이다. 즉, 건축물은 물질(재료)의 단순한 덩어리가 아니라 몸이며, 이는 리네아멘타에 의해 여러 부분들이 한데 유기적으로 결합되어 있기 때문이다.

41 앞의 것은 리네아멘타를, 뒤의 것은 재료를 가리킨다.

42 mens(마음), cogitatio(생각).

43 artifex.

우선 1권 리네아멘타, [17] 2권 재료, 3권 작업, 4권 보편적 작업, 5권 개별적 작업, 6권 장식, 7권 신성한 작업들의 장식, 8권 공적이고 세속적인 작업들의 장식, 9권 사적인 작업들의 장식, 10권 작업들의 복원, 부록으로 선박, 구리, 수와 선의 역사, 건축가의 직무와 관련된 것.[44]

---

44 1권 리네아멘타(lineamenta), 2권 재료(materia), 3권 작업(opus), 4권 보편적 작업(uniuersorum opus), 5권 개별적 작업(singulorum opus), 6권 장식(ornamentum), 7권 신성한 작업들의 장식(sacrorum ornamentum), 8권 공적이고 세속적인 작업들의 장식(publici profani ornamentum), 9권 사적인 작업들의 장식(priuatorium ornamentum), 10권 작업들의 복원(operum instauratio), 선박(navis), 구리(aeraria), 수와 선의 역사(historia numeri & linearum), 건축가의 직무에 관련된 것(quid conferat architecto in negocio)이 있다. 부록은 소실되었다. 부록 중 첫 번째와 세 번째 주제에 대해서는 참조서지가 있다.

제1권

리네아멘타

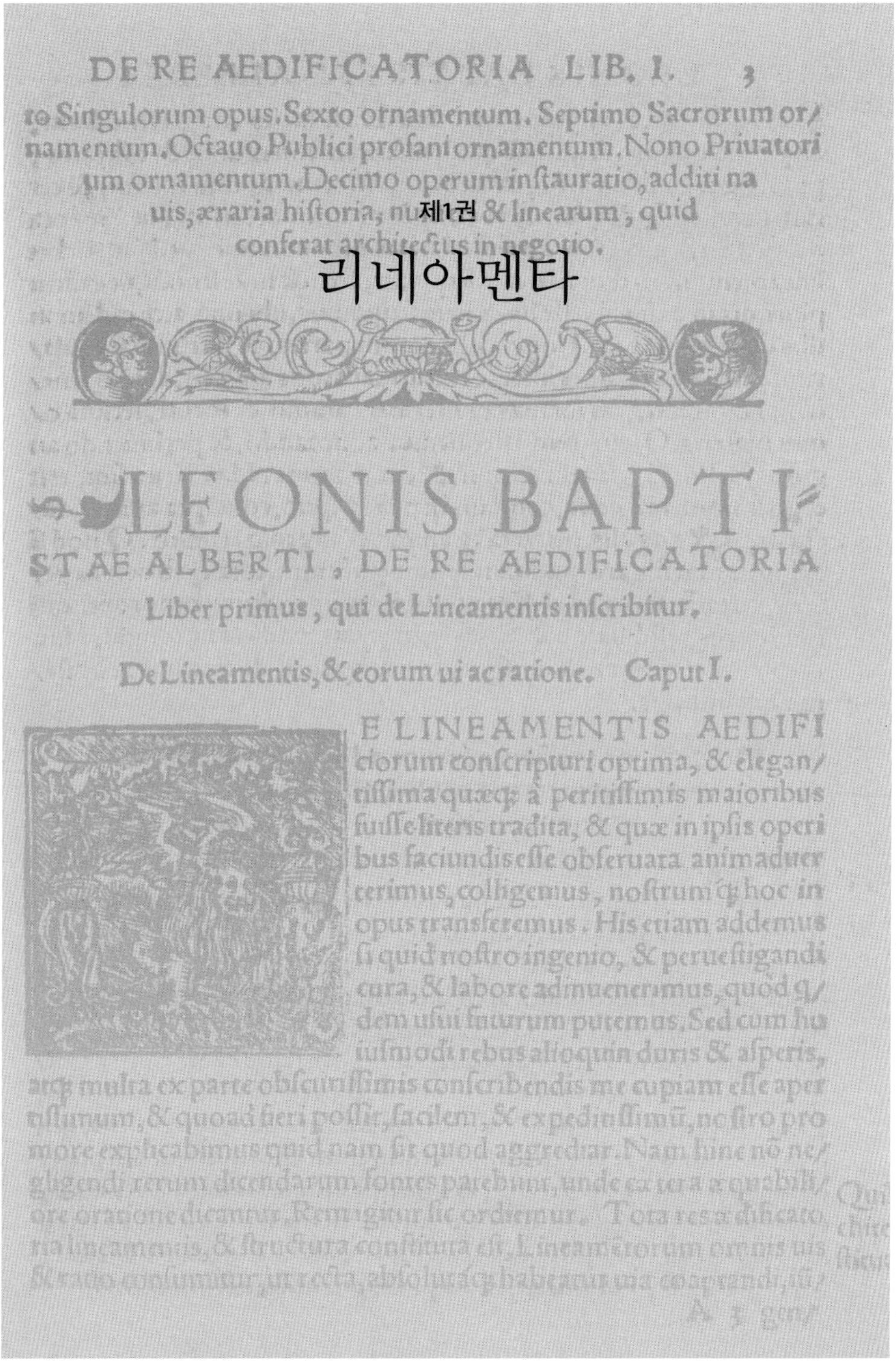

DE RE AEDIFICATORIA LIB. I. 3

to Singulorum opus, Sexto ornamentum. Septimo Sacrorum ornamentum, Octauo Publici profani ornamentum. Nono Priuatorum ornamentum. Decimo operum instauratio, additi na uis, æraria historia, nu[illegible] & linearum, quid conferat architectus in negotio.

LEONIS BAPTISTAE ALBERTI, DE RE AEDIFICATORIA

Liber primus, qui de Lineamentis inscribitur.

De Lineamentis, & eorum ui ac ratione. Caput I.

E LINEAMENTIS AEDIFIciorum conscripturi optima, & elegantissima quæq; à peritissimis maioribus fuisse literis tradita, & quæ in ipsis operibus faciundis esse obseruata animaduerterimus, colligemus, nostrumq; hoc in opus transferemus. His etiam addemus si quid nostro ingenio, & peruestigandi cura, & labore adinuenerimus, quod quidem usui futurum putemus. Sed cum huiusmodi rebus alioquin duris & asperis, atq; multa ex parte obscurissimis conscribendis me cupiam esse apertissimum, & quoad fieri possit, facilem, & expeditissimũ, nostro pro more explicabimus quid nam sit quod aggrediar. Nam hinc nõ negligendi rerum dicendarum fontes patebunt, unde cætera æquabiliore oratione dicantur. Rem igitur sic ordiemur. Tota res ædificatoria lineamentis, & structura constituta est. Lineamentorum omnis uis & ratio consumitur, ut recta, absolutaq; habeatur uia coaptandi, [illegible]

A 3

제1장

리네아멘타에 대해서. 그 뜻과 원리에 대해서

[19] 우리가 건축물[1]들의 리네아멘타[2]에 대해 모아서 쓰려고 하므로, 우리는 뛰어난 선조들이 글로써 전해 주셨고 선조들이 만든 작업들에서 우리가 관찰한 가장 좋고 가장 우아한 것들을 우리의 작업에 모아서 가져 오겠다. 우리는 여기에다가 우리의 재능과 관심과 노력을

---

1 aedificium; 건축물(aedificium)은 짓는 일(res ædificatoria) 곧 건축의 대상이다.

2 lineamenta; disegni(Bartoli, 1550); Risse(Theuer); 윤곽선(相川 浩, 1982) 리네아멘툼(lineamentum)의 복수형. 리네아멘툼의 일차적인 뜻은 그은 선(線) 또는 획(畫)으로서, 이를 뜻하는 또 다른 라틴어 단어인 리네아(linea)의 뜻과 같다. 알베르티가 이 책에서 복수형 단어를 일관되게 쓰는 리네아멘타는 여러 개의 선들이라는 뜻을 넘어, 선들의 조합(이 경우 그 조합은 선들 사이에 있는 특정한 각들을 통해 만들어진다) 또는 그것에 의해 생긴 기하학적 형태 내지 도형이라는 뜻을 가진다. 나아가 이 책에 쓰인 맥락상 도안 내지 디자인이라는 뜻을 또한 담고 있다. 팔라디오는 자신의 건축4서에서 이 말을 디제뇨(disegno)라는 이탈리아어로 번역했고 올란디(Orlandi)도 이를 따랐다. 각 언어권의 번역자마다 이 용어를 여러 가지로 다르게 번역했다.(cf. S. Lang, "De Lineamentis: L. B. Alberti's Use of a Technical Term," *Journal of the Warburg and Courtauld Institutes*) 독일어 번역(Theuer)에서는 선이나 작도를 뜻하는 Risse로, 일본어 번역(相川浩)에서는 '윤곽선'으로 번역했고, 최근의 영어 번역본(Rykwer et al.)은 기존의 design이라는 번역을 버리고 lineamenta를 택했고, 프랑스 번역본(Caye et Choay)도 lineaments를 고수해서 본래의 어감을 살렸다. 이는 이 말이 영어와 프랑스어의 현대어들과 가까운 이점이 있기 때문이었을 것이다.

기울여서 우리가 밝히는 것들과 더불어 훗날 쓸모 있을 것들을 더하겠다.[3] 하지만 이렇게 하자면 자칫 어렵고 골치 아프고 아주 모호해질 수 있고, 나는 이것을 되도록 명확하고 쉽고 효율적으로 다루고자 하므로, 우리는 관습에 따라 설명하겠다. 즉, 말하는 내용들의 원천이 열려 있어야만 다른 말들이 더 술술 풀리기 때문이다.[4]

그러므로 이렇게 시작한다. 짓는 것[5] 모두는 리네아멘타와 구조[6]로 이루어진다고 말이다. 무릇 리네아멘타의 방법과 원리[7]는 건축물의 면[8]들을 이루고 감싸는[9] 선들과 각들을 결합하고 짜 맞추는 올바르고 충분한 방법을 갖는 데 있다. 그래서 리네아멘타의 일과 과제는 건축물에 또한 건축물의 각 구성요소에 알맞은 위치,[10] 확실한 숫자,[11] 품위 있는 방식,[12] 어여쁜 질서[13]를 미리 그려서[14], 전체 건축물

---

3 알베르티는 2권 4장에서 비슷한 내용을 거듭 말한다.

4 되도록이면 내용을 명확히 서술하려는 알베르티의 의도가 드러나 있다. 이와 관련해서 3권 14장, 6권 1장을 볼 것.

5 res aedificatoria; 짓는 일, 즉 건축을 가리킨다; 건축물(aedificium)과 구분된다.

6 알베르티가 리네아멘타(lineamenta)와 구조(structura)를 대비시킨 것은 비트루비우스가 fabrica와 ratiocinatio를 대비시킨 것과 비교할 만하다.(비트루비우스, 『건축십서』, I, 1, 1: "Ea [architecti scientia] nascitur ex fabrica et ratiocinatione")

7 vis et ratio(뜻과 원리); Bedeutung(Theuer); principe(Caye et Choay).

8 facies; Erscheinung(Theuer).

9 comprehendere(이루다), concludere(에워싸다).

10 aptus locus(알맞은 위치).

11 알맞은 숫자에 대한 알베르티의 개념은 알베르티 자신의 조화(콘키니타스, concinnitas) 개념과 관련되어 있다.

12 dignus modus; modus는 이 경우 수단·방법, 방식이라는 뜻으로 해석된다. modus의 번역은 Maß(Theuer), disposition(Orlandi), 척도(scale)와 모양(shape)(Rykwert et al.), 그밖에 비례(proportion), 차원 또는 크기(dimension), 관계(relationship) 등이 시도되었다. ratio가 계산과 따짐이라는 뜻으로부터 원리를 가리키는 것에 비해 modus는 '각각에 알맞은' 존재방식으로서 폭·넓이·두께·수·범위·형태·외관·특질 따위와 관련되

의 형태[15]가 리네아멘타에 따르게 하는 것이다. 리네아멘툼 자체는 [21] 재료와 나뉜다. 하지만 여러 건축물들에 똑같은 리네아멘타가 있는 것을 볼 수 있는데, 똑같은 한 형태를 그 건축물들에서 볼 수 있으니, 즉, 그것들의 부분들이, 또한 각 부분의 놓임과 질서가 무릇 각들과 선들에 의해 서로 짜 맞추어져 있다. 또한 모든 재료로부터 배제되어 정신으로부터 온전한 형태들을 미리 그릴 수 있다.[16] 특정한 방향과 결합에 따라 각들과 선들을 표시하고 미리 감쌈[17]으로써 우리는 그것에 이른다.[18] 따라서 리네아멘툼은, 정해지고 맞아 떨어진, 정신으로써 미리 그린[19] 것으로서, 학습된 정신과 재능에 의해 만들어져 완벽해진 것을 가리킨다.[20]

면서 목적과 중요성에 따라 정해진다.

13 gratus ordo.

14 praescribere.

15 forma et figura; la forme et la figure(Caye et Choay); forma와 figura를 알베르티는 거의 비슷한 뜻으로 쓰되, forma를 figura보다 더 자주 쓴다.

16 animo et mente(정신으로부터), praescribere(미리 그리다).

17 praefinire.

18 이 문장은 곧 리네아멘타의 정의다.

19 praescriptio; Orlandi는 perscriptio로 교정했지만, 프랑스어 번역본에서는 초판본의 표기대로 praescriptio를 택했다.(Caye et Choay)

20 미리 구상함, 관념성, 완벽함이 리네아멘타의 본성이다.

제2장

건축물을 짓는 일의 계기에 대해서. 집짓기 전체가 어떤 부분들로 이루어져 있고 무엇이 그 부분들에 해당하는지에 대해서

건축물 자체와 구조 전체가[21] 무엇인지 우리가 살펴보려면, 사람들이 건축물이라고 부르는 거주처들의 기원과 발전과정이 어떻게 시작해서 나아갔는지 따져 보는 것이 알맞겠다.[22] 내가 옳다면 이 모두를 우리는 이렇게 설명할 수 있다.

처음 인류는 어느 안전한 지역[23]에 쉴 공간[24]들을 찾아 나섰고,[25] 거기서 쓰임새에 알맞고 보기 좋은 바닥[26]을 발견해서 그 자리를 차지했다. 무릇 가정의 일과 사적인 일이 한곳에서 벌어지기를 바라고는, 그 대신 어떤 곳에는 눕고 어떤 곳에는 화로를 놓고 또 어떤 곳은 다른 쓰임새에 할당했다. 여기에 지붕을 두고서 그것으로써 햇볕과 비로부터 작업을 가렸다. 그다음으로는 벽들을 옆에 세워 그것들로

21 ipsum aedificium totaque structura.

22 알베르티는 건축물을 거주의 장소 즉, 사람이 사는 곳이라는 관점에서 말한다.

23 regio.

24 spatium.

25 비트루비우스, 『건축십서』, 1권 참조.

26 area.

써 지붕을 받쳤는데, 이렇게 해서 추운 비바람과 서릿바람으로부터 자신들을 더 잘 보살필 수 있다는 것을 알았기 때문이다. 끝으로 밑에서부터 꼭대기까지 벽에 문과 창을 뚫어 그리로 들어오고 모일 수 있게 했을 뿐 아니라 햇빛과 바람이 제때에 들어와 라레스에[27] 생긴 물과 증기가 빠져나가게 했다. 이리하여, [23] 그것을 처음 한 것이 누구였는지 간에, 즉, 사투르누스의 딸 베스타 여신이었는지, 헤우리알루스와 히페르비우스 형제였는지, 아니면 갈리오, 트라소, 키클롭스 티핀키우스 중 누구였는지 간에,[28] 결국 이것이 건축물 창설의 첫 번째 발생이자 첫 번째 질서라고 나는 믿는다.[29] 마침내 사용과 학술로부터 다양한 종류의 건축물들이 발명되어, 이제는 어디가 끝인지 모를 정도로까지 발전했다고 나는 생각한다. 진정 어떤 것은 공적이고, 어떤 것은 사적이고, 어떤 것은 성스럽고, 어떤 것은 세속적이고, 어떤 것은 쓰임새와 필요 때문에, 어떤 것은 도시를 장식하기 위해, 어떤 것은 일시적인 기쁨을 위해 세워진다. 하지만 모든 것이 우리가 조사한 이 기원들로부터 나왔음을 누구도 부인하지 못할 것이다.

그것들이 이러하다면, 무릇 짓는 일은 분명 여섯 부분들로 이루진다. 이것들은 곧, 지역, 바닥, 구획, 벽, 지붕, 개구부다.[30] 우선 이것

---

27 라레스(lares)에; 영어판과 프랑스어판은 '집 안에'라고 번역했다.

28 플리니우스의 『자연사』, VII, 194-195; 알베르티가 플리니우스의 잘못된 사본인 MSS를 읽었으리라 여겨지는 증거다.

29 이후 설명할 여섯 가지 리네아멘타의 발생적 기원이 설명되어 있다.

30 regio(지역), area(바닥), partitio(구획), paries(벽), tectum(지붕), apertio(개구부); Gegend, Grund, Einteilung, Mauer, Decke, Öffnung(Theuer); l'ambiente, l'area, la suddivisione, il muro, la copertura, l'apertura(Orlandi); locality, area, compartition, wall, roof, opening(Rykwert et al.); la région, l'aire, la partition, le mur, le toit,

들을 철저히 파악하고 나면 말할 것들을 더 쉽게 이해할 수 있을 것이다. 따라서 우리는 그것들을 이렇게 정의할 것이다. 곧, 지역은 집 지을 곳을 둘러싼 모든 땅의 크기와 모양으로서, 그 일부가 바닥이 된다. 바닥은 장소의 한정된 특정한 공간으로서, 사용의 유용성을 위해서[31] 벽으로 둘러싼 것을 가리킨다. 하지만 바닥이라는 명칭은 건축물의 장소들 가운데 우리가 걸으면서 발바닥으로 딛는 것에도 적용된다. 구획은 건축물 전체의 바닥이 더 작은 바닥들로 나뉜 것을 가리키는데, 한 몸 안에 맞아 떨어지게 모여 있는 지체들처럼 건축물의 몸체 전체가 더 작은 건축물들로 되지어진[32] 셈이다. 벽은 밑바닥으로부터 높이 솟아서 지붕 무게를 받기 위해 높이 솟은 구조 전부를, 또는 건축물 내부에 뻗은 칸막이를 가리킨다. 지붕은 비를 막도록 건축물 맨 위에 들어 올린 부분말고도, 넓게는 그 아래를 걷는 사람의 머리 위에 뻗은 것을 가리키는데, 그 종류로는 평천장, 볼트, 아치[33] 따위가 있다. 우리가 개구부라고 부르는 것은 건축물의 모든 곳에서 거주자들이나 물건들이 들어오고 나가게 해 주는 모든 것들이다.

따라서 우리는 이것들과 그 개별 부분들에 대해서 말할 것이다. [25] 하지만 우리는 우리 일에서의 원칙들과 그 원칙들에서 근본적인 것들을, 이것들이 우리의 사안에 아주 중요하므로, 먼저 다룰 것이

l'ouverture(Caye et Choay).

31 ad usus utilitatem; per determinati scopi(Orlandi); for a designated practical use(Rykwert et al.); pour l'utilité de son usage(Caye et Choay); 한국어 번역은 라틴어 원문을 직역한 프랑스어 번역을 채택한다; 사용의 유용성을 위해 = 유용한 사용을 위해.

32 refectum.

33 contignationes concamerationes testudinata.

다. 즉, 앞에서 말한 부분들과 관련된 것을 고려할 때 우리는 무시해서는 안 되는 세 가지를 찾아내게 되는데, 그것들은 지붕, 벽, 그리고 그 나머지들에 아주 잘 부합한다. 그것들은 이렇다. 즉, 그것들의 개별 부분들이 특정하고 정해진 쓰임새를 위해 알맞고 우선 건강에 좋을 것, 견고성과 내구성을 위해 온전하고 단단하고 아주 오래갈 것, 매력과 즐거움을 위해 다듬고 아우르고 그 모든 부분에서 이를테면 차려져 있을[34] 것.[35] 논의할 것들의 기초를 세웠으니, 이제 우리의 주장을 이어 가자.

---

34 compta composita et [...] redimita; groomed, ordered, garlanded(Rykwert et al.); eléganté, ordinée, [...] parée(Caye et Choay); 라틴어 como의 원래 뜻에는 머리를 빗는다는 뜻이 있다. 여기서는 '다듬다'로 번역한다. 또한 compono는 한데 두다 또는 구성하다는 뜻이 있다. 여기서는 '아우르다'로 번역한다. 마지막으로 redimio의 원래 뜻에는 '어떤 것의 둘레를 두르다'라는 뜻이 있다. 영어의 garlanded라는 번역어는 이와 직결된 번역이다.한국어에서도 '무엇을 두른다'는 표현이 꾸미고 장식한다는 뜻으로 쓰이기도 한다. 한자인 장(裝)에도 묶는다는 뜻이 있다. 여기서는 '차려져 있는' 정도로 번역한다. 다듬고(단정하게 함) 아우르고(정리정돈함) 차려져 있음(나열함)은 한마디 말로 하면 꾸밈 내지 장식함 정도가 된다.

35 즉, 쓰임새에 알맞음, 튼튼하고 오래감, 매력적임. 이 세 가지가 목적이 된다.

제3장

지역, 기후, 공기, 공기를 관장하는 태양과 바람에 대해서

옛사람들은 되도록 아무런 해악도 없이 편리한 지역[36]을 고르려고 무척 노력했다.[37] 특히, 무겁고 불안정한 하늘[38]을 피하려고 아주 세심한 주의를 기울였는데, 나는 이것이 참으로 신중하고도 필수적이었다고 여긴다. 왜냐하면 땅과 물은 결함이 있으면 기술과 재능으로써 고칠 수 있는 것이 분명하지만, 하늘은 사람의 재능으로도 손으로도 못 고치기 때문이다. 분명 우리가 들이마시는 공기는 우리가 알듯이 그것이 삶을 떠받치고 보존하는 데 소중한데, 공기는 맑을수록 건강에 더 좋다.

게다가 하늘이 세대와 산출과 풍요와 보존에 큰 역할을 한다는 사실을 누가 모르는가? 더 맑은 하늘을 누리는 사람들이 무겁고 습한 하늘 아래 사는 사람들보다 머리가 더 좋다는 것을 그대는 알고 있

---

36 regio; 알베르티에 따르면, 영토(provincia)의 일부가 지역(regio)이고, 지역의 일부가 바닥(area)이다. 1권 7장을 참고할 것. "regio amplioris cuiusdam provinciae certa selectaque est pars."

37 비트루비우스, 『건축십서』, I, 4, 1과 스트라본, 『지리학』, II, 2, 1-3을 볼 것.

38 caelum; 하늘은 기후를 가리킨다.

다. 아테네 사람들이 테베 사람들보다 재능의 측면에서 더 뛰어났던 것이 이 한 가지 이유 때문이었을 것이라고 사람들은 믿는다.

우리는 하늘이 장소들의 위치와 모양[39]에 의존한다고 느낀다. 그 다양한 원리들 가운데 일부는 분명해 보이지만, [27] 일부는 그 본성이 애매하고 감추어져 있어서 우리가 파악할 수 없다. 하지만 자명한 것을 먼저 다루고 그 뒤에 애매한 것을 다루겠다. 그러면 가장 알맞고 건강한 지역들을 고를 수 있을 것이다.

고대 신학자들은 공기를 팔라스[40]라고 불렀고 호메로스는 이것을 여신이라고 말했고 글라우코피스[41]라고 불렀는데, 이는 아주 맑아서 본성상 완전히 투명한 그런 깨끗한 공기를 가리킴이었다.[42] 가장 건강한 공기는 아주 깨끗하고 아주 순수한 것, 시각이 선명하게 관통하는 것, 아주 맑은 것, 아주 가벼운 것, 고요하고도 아주 한결같은 것임이 분명하다. 반대로 해로운 공기라 할 수 있는 것은 거기서 구름이나 안개 같은 밀도 때문에 짙고 냄새가 나면서 가만히 머물러 있고, 마치 이마에 무겁게 걸려 선명함을 방해하는 것 같은 것이다. 이 둘은 다른 무엇보다 해와 바람에 의해 결정된다고 나는 생각한다. 하지만 여기서 우리가 자연학의 문제를 따지지는 않겠는데, 어떤 식으로 증기가 태양의 힘에 의해 깊은 땅속으로부터 빠져나와 하늘로 끌어올려 지는지, 그래서 넓은 천공에서 구름으로 모여, 즉 그 큰 무

---

39 situ et facie.

40 Pallas; Παλλάς.

41 Glaucopim; '빛나는 눈'.

42 호메로스, 『일리아스』, I, v. 206.

게 때문에 혹은 해가 한쪽에 끼쳐 건조해져서, 한쪽으로 쏠려 큰 공기의 흐름을 만들고 바람을 일으켜서, 건조함에 의해 내몰려 바다로 거꾸러지는지, 결국 바다에 의해 보충되어 습기를 머금어 대기를 또 한 번 떠돌다가 바람에 내몰리어 해면처럼 짜여 나르던 습기의 방울들을 떨구어 비를 내리고 땅에 수증기를 되채우는지에 대해서 말이다.[43] 이 이론이 맞는지, 아니면 바람이란 땅의 메마른 내쉼인지, 또는 차가운 것의 힘에 내몰린 뜨거운 수증기인지, 또는 그저 공기의 숨일 뿐인지, 또는 땅의 움직임이나 별들의 운행과 방사 때문에 교란된 공기인지, 또는 저절로 움직이는 일반적인 생기, 또는 그 자체로 별개의 개체가 아니라 가장 높이 있는 에테르[44]의 열기에 의해 타 버려 액체형태로 환원된 공기[45]로 이루어진 것인지, 그것도 아니면 더 충실하거나 더 오래된 권위에 기반을 한 또 다른 심오한 이론이나 설명이 있을지는 내가 알 수 없다.[46] 나는 이것을 건너뛰어야 한다고 판단하니, 주제에서 벗어나 보일 수 있기 때문이다.

[29] 이 때문에, 내가 틀리지 않다면, 왜 세상의 어떤 지역은 공기가 아주 좋은 반면, 다른 지역은 그것들에 닿아 있는데다가 비슷한 상황에 놓여 있는데도 우중충한 하늘에 침침한 날 때문에 우울한 것을 보게 되는지 우리가 이해할 수 있을 것이다. 그런 것이 다름 아니

---

43 아리스토텔레스, 『기상학』, I, 9, 346a-b 및 히포크라테스, 『공기, 물, 장소에 대하여』, III, 3, 8-9을 볼 것.

44 aether; αἰθήρ; 에테르는 가장 높은 쪽의 공기를 가리킨다. 에르(aer)와 비교된다.

45 aer; ἀηρ; 에르는 가장 낮은 쪽의 공기를 가리킨다. 에테르(aether)와 구별된다.

46 알베르티가 여기서 설명하는 자연학적 설명은 물, 흙, 공기, 불의 네 요소에 기반을 둔 설명이다.

라 해와 바람과 잘 맞지 않아서일 것이라고 나는 추정한다. 시라쿠사에서는 한 해 내내 주민들이 날마다 해를 볼 수 있다고 키케로는 말했다.[47] 이는 드문 경우지만, 아주 절박한 이유가 없으면 어디보다도 이런 곳을 먼저 찾아야 한다.

또한 모든 것들 가운데 고를 지역은 구름의 힘도 모든 습한 수증기의 짙음도 멀리 떨어져 있는 곳이어야 한다. 이를 추구한 사람들은 해의 비침과 열기가 성긴 물질보다 짙은 물질에 더 따갑게 작용하다는 것을, 예를 들어 물보다는 기름에 더 따갑게, 천보다는 쇠에 더 따갑게 작용한다는 것을 알아냈다. 이로부터 그들은 열기가 더 강한 곳에서 공기가 무겁고 짙다는 사실을[48] 알아냈다. 이집트인들은 세상의 다른 민족들과 자신들의 고귀함을 견주면서, 이집트에 인류가 처음 생겨났다고 자랑했다. 가장 건강한 삶을 누릴 수 있었던 곳이 아닌 곳에서는 태어날 수 없었고, 이는 그들 자신이 영원한 봄 같은 한결같은 대기를 그 무엇보다도 신의 은총으로부터 선사받았기 때문이라는 것이다. 또한 이집트인들 중에서도 특히 리비아 옆에 사는 사람들이, 거기서는 바람이 전혀 바뀌지 않기에, 가장 건강하고 매우 온전한 사람들이라고 헤로도토스는 쓴다.[49] 이탈리아뿐 아니라 다른 나라의 어떤 도시들은 다름 아니라 대기가 덥다가 갑자기 춥다가 하는 것

---

47 키케로, *Orationes in Verrem*, V. 26. ("Vrbem Syracusas elegerat, cuius hic situs atque haec natura esse loci caelique dicitur ut nullus umquam dies tam magna ac turbulenta tempestate fuerit quin aliquo tempore eius diei solem homines viderint.")

48 gravis(무거운), crassus(짙은).

49 헤로도토스, 『역사』, II, 77, 3.; 이 대목에서 알베르티는 헤로도토스의 텍스트를 잘못 인용했다. 사실 헤로도토스는 "이집트인들이 리비아인들 다음으로 가장 건강하다"고 썼다.

때문에 건강에 나쁘고 해롭다는 것이 확실해 보인다.

따라서 해나 그늘이 너무 많지 않도록 그 지역에 해가 얼마나 들고 어떻게 비치는지 고려하는 것은 부당하지 않다. 가라만테스[50] 사람들이 뜨는 해와 지는 해를 아주 싫어한 것은 그 햇볕에 너무 많이 그을리기 때문이다.[51] 또 어떤 사람들은 밤이 거의 계속되는 탓에 핼쑥하다. [31] 이 다양함은 회전축의 기울어짐보다는, 그것도 중요한 요인이지만, 땅의 모양과 땅이 해와 바람에 드러난 정도에 더 달려 있다. 나는 보통의 바람보다 산들바람을 선호하는데,[52] 비록 바람은 그것이 아무리 강하고 거세더라도, 멎어 있고 무거운 대기보다는 낫다고 내가 여기지만 말이다. 오비디우스는 말하기를 "물은 움직이지 않으면 나쁜 것을 끌어모은다"고 했다.[53] 공기는 어떤가? 단적으로 움직임 때문에 즐거워진다고 할 수 있다. 왜냐하면 내 생각에 움직임 때문에 땅에서 솟는 증기가 사라지거나 소진되기 때문이다. 하지만 중간에 숲과 산이 있거나 도달경로가 긴 탓에 이 바람들이 한풀 꺾여 도달하는 것이 더 낫다. 또한 그 중간의 땅을 거치면서 해로운 것을 낚아채오지 않게 해야 한다. 이 까닭에, 근처에 해로운 것이 있는 지역을 피할 것을 권한다. 예를 들어 늪, 특히 오염된 물과 시궁창에서 나는 악취나 더러운 증기가 나는 곳 말이다.

자연학자들은 다 같이 주장하기를, 눈이 녹아서 흐르는 강은 추

50 가라만테스 왕국은 기원전 5세기~기원후 7세기까지 리비아 사막 지역을 중심으로 융성한 나라다.

51 헤로도토스, 위의 책, IV, 183-184, 플리니우스, 『자연사』, V, 45.

52 aura(산들바람), ventus(바람).

53 오비디우스, 『흑해에서 보낸 편지』, I, 5, 6.

위와 짙은 공기를 가져온다고 한다. 하지만 물 가운데 가장 나쁜 물은 고여서 오염된 물인데, 그것이 덜 유리한 바람에 노출되어 있을수록 주변을 더 많이 오염시킨다. 플리니우스는 테오프라스토스[54]와 히포크라테스[55]의 권위에 기대어서, 북풍[56]이 건강을 회복시키고 유지시키는 데 가장 좋다고 봤다.[57] 자연학자들은 모두 단언하기를, 남풍[58]이 사람에게 가장 나쁘고 남풍이 불 때 가축이 들에서 풀을 뜯게 내버려 두면 곤란해진다고 한다. 마찬가지로 황새가 경솔하게 남풍을 맞서서 나는 것을 본 사람은 어디에도 없다. 돌고래는 북풍이 불 때는 바람에 실린 소리를 듣지만 남풍이 불 때는 잘 못 듣고 바람을 거스르기만 한다. 또한 북풍이 불 때는 뱀장어가 물 밖에서도 엿새 동안을 살 수 있지만, 남풍이 불 때는 그렇지 못하다고 한다. 이는 바람이 너무 짙고 그 힘 때문에 병들기 때문이다. [33] 남풍은 목과 코에 염증 따위를 일으키고, 북서풍[59]은 감기를 들게 한다.

남쪽을 향한 물가를 권하지는 않겠는데, 반사된 햇빛이 해를 두

54 테오프라스토스(Θεόφραστος, 기원전 371년-기원전 287년)는 고대그리스의 철학자다.

55 히포크라테스(Ἱπποκράτης, 약 기원전 460년-약 기원전 370년)는 고대그리스의 의사다.

56 Aquilo; 비트루비우스의 『건축십서』에서는 바람들을 다음과 같이 부른다.(I, 6, 4-5) 즉, Septentrio(북풍), Aquilo(북동풍), Solanus(동풍), Eurus(남동풍), Auster(남풍), Africus(남서풍), Favonius(서풍), Corus(북서풍). 알베르티도 이와 똑같은 바람 이름을 쓰지만 북풍만은 Boares라고 부른다.

57 플리니우스, 『자연사』, II, 48, 427, 히포크라테스, 『공기, 물, 장소에 대하여』, 8; 이러한 알베르티의 견해를 아리스토텔레스의 견해와 비교할 만하다. 아리스토텔레스, 『정치학』, 7권 1330a40("동쪽으로 향해 있어서 동풍을 맞는 도시들이 가장 건강하다. 그 다음으로 건강한 것이 북풍을 등진 도시들인데, 겨울에 견딜 만해서다.").

58 Hauster.

59 Caurus.

개 만드는 꼴이 되어 하나는 하늘에서부터 아래로, 다른 하나는 물에서 위로 비추기 때문이다. 그런 곳은 기온의 변화가 급격하고, 해질 녘부터 밤의 서늘한 그림자가 찾아든다. 어떤 사람들은 다음의 견해를 가지고 있기도 하다. 즉, 해질 녘 해의 전체 효과는 직접 쬐이는 햇빛과 더불어 물, 바다, 혹은 산에 반사된 것까지 해서 가장 해롭다는 것인데, 왜냐하면 하루 종일 해에 이미 달구어진 것이 반사에 따른 추가적인 열 때문에 더 더워지기 때문이라는 것이다. 이 온갖 효과에 더해서 세찬 바람에도 노출된다. 그보다 더 해롭고 견디기 힘든 것이 있겠는가? 아침 산들바람도 그것이 불어오면서 수증기를 함께 실어 오면 그것을 꺼리는 것이 부당하지 않다.

우리는 해와 바람에 대해서, 또한 그것들이 건강에 좋건 나쁘건 대기에 영향을 준다고 우리가 명백히 느끼는 것들에 대해서 말했다. 또한 우리 주장에 알맞을 정도로 짧게 말했고, 이에 대해 알맞은 곳에서 더 자세히 다루겠다.[60]

---

60 4권의 2, 8장, 5권의 14, 17장에서 다룬다.

제4장
집 짓는 데 어떤 지역이 좋고 나쁜지에 대해서

지역을 선택하는 것으로 되돌아가서, 주민들이 모든 부분에서 자연과 더불어, 또한 다른 사람들 및 그 사귐[61]과 더불어 잘 되는 것이 알맞을 것이다.

가파르고 험하고 다다르기 힘든 알프스에 칼리굴라가 도시를 짓자고 제안한 그런 곳에는 나는 꼭 필요한 경우가 아니면 짓지 않을 것이기 때문이다.[62] 바로가 말한 라인란트 갈리아 지방이나 카이사르가 묘사한 당시의 브리타니아처럼 사람이 거의 살 수 없는 황무지도 피하겠다.[63] [35] 나는 흑해의 오이노에 섬에서처럼 새알만 먹고 살고 싶지도 않거니와,[64] 플리니우스 시대의 히스파니아 일부 지역에서처럼 도토리만 먹고 살고 싶지도 않다.[65] 요컨대 쓸모없는 지역을 원하지 않는다.

---

61 convictu; sa société.(Caye et Choay)

62 수에토니우스, 『칼리굴라』, 21.

63 바로, 『농사3서』, I, 7, 8를 볼 것.; 바로가 intus as Rhenum이라 쓴 것을 알베르티는 inter Adienum이라고 봤다.

64 플리니우스, 『자연사』, IV, 95.

65 같은 책, 16, 15.

아토스 산 꼭대기에 도시를 짓자는 제안을 알렉산드로스가 물리친 것은 참으로 훌륭했으니, 건축가 폴리크라테스[66]의 제안은 설령 다른 점들에서는 그럴싸했더라도 주민을 먹여 살릴 것이 충분하지 않았기 때문이다. 접근하기 어려운 지역은 특히 도시를 짓고자 하는 목적에서는 아리스토텔레스의 마음에 들었을 것이다.[67] 또한 나는 어떤 나라들에서는 버려진 변경에 넓은 땅을 남겨 둠으로써 적을 유리하게 하지 않으려 했음을 안다.[68] 그 방법을 받아들일지 말지는 다른 데서 다루겠다. 하지만 공공에게 도움이 된다면 그렇게 하는 것을 나무랄 까닭이 없다.

또한 단적으로 건축물을 지을 지역으로 내가 가장 선호하는 곳은 배, 수레, 가축으로 여름은 물론 겨울에도 필요하고 유용한 것들을 실어 나를 수 있도록 다양한 방식으로 자주 접근할 수 있는 곳이다. 또한 지역 자체는 물이 많아서 습하지도 않고 가물어서 건조하지도 않아야 하고, 그 대신 안락하고 온화해야 한다. 혹은, 그것이 불가능하다고 생각되면, 좀 서늘하고 건조한 곳이 너무 뜨겁고 아주 습한 곳보다 낫다. 왜냐하면 추위는 벽과 지붕, 옷과 불의 열기로, 또는 움직여 돌아다녀서 해결할 수 있기 때문이다. 건조함이 몸과 영혼에 각별히 해롭다고 보기는 힘들다. 또한 건조함으로부터 사람이 굳세어지

66 Polycrates; 비트루비우스의 『건축십서』(II, 1, 1)에 따르면, 알렉산드로스의 건축가 이름은 폴리크라테스가 아니라 디노크라테스(Dinocrates)다. 알베르티는 6권 4장에도 폴리크라테스라고 틀리게 언급하고 있다.(Rykert et al., 369쪽; Caye et Choay, 63쪽)

67 아리스토텔레스, 『정치학』, VII, 10, 2("그중 군사 활동에 관해 말하자면, 주민들은 출동하기 쉽지만 적군은 접근하여 포위하기 어려워야 한다.").

68 카이사르, 『갈리아 전쟁기』, VI, 23, 1-3.

고 추위로부터 사람이 강인해진다고 사람들은 생각한다. 무릇 습기에는 몸이 노곤해지고 열기에는 풀이 꺾인다고 사람들은 단언한다. 또한 추운 기후에서뿐 아니라 추운 곳에서도 사람들이 튼튼하고 질병으로부터 자유로운 몸을 유지하고 사는 것을 볼 수 있다. 비록 따뜻한 곳에는 재능이 더 뛰어나고 추운 곳에서는 몸이 더 뛰어나다고 사람들이 주장하지만 말이다. 또한 역사가 아피아로부터, 누미디아 사람들이 오래 산 것은 겨울에 춥지 않아서였음을 나는 이해했다.[69] 그렇지만 가장 좋은 지역은 [37] 적당히 습하고 온화한 곳일 것이다. 즉, 거기서 태어난 사람들은 키 크고 잘 생기고 우울증이 없다. 그다음으로 좋은 지역은, 눈 내리는 지방들에서는 다른 지역들보다 해가 더 잘 드는 지역들일 것이고, 또한 햇볕이 쬐이는 건조한 지방에서는 더 습하고 그늘진 지역들일 것이다.

하지만 건축물을 놓을 곳으로 골짜기 속에 감추어진 것보다 덜 알맞고 덜 적절한 곳은 어디에도 없다.[70] 왜냐하면, 다른 자명한 것들—즉 그곳은 어떤 품위도 없이, 내다보는 즐거움도 없이 감추어져 버리고, 또한 모든 매력을 앗아가 버린다는 것—은 제쳐두고라도,[71] 이는 어떤가? 즉, 퍼붓는 폭우에 뒤덮이고, 휘몰아치는 물에 잠기고, 너무 많이 빨아들여진 습기에 축축해지고, 사람의 건강에 해로운 땅의 증기를 끝없이 내뿜는 것 말이다. 거기서는 누군들 정신이 쇠약해져서 재능이 살아날 수 없을 것이고, 누군들 뼈마디가 약해져서 몸을

69 알렉산드리아의 아피아, 『로마사』, 8, 71.

70 incommodius atque indecentius.

71 dignitas(품위), amoenitas(즐거움), gratia(매력).

튼튼히 간수할 수 없을 것이다. 책에 곰팡이가 슬고, 무기와 창고의 물건들이 녹슬고 마침내 심한 습기에 상할 것이다. 또한 거기에 해가 비치어 들면 어디서든지 반사된 일사에 그을리게 된다. 해가 들지 않으면 그늘 때문에 나빠지고 정체될 것이다. 이에 더해서 바람까지 들이치면 바람이 고정된 관을 지나듯이 똑같은 바람보다 더 거세고 더 해롭게 드세지고,[72] 바람이 들이치지 않으면 묵직한 공기가 이를테면 빽빽해진다. 우리가 계곡을 공기가 고인 웅덩이라고 여겨도 부당하지 않다.

따라서 장소는 알맞고 순응하는 형태를[73] 가져야 한다. 또한 낮아서 가라앉아 있지 말고 높아서 내려다볼 수 있어야 한다. 그런 곳에서 공기는 쾌적하고 바람의 숨결로 늘 생기가 넘친다. 또한 거기에는 쓸모 있고 즐거운 삶의 사물들 즉 물, 불, 음식 등이 충분히 구비되어 있어야 한다. 하지만 주민들과 그들의 소유에 해로울 만한 것은 거기 없어야 할 것이다. 샘들은 드러나 있어서 맛볼 수 있어야 하고, 그 물에 주민들을 아프게 만드는 진득하거나 썩었거나 소화하기 어려운 것이 있지 않은지 불을 가지고 확인해 봐야 한다. 나는 여기서 물로 인한 질병 따위는 말하지 않겠다. [39] 물과 관련된 더 기적 같은 내용들, 건축가 비트루비우스가 박식하고 우아하게 모아 쓴 것들도 넘어가겠다.[74]

의학자 히포크라테스에 따르면, 정제되지 않아서 묵직하고 맛이

---

72 도관을 지나는 공기의 흐름에 대해서는 10권 7장을 볼 것.(Caye et Choay, 65쪽, n.33)

73 forma et digna et amaena.

74 비트루비우스, 『건축십서』, VIII, 3, 4-25.

나쁜 물을 사람이 마시면 배에 열이 나고 배가 부풀어 오른다고 한다. 몸의 다른 부분들, 즉 팔꿈치, 어깨, 얼굴은 몹시 쇠약해지고 수척해진다.[75] 또한 비장(脾臟)이 나빠져서 피가 해롭게 응고되어 고생하게 되고 갖은 전염병에 시달리게 된다. 여름에는 담즙(膽汁)이 나오고 기분이 언짢아지는 까닭에 설사가 나고 건강이 나빠진다. 일 년 내내 수종(水腫), 천식, 늑막염 같은 것이 악화되고 병에 끊임없이 시달리게 된다. 젊은이는 흑담즙(黑膽汁)[76] 때문에 정신을 잃고,[77] 노인은 기분이 들떠서 힘이 빠진다. 여자들은 임신하기 어렵고 아이를 낳을 때 난산이 된다. 또한 나이와 성별에 관계없이 모든 사람들이 병들어 일찍 죽을 것이다. 그들은 살아 있는 동안 하루도 슬픔 없이, 나쁜 액체(오염된 물) 때문에 고통과 곤경 없이는 지내지 못할 것이다. 영혼은 언제나 슬픔과 비탄으로 가득할 것이다.

물에 대해서 많은 것을 말할 수 있으니, 고대역사가들이 다양하고도 존경스럽게 관찰한, 물이 인류에게 확실히 이롭거나 해로운 점들 말이다. 하지만 그것들은 우리의 주제를 설명해 주기보다 오히려 해박함을 뽐내는 것들일 뿐이다. 물에 대해서는 알맞은 데서 더 자세히 다루겠다.[78] 하지만 그것은 명백하므로 소홀히 여겨서는 안 된다. 즉, 물은 무릇 자라고 뿌리내리고 씨 맺는 것과 생기를 공유하는 것에 양분을 주고, 우리는 물 덕분에 원기를 되찾고 지킬 수 있다. 사정이 이러니, 단적으로 우리들이 삶을 영위할 이 지역이 어떤 물의 함

75 히포크라테스, 『공기, 물, 장소』, 7.

76 bilis; 흑담즙.

77 키케로, 『투스쿨룸 논쟁』, III, 5, 2.

78 10권 2장에서 다룬다.

유물을 지니고 있는지 많은 관심을 기울여서 조사해야 한다. 디오도로스에 따르면, 인도의 대부분 지역에서 사람들이 키가 크고 몸이 튼튼하고 정신이 맑은 까닭은 그들이 깨끗한 공기를 들이마시고 건강한 물을 마셔서라고 한다.[79]

물에 아무것도 들어 있지 않고 색이 가장 보기 좋을 때, 정말로 아무것도 들어 있지 않을 때 물맛이 가장 좋다고 우리는 말한다. [41] 사실 가장 좋은 물로 여길 만한 것은 흰 천에 흘렸을 때 아무 자국도 남기지 않을 만큼, 끓였을 때 아무것도 남아 있지 않을 만큼 깨끗하고 투명하고 맑은 물이다. 또한 어디를 흐르건 강바닥에 이끼가 끼지 않고 바위에 자국을 남기지 않는 물이다. 좋은 물을 요리에 쓰면 야채요리가 부드러워지고 빵 만드는 데 쓰면 좋은 빵을 얻는다.[80]

마찬가지로, 그곳에 사는 사람들이 위험에 내몰리도록 해롭거나 유독한 것이 지역에 나오지 않도록 똑같은 원리를 따라서 주의해야 한다. 말할 가치는 별로 없지만서도 유명한 옛 사례들이 있다. 예를 들어 콜키스에서는 나뭇잎에서 꿀 같은 것이 나오는데,[81] 그것을 맛본 사람은 누구나 하루 종일 죽은 사람처럼 의식을 잃게 되었다고 한다. 또는 안토니우스의 군대에 닥친 재앙 같은 것, 식량부족으로 군인들이 먹은 독성식물 때문에 그들이 미쳐 버리고 돌을 파내게 되었고

---

79 디오도로스 시켈로스, 『세계사』, II, 36, 1; 하지만, 디오도로스는 물리적 크기를 식량공급량과 연계시킨다.

80 비트루비우스, 『건축십서』, VII, 4, 1-2.

81 크세노폰, 『아나바시스』, IV, 8, 20-21; 크세노폰은 나뭇잎에 대해 말하지 않는다. 플리니우스는 『자연사』(XXI. 77)에서 폰투스에서 나는, 사람을 미치게 하는 꿀에 대해 말한다.

급기야 광란 때문에 쓸개가 상하게 될 만큼에 이르러서는, 플루타르코스에 따르면 포도주를 마시는 것 말고는 아무런 처방도 없었다고 한다.[82] 이 모두가 유명한 이야기들이다.

우리 시대 여기 이탈리아의 아풀리아에서는 어떤가? 여기서는 작은 맹독성 땅거미들이 흔한데, 그것들에게 물리면 미친 사람처럼 다양한 광란에 빠지게 된다. 놀라운 것은, 붓지도 않고, 물렸거나 독충에 쏘인 표시가 몸 어디에도 나타나지 않는다는 점이다. 하지만 정신을 잃고 놀라서 혼미해지면 아무도 도와주지 않을 경우 곧 죽게 된다. 그들에게 테오프라스토스의 처방을 해 줄 수 있는데, 그는 뱀에 물린 곳을 피리소리로 치료할 수 있다고 주장했다.[83] 사실 음악인들은 환자들을 다양한 형태의 화성들로 다룬다. 그래서 들어맞는 것이 연주될 때에는 환자가 벌떡 일어나 기쁨에 넘쳐서 모든 신경과 근육을 혹사시키면서 자신의 환상을 만족시키는 모든 방식으로 그 음악에 시간을 보낸다. 알다시피 어떤 환자는 춤추고 어떤 환자는 노래하고 또 어떤 환자는 열정과 광기가 이끄는 대로 뭐든지 하려고 한다. [43] 결국 지쳐서 떨어지면 며칠이고 더 줄곧 땀을 흘리다가 뿌리내린 광기가 완전히 충족되고서야 낫게 된다.

우리는 폼페이우스의 많은 기병들에 맞서서 싸운 알바니아 사람들에게 비슷한 일이 닥친 것에 대해 읽었다. 즉, 거기서 거미를 발견하고

---

82 플루타르코스, 『안토니우스』, 45, 11.

83 테오프라스토스, *Opera omnia* 중, 파편 87(ed. F. Wimmer, Leipzig: Teubner, 1862, 185), 겔리우스, 『아티카의 밤』, IV, 13; 리쿼트는 이 내용을 알베르티가 겔리우스로부터 가져온 것으로 보는데, 겔리우스는 이 치료법을 데모크리토스에 돌린다.(Rykwert et al., 369쪽, 각주 44번)

그것을 만진 사람들이 누구든지 웃어서 죽든지 울어서 죽든지 했다고 한다.[84]

84 스트라본, 『지리학』, II, 4, 56; 스르코스, 『폼페이우스』, 35; 여기서 알바니아 사람들이란 지금의 알바니아가 아니라, 코카서스 산맥 남쪽에 살았던 코카서스 알바니아 사람들을 가리킨다.

제5장
지역의 좋음을 어떤 표시와 추론으로써 따져야 할지에 대해서

또한, 지역을 선택할 때에는 눈에 보이고 뚜렷이 드러나 있는 것을 보는 데 만족하지 말고, 가려져 있는 징표들의 모든 원인에 주목해야 한다.[85]

만약 그 지역에서 풍부하고 좋은 수확이 나온다면, 많은 노인들이 거기서 봉양된다면, 젊은이들이 기운 좋고 잘생겼다면, 또한 아이들이 온전하게 또 자주 많이 태어날 것이라면, 이는 최상의 공기와 온전한 물의 표시일 것이다. 나는 여인들이 아이를 낳으면서 자신이 사람과 괴물 모두의 어머니가 된 것을 알게 되는 그런 도시들을 안

---

85 "알베르티는 자신이 연구하고 실험할 때 일반적으로 자연세계의 조짐에 관심을 두었다. 예를 들어 『가족론』 1권에서 건축의 과제를 명시적으로 밝힌 것이 그렇다. 이 문제를 일반적으로 다룬 것으로는 Francesco Furlan, "De I'alchimie ou des sciences inutiles. Méthode et valeur de la recherche chez Leon Battista," *Chrysopoeia*, vol. II. fasc. 3, juillet-septembre 1988, 221-248쪽, in *Studia albertiana. Lectures et lecteurs de L. B. Alberti, op. cit.*, 18-26쪽을 볼 것. 알베르티는 이 대목에서 지역과 관련한 문제에서는 히포크라테스의 저작에 직접적인 영향을 받았는데, 명백한 표시와 감추어진 표시를 구분한 것을 거기서 따 왔다(『예술』, XI, 1)."(Caye et Choay, 68쪽, 각주 44번을 볼 것)

다. 세월을 경외하기에 그 도시들의 이름은 여기에 남기지 않겠다. 내가 아는 또 다른 이탈리아 도시에서는 종양, 사시(斜視), 절름발이로 태어나거나 불구로 태어난 아이들이 너무도 많고, 무엇이 되었건 기형과 장애를 가진 아이가 없는 가족이 거의 없다. 또한 그들의 말이 매우 합당한데, 여러 가지 증상이 몸이나 팔다리에 있으면, 이는 기후에 어떤 결함이 있거나 다른 어떤 잠재적 결함이 있다는 명백한 증거라고 한다. 여기서도 옛말이 맞다. 즉, 묵직한 공기는 입맛을 떨어뜨리고 옅은 공기는 갈증을 일으킨다.

짐승의 겉모습을 보고 그 지역에 살 사람들의 비슷한 조건의 지침으로 삼아도 잘못이 아니다. 가축의 다리가 길고 잘 생기고 튼튼해 보이면 사람의 자손들도 이와 비슷하리라 기대하는 것은 부당하지 않다.

[45] 대기와 바람의 표시를 찾을 때 무생물을 보고 판단해도 나쁘지 않다. 이웃한 건축물들을 보고 따져 볼 수도 있는데, 예를 들어 그것들이 거칠고 쇠퇴해 있으면, 이는 좋지 않은 외부영향요인이 있다는 표시다. 나무들이 모두 한결같이 한쪽으로 기울어 있거나 가지가 부러져 있으면, 이는 분명 바람의 힘 때문이다. 이와 비슷하게, 거기에서 났건 다른 데서 가져 왔건 거친 돌들의 윗면들이 특이하게 침식되어 있으면, 이는 더위와 추위 사이에 갑작스런 온도변화가 있다는 증거다.[86] 이렇게 비바람과 온도의 변화에 시달리는 지역을 우선적으로 피해야 한다. 왜냐하면 심한 더위나 추위에 노출되면 몸의 구

86 플리니우스, 『자연사』, II, 211.

성과 각 부분들의 연결이 약해지고 손상을 입고, 병 들고 일찍 늙기 때문이다. 서향한 산발치에 놓인 도시가 특히 건강에 좋지 않다고 여겨지는 까닭은 갑작스런 밤의 발산과 추운 어두움에 노출되어 있기 때문이다.

현자들의 기록으로부터 옛일을 참조해서 지역의 어떤 특이한 특징을 세심하게 설명하는 것도 적절하다. 왜냐하면 자연은 어떤 장소에 감추어진 어떤 것을 불어넣어 놓았는데, 그것이 사람에게 도움이 되기도 하고 해가 되기도 하기 때문이다. 예를 들어 로크리와 크로토네[87]에는 역병이 돈 적이 한 번도 없었다고 한다. 크레타 섬에서는 독을 가진 동물들이 발견된 적이 전혀 없었다고 한다. 갈리아에서는 기형아들이 드물게 태어난다고 사람들은 새겨 두었다. 자연학자들에 따르면 어떤 곳에서는 더운 여름에도 겨울에도 결코 번개가 치지 않지만, 캄파니아에서는 플리니우스에 따르면 남쪽을 향한 모든 도시들에서 이 계절들에 번개가 친다고 한다.[88] 한편, 에피루스에 있는 케라우니아 산맥은 번개가 워낙 많이 쳐서 그런 이름이 붙었고, 렘노스 섬에서는 천둥이 계속 쳐서, 세르비우스에 따르면, 불카누스가 거기 떨어졌다고 시인들이 노래했다.[89] 보스포로스, 특히 인소도네스[90]에서는 결코 천둥번개가 친 적이 없다고 한다. 이집트에서는 비 내리는

87 Locri(로크리), Crotona(크로토네); 이 두 도시는 지금의 이탈리아 칼라브리아 주에 위치해 있다.

88 플리니우스, 위의 책, II, 136.

89 세르비우스, 『아이네이스 주해서』, VIII, 414.

90 Insodones; 인소도네스는 사마치아(Samatia)의 에세도네스(Essedones)를 가리키는 것 같다.

것을 기적으로 여긴다. 하지만 히다스페스[91] 강기슭에는 늘 초여름에 비가 온다. 리비아에서는 바람이 하도 불지 않아서 [47] 대기의 밀도와 수증기의 응결로 인해 다양한 종류의 환영이 하늘에 보인다. 갈라치아[92]의 대부분에서는 바람이 하도 세게 불어서 여름철에는 돌들이 모래처럼 허공에 날아다닌다. 히스파니아에서는 에브로 강을 따라 부는 북서풍[93]에 짐을 가득 실은 수레조차도 뒤집힌다고 한다. 에티오피아 전역에는 남풍[94]이 불지 않지만 이 바람 때문에 아라비아와 트로글로디이테스[95] 땅의 식물들이 모두 말라 버린다고 역사가들은 썼다. 델로스에는, 주변 섬들은 지진에 폐허가 되었지만, 결코 지진이 난 적은 없어서 똑같은 암반 위에 굳건히 서 있다고 투키디데스는 썼다.[96] 이탈리아에서 헤리니키아 산맥 전체를 따라서 알기두스[97]부터 로마 근처 카푸아까지 거듭 지진이 있었고 다만 지진 때문에 파괴되지는 않았음을 우리는 안다. 아카이아[98]가 이름이 그렇게 붙은 것은 홍수가 자주 나서라고 믿는 사람들이 있다. 로마가 항상 어떤 종류의 열병을 겪는 것을 나는 봤는데, 갈레노스는 그 열병이 세미테르시아의 새로운 종류[99]라고 진단했고 이에 대해 하루 중의 시간에 따라 다

---

91 Hydaspes; 히다스페스는 펀잡 지방에 있는 젤룸(Jhelum)이다.

92 Galatia; 소아시아의 갈라치아가 아니라 갈리아 지방의 갈라치아, 즉, 지금의 프랑스의 리옹 만(golfe du Lion)을 가리킨다. 스트라본, 『지리학』, IV, 182를 볼 것.

93 Circius; 북서풍.

94 Notus; 남풍.

95 toglodytas.

96 투키디데스, 『펠레폰네소스 전쟁』, II, 8, 3.

97 지금의 콤파트리 산(Monte Compatri)에 있는 산.

98 Achaia; 아카이아는 펠로폰네소스 반도 북쪽의 지역이다.

99 novum emitritarum genus.

양하고도 모순적이다시피 한 처방이 필요하다고 했다.[100] 프로키다 섬에 묻힌 거인 티폰이 자기 무덤에서 뒤척일 때마다 섬 전체가 기초부터 흔들리는 것이라는 고대 전설이 있다.[101] 이를 시인들이 노래한 까닭은 그곳을 괴롭힌 지진과 화산분출 때문이다. 또한 이 때문에 에레트리아 사람들과 할키스 사람들이 거기 정착했다가 떠나게 되었다. 이와 비슷하게 시라쿠사의 히에론[102]에 의해 나중에 거기로 보내져서 도시를 건설한 다른 식민지인들도 계속되는 위험과 재난이 두려워 떠나게 되었다.[103]

이런 까닭에 무릇 이것들을 오래 거듭 검토하고 또한 다른 곳들의 비슷한 것들과 비교해야 모든 원리가 더 온전히 이해된다.

100 갈레노스, "De febrium differentiis," II, 8, in *Medicorum Graecorum Opera*, VII, Kühn (ed.), Leipzig: Knobloch, 1824, 363쪽.

101 스트라본, 『지리학』, V, 247-248; 세르비우스, 『아이네이스 주해서』, IX, 715.

102 Hieron.

103 호메로스, 『일리아스』, II, v. 782; 스트라톤, V, 247-248 및 XIII, 626; 세르비우스, 『아이네이스 주해서』, IX, v. 715.

제6장
지혜로운 사람이 알아내야 할 지역의 더 감추어진 좋음과 나쁨에 대해서

또한 어떤 불가사의한 불편함 때문에 그 지역이 으레 피해를 입고 있지 않은지 살펴봐야 한다. 플라톤은 주장하기를, 어떤 장소들에는 어떤 신성한 [49] 힘이 불어와 커져서 주민들에게 좋을 수도 있고 나쁠 수도 있다고 했다.[104] 실제로 어떤 곳에서는 사람들이 쉽게 광기에 빠지고, 어떤 곳에서는 하찮은 일에 쉽게 포기하고, 어떤 곳에서는 목을 매거나 높은 곳에서 뛰어내리거나 칼과 독으로써 쉽게 목숨을 끊어버린다.[105] 이에 더해서, 자연의 감추어진 것들을 거듭 잘 찾아낸 뒤, 주제에 관련된 것이라면 무엇이든지 가늠해 보는 것이 필요하다.

데메트리우스까지 거슬러 올라가는 고대 관습에 따르면, 도시와 오피둠을[106] 건설할 때 그 땅에서 풀을 뜯는 가축의 간의 색깔과 상태를 조사했을 뿐만 아니라 또한 일시적으로 군사주둔지를 세울 때

---

104 플라톤, 『법률』, V, 744e을 볼 것. 플라톤은 지역의 초자연적인 영향력에 대해서 말한 적은 없다.

105 *Theogenius*, in *Opere volgari*, op. cit., t. II, 140쪽을 볼 것.

106 urbs(도시), oppidum(오피둠).

에도[107] 감염된 표시가 있으면 그곳이 건강하지 않다고 여기고 꺼렸다.

바로는 조그만 원자 같은 생물이 공기를 떠돌아다니다가 우리 허파에 들어가 내장에 달라붙는 것을 찾아내었음을 확인해 주었다.[108] 그것들은 갉아먹어서, 심하고 견디기 힘든 병을 일으켜서 역병에 걸려 죽게 만든다.

간과하지 말아야 할 것은, 어떤 곳은 그 자체로 딱히 불편하거나 위험하지 않을 수 있지만, 노출되어 있기 때문에 이방인들이 당도하거나 해서 그들이 종종 역병과 불행을 가져온다는 점이다. 또한 이는 무기와 폭력 때문이거나 또는 무엇인가 야만적인 손의 작업에 의한 것만이 아닐 수 있어서, 우정과 환대도 해로울 수 있다. 이웃주민들이 정치적 변화를 원한 곳은 그 자체로 소요의 위험에 처해졌다. 흑해에 있는 제노바의 식민지 페라는 늘 질병이 들기 쉬웠는데, 왜냐하면 그곳에는 영혼이 병들었을 뿐 아니라 나태와 불결로 몸이 찌든 노예들이 날마다 밀려들어 왔기 때문이다.

마찬가지로 전조와 하늘을 관찰해서 지역의 앞날의 운명을 찾는 것은 지혜 있고 살필 줄 안다는 표시다. 그 기예가 종교에 부합한다면 이 방법을 나무랄 필요가 없다고 나는 생각한다.[109] [51] 그것이 무엇이건 간에 우리가 인간사에서 운명[110]이라고 할 수 있는 것의 중요성을 누가 부인하겠는가?[111] 도시 로마의 정치적 운명 때문에 제

107 비트루비우스, 『건축십서』, I, 4, 9.

108 바로, 『농사3서』, I, 12, 2.

109 종교와 미신에 관한 내용은 2권 13장과 7권 13장에도 나온다.

110 fortuna.

111 사람의 운명의 덧없음이라는 주제가 알베르티의 문학작품들을 관류한다. 이 점은

국이 뻗어 나갔음을 누가 부인하겠는가? 시칠리아에 있는 도시 이올라우스는 헤라클레스의 사촌이 세운 것인데 카르타고 군대와 로마의 군대가 자주 쳐들어왔음에도 불구하고 언제나 자유로웠다.[112] 혹은 플레기아스에 의해 첫 번째로 불타 버리고 술라의 시대에 마찬가지로 세 번째로 불타 버린 델포이 신전은 장소의 불운과 과연 관련이 없었을까? 카피톨리움은 또한 어떤가? 얼마나 자주 불탔는가? 얼마나 자주 화염에 싸였는가?

시바리스 사람들의 도시는 거듭 공격 받고 거듭 파괴되어 버려진 뒤, 결국 완전히 폐허가 되어 버렸다. 불행이 주민들을 끈질기게 괴롭혔고, 심지어 그들이 그곳을 떠난 뒤에도 이어졌다. 그들이 다른 곳으로 옮아갔고 도시의 원래의 이름을 바꾸었음에도 불구하고, 그들은 재앙을 면할 수 없었다. 즉, 그들은 새 땅의 원주민들로부터 공격을 받았고 무릇 가장 유서 깊고 중요한 가문들이 칼로 살육되었고 그들의 신전들과 도시와 함께 절멸되었기 때문이다.[113] 하지만 이에 대해서는 그치겠으니 역사는 그런 것들로 가득 차 있다.

이로부터 우리에게 분명한 것은, 짓는 것에 대한 관심과 경비를 정당화할 모든 것을 확실히 하고, 또한 작업을 되도록 오래가고 유익하게 지키는 것이 결코 어리석은 사람의 징표가 아니라는 점이다. 또한 단적으로 그토록 큰일을 끝까지 해내기 위해서 현명하고 잘 고려

특히 『가족론』과 *Profugiorum*에서 잘 드러난다.

112 디오도로스 시켈로스, 『세계사』, V, 15, 1-6; 스트라본, V, 2, 7; 티투스 리비우스, 『로마사』, XL, 19, 6; 폼포니우스 멜라, 『지지학에 대하여』, II, 7, 19.

113 디오도로스 시켈로스, XII, 10-11. 그 도시의 이름은 투리움(Thurium)이다. 투리움은 시바리스(Sybaris) 근처에 세워졌다.

하는 사람은 그 어떤 것도 소홀히 여기지 않음을 의무로 여긴다. 안위를 만들고, 품위 있고 즐거운[114] 삶으로 이끌고, 이름을 후세에 남기는 것은 그대와 그대의 가족에 큰 혜택이 아닌가?[115] 그대는 여기에서 고상한 연구에 전념할 수도 있고, 자녀와 소중한 가족을 기쁘게 만들 수 있고, 하루하루를 업무와 여가에 보낼 수 있고, 모든 삶의 순간을 보낼 수 있으니 말이다. 그러므로 인간의 모든 삶에서 덕[116] 말고는 그가 더 관심을 가지고 노력과 주의를 더 기울일 것이란 좋은 집을 얻고 그와 그의 가족을 머무르게 하는 것보다 더한 것은 없다. 또한 우리가 방금 한 조언을 무시하고서야 그 누가 이것을 얻을 수 있으리라고 기대하겠는가? [53] 지역에 대해서는 이로써 충분하다. 이어서 우리는 바닥에 대해서 탐구한다.

114 cum dignitate et voluptate.

115 알베르티는 똑같은 주제를 자신의 『가족론』에도 제시했다. 특히 『가족론』의 서문과 I, II권을 볼 것.

116 virtus.

제7장
바닥과 그 선들의 모양에 대해서

바닥을 선택할 때 우리는 지역에 대해 우리가 말한 것들을 모두 지켜야 한다. 왜냐하면, 지역이 더 큰 영토[117]로부터 선택된 특별한 부분이듯이, 바닥은 앞날의 건축을 위해서 선택한, 지역 전체 중에서 정확히 한정되고 지정된 일부이기 때문이다. 이 까닭에 바닥은 지역과 거의 같은 장단점을 나타낼 것이다. 하지만 이런 설명에도 불구하고 별도의 교훈이 있을 것이다. 그 가운데 어떤 것은 바닥에 각별히 관련되어 있어 보이되, 다른 것들은 실제 바닥의 결정뿐 아니라 지역 전반의 문제와 관련되어 있다. 그것은 다음과 같다.

즉, 무슨 건축물을 짓고 있는지, 그 건축물이 공적인지 사적인지, 신성한지 세속적인지, 아니면 다른 범주의 것인지를 고려해야 하는데, 그것들에 대해서는 제자리에서 따로 말하겠다.[118] 왜냐하면 어떤 공간과 장소[119]는 포룸에, 어떤 것은 극장에, 어떤 것은 체육학교[120]

117 provincia.

118 4, 5권에서 다룬다.

119 spatium(공간), locus(장소).

에, 어떤 것은 신전에 요청되기 때문이다. 이런 식으로 바닥의 위치와 양태[121]는 거기 둘 것의 원리와 쓰임새에 따라야 한다.

우리는 이 논의를 일반화하는 데 알맞다고 생각하는 것만을 다루겠다. 먼저 선에 대해서 조금 말한다면 이로써 주제가 더 뚜렷해질 것이다. 우리가 바닥의 묘사에 대해 다루고 있으므로 관련된 요소들을 서술하는 것이 알맞겠다.

따라서 무릇 윤곽[122]은 선들과 각들로부터 만들어진다. 선들은 바깥 윤곽[123]으로서, 그것에 의해 온전한 바닥의 공간이 감싸인다. 이 윤곽 안에서 표면의 일부로서 놓인 것으로서, 두 선 사이에 가두어진 것을 각이라고 부른다. 두 선이 교차하면 네 각이 생긴다. 그중 하나의 각이 다른 세 각과 같으면 그것들을 직각이라 부른다. 직각보다 작은 것을 예각이라고 부르고, 더 큰 것을 둔각이라 부른다. 마찬가지로 어떤 선은 직선이고 어떤 선은 곡선이다. 나선은[124] 여기에서 다루지 않겠다. [55] 직선은 두 점을 잇는 가장 짧은 선이다. 곡선[125]은 원의 일부다. 원은 한 평면 위의 두 점 중 하나에 의해 만들어지는데 그것의 경로가 그것과 그 나머지의 고정된 중앙 지점 사이에 설정한 처음 거리보다 더 멀지도 가깝지도 않게 에워싸서 움직여서 만든다.

하지만 이에 덧붙일 것은, 우리가 원의 일부라고 부르는 곡선을

---

120 palestra; παλαίστρα.

121 situs(위치), modus(모양); la situation et l'étendue(Caye et Choay).

122 perscriptio.

123 extrema perscriptio.

124 cocleas et verticosas lineas.

125 flexa linea.

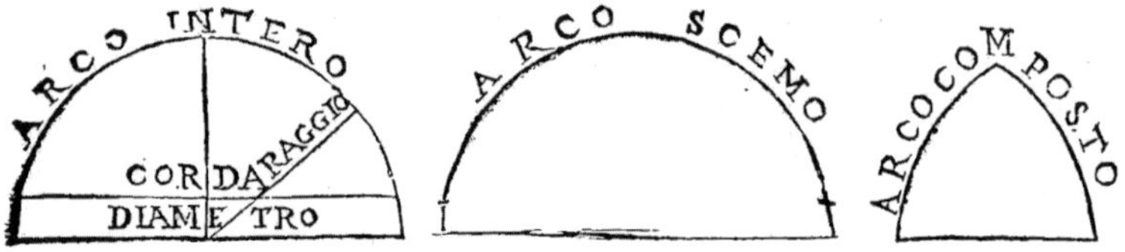

〈그림 5〉 호(아치|arcus; arco)들의 종류. 왼쪽부터 온전한(integer; intero) 호, 줄인 (comminutus; scemo) 호, 결합된(compositus; composto) 호를 보여 준다.

우리 건축가들은 그것이 활과 닮았다는 이유로 활 즉 호(아치)라고 부른다는 것이다.[126] 곡선 위에 있는 두 개의 떨어져 있는 점을 잇는 직선을 같은 이유로 현(弦)[127]이라고 부르겠다. 현의 중심으로부터 아치까지 뻗은 수직선을 화살[128]이라고 부르겠다. 원 중앙의 고정점으로부터 그 원의 곡선 경계까지 그은 선을 반지름[129]이라 한다. 고정점은 항상 원의 중앙에 있는데, 이것을 중심이라고 한다. 중심을 지나고 원의 굽은 경계에 있는 두 지점을 가로지르는 직선을 지름[130]이라 한다. 아치들 가운데서도 마찬가지로 차이가 있다. 즉, 어떤 것은 온전하고, 어떤 것은 줄어들어 있고[131], 어떤 것은 결합되어 있다.[132] 온전

126 arcus; 활, 호(弧), 아치; 아르쿠스는 원래 활이란 뜻인데, 선의 모양이 활을 닮아서 그렇게 이름 붙였다는 뜻이다. 한자 호(弧)의 원래 뜻도 활이다.

127 corda.

128 sagicta.

129 radius.

130 diameter.

131 comminutus.

132 alius integer, alius comminutus, alius compositus; intero, ribassato, acuto.(Orlandi, 54쪽)

한 것은 원 전체의 절반짜리로서 그 현이 원의 지름과 같다. 줄인 아치는 그 현이 지름보다 작고, 늘 반원의 일부다. 결합된 아치는 두 개의 분할된 아치로 이루어진다. 그 꼭대기에서 그 두 개의 교차하는 아치들이 각을 이루는데, 이 각은 온전한 아치나 분할된 아치에서는 생기지 않는다. 이것을 알았으니 다음과 같이 나아가자.

제8장

바닥의 모양들에 대해서. 그중 어떤 것이 더 쓸모 있고 튼튼한지에 대해서

바닥은 어떤 것은 다각형, 어떤 것은 곡선이다. 다각형 바닥은 어떤 것은 모조리 직선이고 어떤 것은 직선과 곡선의 조합이라고 할 수 있다. 하지만 아무런 직선도 쓰지 않고 곡선만으로 만든 다각형 바닥 건축물을 내가 고대 건축물에서 본 적은 없다.

[57] 게다가 이 사안에서 우리는 건축물의 어떤 부분에서도 그것이 없으면 몹시 비난받고, 그것이 없지 않으면 매력과 편의성이 생기는 것을 살펴봐야 한다. 이는 곧, 각, 선, 부분들에서 어떤 다양성[133]이 있게 하는 것인데, 그것은 너무 많아서도 너무 적어서도 안 되고, 그 대신 쓰임새와 매력을 위해 두어 완전체가 완전체에, 부분이 부분에 상응해야 한다.

직각이 가장 편리하게[134] 쓰인다. 예각은 전혀 쓰지 않는데, 작고

133 varietas; 다양성에 대한 알베르티의 생각에 대해서는 1권 9장, 2권 1장, 4권 1장, 9권 9장을 볼 것.

134 percommode.

사소한 바닥에서조차 땅이나 바닥의 중요한 원리와 방법 때문에 마지못해 어쩔 수 없지 않으면 쓰지 않는다. 둔각은 충분히 중시해야 하는데, 그 숫자는 늘 짝수여야 한다.

무릇 바닥들 가운데 가장 유능하고도, 또한 둑이나 벽으로 둘러싸는 비용이 가장 적게 든다고 단언할 수 있는 것은 원형 바닥이다. 그다음 것은 몇 개의 돌출각들을 가진 것인데, 바닥 전체에서 무릇 각들이 균형 잡히고 상응해야 한다. 사람들이 특히 인정하는 것들은 사람들이 깨닫기에 작업의 알맞은 높이로 벽을 끌어올리는 것으로서 이는 어떤 것은 6각형 어떤 것은 8각형을 가진다. 우리는 아주 쓰임새에 알맞고 아름다운 10각형 바닥을 본 적도 있다.[135] 그뿐 아니라 12각형 바닥, 그리고 마찬가지로 16각형 바닥도 옳게 둘 수 있다. 나는 24각형의 바닥을 보기도 했지만 그것은 아주 드물다.

가장자리 선들은 맞은편 구역의 것들과 같게 한다. 또한 건축물 전체에서 어디에서도 가장 긴 선들이 가장 짧은 선들과 곧바로 붙어서는 안 되고, 그 대신 그것들 사이에 사태들의 계산에 따라 올바르고 어울리는 비례가 있어야 한다.[136] 각을 놓을 때 당부할 것은, 바위로부터의 무게가 모이는 곳, 또는 물과 바람의 공세와 힘이 실려 쳐들어오는 곳 쪽으로 각들을 놓아서, 그래서 벽의 약한 측면이 아니라

135 로마에 있는 미네르바 메디카(Minerva Medica) 신전, 즉, 리키니아누스 정원들(Horti Liciniani)의 님파에움(Nymphaeum)을 가리키거나, 또는 라벤나에 있는 테오도로스 영묘를 가리키는 것일 테다.

136 iusta et condecens proportio; une proportion juste et convenable(Caye et Choay); a fitting and dignified proportion.(Rykwert et al.)

벽의 강한 앞쪽이, 이를테면 대항력에[137] 맞서, 들이닥치는 불리한 무게를 쪼개고 퍼뜨려야 하는 것이다.[138] 하지만 건축물의 나머지 리네아멘타 때문에 판단한 대로 각을 쓸 수 없다면 [59] 그 대신 곡선을 써야 하는데, 곡선은 원의 일부고 원 자체는 철학자들의 판단에 따르면 모든 각이다.[139]

다른 바닥은 평지나 비탈이나 언덕 꼭대기에 놓일 것이다.[140] 바닥을 평지에 두면, 성토해서[141] 아래를 포디움처럼 만들어야 한다. 그리하면 품위가 더 커지는 한편 불편함도 덜 낳는다. 강이 넘치고 큰 비에 홍수가 나면 평지에 진흙이 쌓여서 땅 높이가 차츰 높아지게 되기 때문이다. 또한 사람들의 무관심 탓에 날마다 쌓이는 잡석을 치우고 쓸지 않으면 주변 평지가 높아진다. 건축가 프론티누스[142]는 당시에 로마의 언덕들이 화재가 잦았기 때문에 높아졌다고 단언했는데,[143]

---

137 illuctantibus.

138 비트루비우스, 『건축십서』, I, 6, 2와 I, 6, 8. 성베드로 성당과 라토나 신전의 버팀벽을 참조할 것.(1권 8장)

139 circulus ipse philosophorum sententia totus est angulus; le cercle entier est un angle(Caye et Choay); the circle [...] being all angle.(Rykwert et al.)

140 Caye와 Choay에 따르면 이 3분법(평지, 비탈, 꼭대기)은 중세의 성읍화(incastellamento) 경향에 따라 토스카나·로마의 농촌지역에서 이루어진 주거지 조성에 상응한다.(Caye et Choay, 76쪽, 각주 70번)

141 coaggerare.

142 섹스투스 율리우스 프론티누스는 1세기 후반 네르바 황제 치세에 로마의 수로들을 감독했다. 『로마의 수로에 대하여』(*De aquis urbis Romae*)와 『스트라테게마타』(*Strategemata*)를 썼다.

143 프론티누스, 『로마의 수로에 대하여』, 18, 2. "알베르티는 1429년에 포조 브라치올리니가 몬테 카시노(Monte Cassino)에서 발견한 코덱스를 통해 프론티누스의 작품을 잘 알았고, 브라치올리니가 헌정한 사본 한 부를 소유했다."(Caye et Choay, 76쪽)

오늘날 우리는 그 전체가 잔해와 쓰레기에 묻혀 있는 것을 볼 수 있다.[144] 내가 직접 움브리아에서 고대 성소를 보았는데 그것은 평지에 놓여 있는데도 불구하고 흙이 쌓여서 그 대부분이 묻혀 있으니, 그것이 언덕 아래 평지에 뻗어 있기 때문이다.[145] 하지만 왜 언덕 밑에 있는 것만 말하겠는가? 라벤나 성곽 아래의 저 유명한 신전[146]은 그것의 지붕으로 온전하고 오목한 돌이 튀어나와 있는데, 바다로부터 가깝고 산으로부터 멀리 있음에도 불구하고 4분의 1이 세월의 힘 때문에 묻혔다.[147] 각각의 바닥을 정확히 어느 높이로 들어 올려야 하는지는 알맞은 데서 말하겠는데, 이 문제에 대해서는 여기서처럼 요약하지 않고 그 대신 자세히 말하겠다.[148]

하지만 각각의 바닥을 자연에 의해서건 기술에 의해서건 아주 튼튼히 만드는 것이 알맞다. 이 문제에서, 터파기를 하나씩 떨어뜨려서 파 보고 이로써 땅이 구조를 받치기에 치밀한지 아니면 불안정하고 무른지 시험해 보라고 조언하는 사람들의 말을 나는 우선적으로 들어야 한다고 생각한다. 왜냐하면 비탈진 곳에 둘 경우, 높은 쪽의 압력이 피해를 입히지 않도록, 혹은 낮은 쪽이 사고로 인해 움직여서

---

144 중세시대에 로마유적들이 묻힌 상태에 대해서는 다음을 볼 것. Richard Krautheimer, *Rome. Profile of a City, 312-1308*, Princeton: Princeton University Press, 1980.

145 스폘레티움(Spoletium) 근처의 클리툼누스(Clitumnus) 강의 수원지에 세운 신전을 가리킨다.(Orlandi, 58쪽; Caye et Choay, 73쪽)

146 delubrum.

147 테오도리쿠스 대왕묘(Mausoleum regis Theodorici)를 가리킨다. 이 건축물은 대왕 자신이 미래에 자신이 묻힐 무덤으로 서기 520년에 지었다. 바닥은 10각형이고 지붕은 지름 10미터 무게 3백 톤인 하나의 온전한 이스트리아 석재로 덮여 있다. 그 지붕은 하나의 돌로 알베르티의 시대에는 산타 마리아 로톤다 교회로 쓰이고 있었다.

148 3권 5장에서 다룬다.

나머지를 무너뜨리지 않도록 주의해야 하기 때문이다. 실로 나는 모든 부분 가운데서 가장 튼튼하게 보강하는 부분이 건축물의 이 부분, 즉 전체 작업의 기반[149]이 될 이 부분이기를 바란다.

바닥을 언덕 꼭대기에 둔다면, [61] 부분적으로 쌓아 올리거나 또는 언덕 꼭대기로 솟아 있었던 부분을 깎아 내어서 평평하게 해야 한다. 이에 미리 내다보아야 할 것은, 품위를 살리면서도 비용과 노동을 알맞게 들이는 것이다. 사실 위쪽에서 일부를 깎아 내어 비탈의 일부를 채우는 것이 알맞을 것이다. 이 문제에 정통한 어떤 건축가는 알라크룸이란 도시를 돌산인 헤르니카에 두는 일을 수행해 냈다. 왜냐하면 그는 요새[150]건 신전이건 그 기초들을—다른 상부구조들이 파괴된 뒤인 지금 유일하게 볼 수 있는 것인데—산꼭대기에서 잘라 온 암석 파편을 써서 아래를 안정시키고 떠받치도록 세심하게 작업했기 때문이다.[151] 그 작업에서 더 인정해 줄 만한 방식이 있다. 즉 언덕의 힘이 급격히 실리는 곳에서 바닥의 각을 마주하고 그것을 크고 튼튼한 암반 파편조각들과 덩어리들로 채워 각을 보강했고, 돌들을 배열함에 있어서 절약[152]하면서도 구조에 우아함[153]이 있도록 했다. 또 다른 건축가도 이런 식으로 내가 인정한 방법을 도입했는데, 그는 그곳에서 충분하지 않은 양의 돌을 써서, 여러 개의 반원들의 등이 언덕 안으로 향하게 해서 언덕의 추력을 받치게 했다. 이 구조는 보

149 basis.

150 arx.

151 subfirmata et substrata extaret.

152 parsimonia.

153 decor.

기에도 매력적이고, 아주 튼튼하고, 비용에서도 이치에 맞다. 사실 그는 벽 자체는 튼튼하지 않더라도 아치의 화살[154]에 해당하는 두께만큼 튼튼한 벽을 세웠기 때문이다.

비트루비우스의 원리가 아주 좋은데, 이것은 고대건축가들이 로마 전역에서, 특히 타르키니우스 벽[155]에서 수행했음을 내가 관찰해서 아는 것으로서, 다름 아니라 버팀대[156]로 받치는 것이다. 하지만 모든 곳에서 버팀대들 간의 간격이 항상 구조물의 높이와 같지는 않은 것을 관찰했다. 그 대신 언덕의 튼튼함 또는 말하자면 미끄러지기 쉬운 정도에 따라 촘촘하게 또는 듬성듬성하게 두었다. 나는 또한 고대건축가들이 바닥에 가장 가까이 지하구조 하나를 두는 것에 만족하지 않고 [63] 그 대신 여러 개의 계단형 지하구조를 언덕의 뿌리까지 아래로 내려서 암반 전체를 튼튼히 하려고 했던 것에 주목했다. 나는 이 방법을 간과해서는 안 된다고 생각한다.

페루지아에서는 루치노[157] 산과 그 도시가 앉은 언덕 사이에 강이 흐르는데, 그 강이 언덕의 발치를 계속 깎아 내어서 그 위에 매달려 있던 비탈 덩어리 전체를 무너뜨렸다. 이 때문에 도시의 많은 부분이 불안정해져서 무너졌다.[158]

또한 내가 아주 인정하는 방법으로, 바티칸 대성당[159]의 바닥을

---

154 sagittae; 1권 7장에서 설명한 대로 아치의 화살(현에서 수직으로 그은 선)을 가리킨다.

155 로마의 안쪽 성벽인 세르비아누스 성벽으로서 그 일부가 아직 남아 있다. 비트루비우스, 『건축십서』, VI, 8, 6을 볼 것.

156 anterides.

157 Lucinium.

158 slovitur et labascit.

159 콘스탄티누스 황제 시대 때 건립된 구 성베드로 대성당을 가리킨다. 교황 니콜라

둘러싸고 붙어 있는 여러 경당[160]들이 있다. 즉, 그것들은 언덕을 파내어서 그 안에 바실리카 벽에 기대게 해서 통합시켜 놓은 것이어서 아주 큰 도움이 되고 편리하다. 왜냐하면 언덕에 계속 더 강하게 실리는 무게를 떠받치고 있고 또한 비탈진 언덕을 관통해서 습기가 아래로 스며들지 못하도록 가로막고 건축물에 도달하는 것을 가로막기 때문이다. 그래서 바실리카의 주요 벽체들이 늘 건조해 있고 더 튼튼해진다. 경당들은 비탈진 언덕의 다른 옆쪽 발치에 놓여 있는데, 그것들은 아치 작업으로 만든 위쪽 평탄지형 전부를 고정시킬 수 있게 하고 그 땅의 미끄러짐을 어렵지 않게 막게 해 준다.

나는 로마에 라토나 신전[161]을 세운 건축가가 건축물 본체와 하부구조를 아주 뛰어나게 다루었음을 알게 되었다. 왜냐하면 그는 바닥의 각을 위쪽 언덕 안으로 집어넣었고, 그래서 두 개의 직선 벽으로써 무게를 받쳤고 또한 각을 형성시켜서 그것으로써 당면한 위험을 분할하고 분산시켰기 때문이다.[162]

건축물을 지혜롭게 지은 옛사람들을 칭송하기 시작했으니, 마음에 떠오르는 탁월한 사례를 지나치고 싶지 않다. 베네치아에 있는 성 마르코 성당에서는 그 건축가의 대단히 유용한 솜씨가 두드러진다. 왜냐하면 그는 성당 바닥 전체에 기초를 아주 치밀하고 튼튼하게 만

우스 5세는 1450년대에 이 성당의 대개축을 제안했는데, 아마도 알베르티에게 자문을 구했던 것 같다. 구 성베드로 성당은 교황 율리우스 2세 때 완전히 철거되어 지금의 건축물로 재건되었다.

160 sacellum.

161 로마포룸에 있는 막센티우스 바실리카이다. 19세기까지는 평화와 라토나의 신전으로 알려져 있었다.

162 로마에 있는 라토나에 봉헌된 신전에 대한 기록은 현존하지 않는다.

들되, 많은 우물들을 파 놓아서 땅속에서 생기는 증기가 쉽게 빠져나가게 했기 때문이다.[163]

끝으로, 지붕으로 덮이는 바닥은 모두 평평하게 하는 것이 알맞다. 하늘에 드러난 바닥들은 빗물이 흐를 수 있을 만큼만 물매를 두어야 한다. 하지만 [65] 이 주제에 대해서는 충분하고, 이 대목에 요청되는 것보다 더 많이 말한 것 같다. 우리가 말한 이 많은 것들이 벽의 작업에도 적용된다.[164] 따라서 우리는 본성상 완전히 서로 연결되어 있는 것들을 우리 논의에서 따로 떼어 놓지 않았다. 다음으로 구획에 대해 말하겠다.

---

163 다음을 볼 것. A. Peroni, "Due citazioni per il San Marco di Venezia: gli sfiati della fabbrica contariniana(in Leon Battista Alberti, 1485)," in R. Polacco(ed.), *Storia dell'arte marciana: l'architettura*, Venise, 1997.

164 3권 6장부터 10장에서 다루어진다.

제9장

구획에 대해서. 집짓기를 어디서부터 시작해야 하는지에 대해서

모든 재능과 건축술의 모든 학술과 숙련은 구획[165]에 결집된다.[166] 왜냐하면 온전한 건축물의 부분들을, 또한 개별 부분들의 온전함을, 이른바 모든 외관[167]들을, 결국은 모든 선들과 각들의 한 작업 안에서의 일치함과 일관됨을, 하나의 이 구획이 유용성과 품위와 매력[168]의 원리를 고려함으로써 함께 비례를 잡기 때문이다.[169] 만일 도시가 철학자들의 생각대로[170] 큰 집이고 반대로 집 자체는 작은 도시라면, 이것들 자체의 작은 부분들을 왜 작은 집[171]들로 아니 여기겠는가? 아트

165 partio; compartmentalization(Rykwert, 371쪽); partition(Caye et Choay). 구획은 곧 체계화다.

166 재능, 학술, 숙련, 이 세 가지는, 수사학 등 실천을 수반하는 전통적인 서양학술분야들에서 가르침과 배움을 구성하는 일반적으로 언급되는 세 가지 주요 요소다.

167 habitudio.

168 amaenitas.

169 commetitur.

170 "아마도 락탄티우스(Lucius Caecilius Firmianus Lactantius)의 Divinarum institutionum libri 2권 5장 32절을 참조했을 것이다. 알베르티는 *De iciarchia*(*Opere volgari*, ed. Cecil Grayson, Bari, G. Laterza, 1966, III, 266-267쪽)에서 도시를 대가족에, 가족을 작은 도시에 비유한다."(Caye et Choay, 79쪽, 각주 83번)

리움, 회랑,[172] 부엌, 포티코 따위 말이다. 또한 이 중에서 무엇인가를 부주의해서 또는 무관심해서 빠뜨린다면, 어찌 작업의 품위와 명예를 침해하지 않겠는가? 따라서 많은 관심과 세심함을 기울여서 고려해야 할 것은 전체 작업에 이바지하여 가장 작은 부분들도 재능과 학술에 의해 형성되어 보이게 하는 부분들에 대한 것이다.

이를 제대로 알맞게 수행함에 있어서 앞에서 지역과 바닥에 대해 말한 모든 내용이 아주 알맞다. 동물의 팔다리들끼리가 서로 그렇듯이 건축물의 부분들끼리도 호응해야 한다. 그래서 나온 말이, "큰 건축물에는 큰 지체들이 있어야 한다"는 말이다. 참으로 옛사람들은 이 원칙을 따라, 벽돌을 포함한 다른 것들을 공적이고 웅장한 건축물들에서는 사적인 건축물들에서보다 더 크게 두었다. 따라서 각 지체에 알맞은 구역[173]을 마련해 주도록, 쓰임새가 내모는 것보다 더 크지도 않도록, 품위가 요청하는 것보다 더 작지도 않도록, 엉뚱하고 부적절한 곳에 두지 않도록, 그 대신 다른 데서 더 편의로운 방식을 찾아볼 수 없도록 [67] 알맞아야 한다. 집의 가장 고상한 부분이 구석에 처박히지도 않고, 가장 공적인 부분이 감추어지지도 않고, 마찬가지로 사적인 부분이 드러나지도 않을 것이기 때문이다. 게다가 계절의 원리도 따져야 하니, 여름에 쓰는 실을 겨울에 쓰는 실의 자리에 할당해서는 안 된다. 그것들의 위치와 크기가 달라야 하니,[174] 즉 여름

---

171 domicilium.

172 xistus; ξυστός 또는 ξυστόν. 로마인들에게는 트여 있는 열주랑 또는 현관을 뜻한다. 비트루비우스 5.11.4, 6.10.5을 볼 것.

173 regio.

174 비트루비우스, 『건축십서』, IV, 4, 1-2. 또한 이 책 1권 12장, 5권 3장, 무엇보다 17장

실은 트여 있어야 하되, 겨울실은 더 닫혀 있어야 한다는 점을 잊어서는 안 된다. 여름실에는 그늘과 환기가, 겨울실에는 해가 필요하다. 또한 여기서 유의할 점은, 거주자들이 추운 곳에서 더운 곳으로 움직이거나 또는 따뜻한 곳에서 추위와 바람에 노출된 곳으로 움직일 때 어딘가 중간지대를 지나서 움직이게 하는 것이다. 그러한 요인들이 모두의 신체 건강에 아주 해로울 수 있기 때문이다.[175]

또한 건축물의 지체들끼리 서로 맞아떨어져서 전반적인 조화가 전체 작업의 명예와 매력에 이바지하게끔 구성 또는 조합[176]되어야 하지, 노고를 기울였는데도 부분들 중에서 하나만 꾸며지고 나머지는 소홀해지지 않게 하고, 그 대신 건축물이 하나의 온전하고 제대로 구성된 몸처럼 보이지 이질적이고 무관한 지체들처럼 보이지 않게 한다.

이 밖에도 지체들을 함께 형성할 때는 자연의 절제[177]을 모방해야 한다. 왜냐하면 여기에서도 다른 데에서처럼, 우리는 검약함[178]을 칭찬하기보다는 함부로 지으려는 무분별함을 더 나무라기 때문이다.[179] 지체들은 그대가 수행하려는 일에 적당하면서도[180] 필연적이어야 한다. 즉 짓는 것의 모든 원리는, 그대가 제대로 내다봤다면, 필요성으로부터 비롯되었고, 그것을 편의성이 키웠고, 쓰임새가 꾸몄

을 볼 것.

175 히포크라테스, 『공기, 물, 장소』, 11.

176 constituendam vel componendam.

177 modestia.

178 sobrietas.

179 2권 1, 2장을 볼 것.

180 modica.

고, 결국 매력적으로 보이도록 되었다. 다만 매력 자체가 부적절한 그 어떤 것도 늘 떨쳐 낸다면 말이다. 따라서 건축물 안에 이미 있는 지체들보다 더 많은 지체들을 요청하는 일은 없어야 하고, 이미 있는 지체는 어떤 부분에서도 흠 잡히지 않아야 한다.

마찬가지로 나는 모든 부분들이 똑같은 선들의 형태와 크기를 갖기를 바라지는 않는데, 그리하면 부분들끼리 전혀 다르지 않게 된다. 그 대신 어떤 부분은 더 크게, 어떤 부분은 더 작게 만드는 것이 좋고, 어떤 것은 평범해서 칭찬받는 것이 좋다. 따라서 어떤 것들은 직선으로써, [69] 다른 어떤 것들은 곡선으로써, 또 어떤 것들은 그 둘의 조합으로써 결정하는 것이 좋을 것이다. 물론, 내가 여러 번 주장하는 대로, 그 건축물이 짝짝이 어깨와 옆모습을 가진 괴물처럼 보이게 하지 않는다면 말이다. 다양성은 진정 모든 것 중에서도 매력적인 양념[181]인데, 다만 서로 떨어져 있는 것들이 동등함에 의해[182] 뭉쳐지고 함께 형성될[183] 때만 그렇다. 하지만 그것들끼리 헐겁고 불일치해서 격차에 의해 어긋나면 불쾌한 것이 되고 말 것이다.[184] 즉, 이는 음악에서와 같은데, 음악에서는 낮은 목소리들이 높은 목소리들에 상응하고 중간 목소리들은 그 둘 사이에서 화음이 되도록 울릴 때, 목

---

181 condimentum.

182 parilitate.

183 compacta et conformata.

184 알베르티에 따르면, 다양성은 이 대목의 설명에서처럼 긍정적으로 실현되었을 경우에는 건축물에 어여쁜 양념, 즉 첨가재가 된다. 알베르티의 설명을 해석해 보면 서로 떨어져 있는 것들 간에 동등함(parilitas)이 있으면 긍정적이고, 격차(disparitas)가 있으면 부정적이다. 알베르티는 다양성에 대해서 2권 1장, 4권 1, 3장, 9권 9장에서도 말한다.

소리들의 다양성으로부터 음향적이고도 경이로운 어떤 고른 비례가 만들어져서, 그것이 더 높은 방식으로 영혼을 매혹시키고 사로잡는 법이다. 이런 일은 영혼을 감동시키고 사로잡는 데 이바지하는 모든 다른 학술들에서 일어난다.

게다가 이 과정은 쓰임새와 편의성을 따라야 하고, 그럼에도, 숙련된 사람들이 높이 사는 관습을 따라야 할 것이다. 즉, 대개의 경우, 확립된 관습에 맞서면 매력이 사라지게 되고, 관습에 따르면 득이 되고 돋보이는데, 이는 마치 다른 뛰어난 건축가들이 만든 도리스식, 이오니아식, 코린토스식, 토스카나식의 구별[185]이 편의성이 아주 크다고 여겨짐과 같다. 하지만 그들의 묘사[186]를 우리 작업에서 마치 법식처럼 따를 필요는 없고 그 대신 오히려 그들의 사례로부터 영감을 받아서 우리의 발명품을 만들도록 애쓰고 가능하면 그들의 명예와 겨루어 뛰어넘어야 한다.[187] 하지만 이 문제에 대해서는 알맞은 데서 자세히 다룰 텐데, 도시와 도시의 지체들, 또한 그 각각의 쓰임새가 어때야 하는지 검토할 때 다루겠다.[188]

---

185 기둥의 종류에 대해서는 7권 7장에서 다룬다.

186 descriptio.

187 옛사람들에 대한 알베르티의 태도가 읽힌다.

188 4권 1-5장에서 다룬다.

제10장

기둥과 벽, 기둥과 관련된 것들에 대해서

이제 이어서 우리는 벽의 묘사에 대해 짧게 다룬다. 하지만 나는 여기서 내가 관찰한바 옛사람들이 매우 주의를 기울인 것을 지나치고 싶지 않으니, 즉, 그들은 바닥 한쪽을 직선으로 너무 길게 뽑지 않고 [71] 어딘가 곡선으로 굽히거나 각을 두어서 맺고 끊었다. 숙련된 사람들이 이렇게 한 까닭은 그렇게 함으로써 벽에 일종의 버팀대를 두어 더 튼튼히 하려던 것이 분명하다.

벽 만드는 이치를 헤아리는 것은 가장 고상한 곳부터 시작해야 한다. 이것은 곧 기둥에 대한 곳, 기둥과 관련된 곳인데, 기둥열[189]이란 곳곳에 개구부를 낸 벽이라고 할 수 있다.[190] 기둥을 정의할 때, 그것을 일종의 단단하고 연속된, 땅에서부터 수직으로 높이 세워서 지붕을 받치게 한 벽의 일부로 봐도 틀리지 않다.

짓는 것 전체에서 기둥보다 더 관심과 비용과 매력을 들일 만한 것을 찾아볼 수는 없을 것이다. 하지만 기둥들은 서로 다를 수 있다.

---

189 기둥열 즉 열주(列柱).

190 기둥열을 벽의 일종으로 보는 것은 알베르티의 독창적 개념이다.

여기서 우리는 그것들의 유사성, 종[191]적인 것에 해당하는 것을 지나치지 않을 것이다. 차이, 즉 개별적 다양함을 결정하는 것은 다른 제자리에서 다루겠다.[192]

이를테면 뿌리부터 시작되니, 각 기둥에는 기초[193]를 깐다. 기초가 바닥면에 이르면 보통은 그 위에 작은 벽을 세운다. 우리는 그것을 아룰라[194]라고 부르고, 어떤 사람들은 풀루이나룸[195]이라고도 부른다.[196] 그 위에 주초[197]를 놓고 또 그 위에 기둥을 세우고 또 그 위에 주두[198]를 세운다. 기둥의 아래쪽 절반은 부풀어 오르게, 위쪽 절반은 오므라들게 설계한다. 바닥이 꼭대기보다 3분의 1만큼 더 굵다.[199]

애초에 기둥을 발명한 것은 지붕을 받치기 위해서였다고 나는 생각한다. 그 뒤 아주 고상한 것들을 성취하려는 욕구로부터 사람들의 열정이 자극되었고 필멸의 인간들이 가급적 불멸하듯이 오래가는 것들을 짓고자 노력했음을 우리는 안다. 그래서 그들은 기둥, 보, 심지어 바닥과 지붕을 온통 대리석으로 놓았다. 그리고 이 방식에서 옛 건축가들은 전통축조방식에서 많이 벗어나지 않아 보이길 바랬고 자

---

191 genus.

192 7권 6-9장에서 다룬다.

193 fundamentum.

194 arula.

195 puluinarum.

196 Caye et Choay는 아울라 또는 풀루이나룸에 대한 알베르티의 이 설명으로부터, 그가 스틸로바트를 스테레오바트와 구별했다고 본다.(Caye et Choay, 82-83, 각주 95번)

197 basis.

198 capitulum.

199 6권 13장을 볼 것.

연을 충실히 모방했다. [73] 그들은 온갖 수단과 노력을 기울여 그들의 작업이 편리하고 견실하고 보기 좋도록 했다. 확실히 자연은 둥근 목조기둥을 우리에게 먼저 주었다. 하지만 나중에는 쓰임새 때문에 어떤 곳은 사각형 기둥이 되었다. 내 해석이 옳다면, 철과 구리로 된 띠를 목재 원기둥에 한곳으로 둘렀을 때 원기둥들이 무게를 계속 받아도 쪼개어지지 않는 것을 보고, 건축가들은 대리석 원기둥의 발치에도 띠 같은 넓은 고리를 붙여서 빗물이 튀는 것으로부터 보호했다. 꼭대기에도 마찬가지로 고리[200]를 두고, 그 고리 위에는 수페라이엑툼[201]을 두었는데, 이것들이 목재 원기둥을 더 보강한다고 그들은 보았다. 또한 원기둥들의 주초들을 관찰해 보면, 그 밑부분은 정사각형이나 직사각형이 되게 했고, 윗면은 원기둥들의 윤곽에 접하게 했다. 또한 관찰해 보면, 주초의 넓이와 깊이가 높이보다 크게 했고, 특정 부분에서 그 폭이 원기둥의 폭보다 넓게 했다. 또한 주초의 아랫면이 윗면보다 더 넓게 했고, 주초보다 페데스탈[202]이 폭이 더 넓게 했고, 페데스탈보다 기초가 그만큼 더 폭이 넓게 했다. 이런 식으로 하나를 다른 것 위에 놓고, 중심에서 수직선에 맞춘다. 거꾸로, 무릇 주두의 아랫부분은 원기둥의 선들을 베끼고 윗부분은 사각형 표면으로 맺는다. 주두의 윗부분이 아래쪽보다 반드시 넓게 된다. 여기까지가 기둥에 대해서다.

벽은 기둥의 원리를 따르는데, 즉 그 높이가 주두를 합친 기둥 높

200 fasceola.

201 superaiectum.

202 murulum.

이와 같을 때 그 넓이는 기둥 바닥의 넓이와 같게 한다. 높이, 넓이, 치수, 형태에서, 똑같은 오더[203]의 다른 요소에 상응하지 않는 어떠한 기둥, 주초, 기둥머리, 벽도 두지 않았음을 관찰했다. 또한 벽의 폭과 높이를 원리와 방식이 요청하는 것보다 훨씬 더 크게 만드는 것은 잘못이지만, 모자라게 하기보다는 지나치게 하는 게 낫다고 나는 본다. 여기서 건축물의 결함에 대해 빠뜨리지 않고 말하는 것이 이 문제에 우리가 더 잘 유의할 수 있겠다. 왜냐하면 최고의 칭찬이란 아무런 결함도 없는 것이기 때문이다.

[75] 나는 로마의 성 베드로 성당에서 아주 큰 잘못을 찾아냈는데, 즉 촘촘히 이어진 개구부들 위에 길고 높은 벽을, 보강해 주는 곡선도 버팀대도 없이 둔 것이다. 벽 전체에 개구부를 너무 많이 뚫었고 너무 높게, 그것도 맹렬한 북풍[204]을 맞는 곳에 두었고, 그 결과 바람의 연속된 힘에 벽이 이미 수직면으로부터 6척[205]이나 밀려 나갔다. 결국에는 작은 압력이나 작은 움직임에도 무너질 것이 분명하다. 지붕 들보들로써 구속되어 있지 않았다면 벽이 기울기 시작했을 때 틀림없이 곧바로 무너졌을 것이다. 하지만 건축가에게 다소 변명의 여지가 있는 것은 지역과 장소 덕분에 교회를 굽어보는 언덕이 바람을 충분히 막아 줄 것이라고 생각했을 것이다. 하지만 나는 그 전체 벽을 양쪽에서 보강하기를 선호하겠다.[206]

---

203 ordo.

204 Aquilo.

205 pes; 1로마척은 오늘날의 척도로 환산할 때 295밀리미터에 해당한다.

206 알베르티는 이 구조적 문제에 대해 10권에서 자세히 다룬다.

제11장

거주자와 건축물의 여러 부분의 지붕이 어떻게 유용한지에 대해서. 그 본성의 다양함에 따라 다양한 형태로 만들어야 함에 대해서

지붕의 유용함은 모든 것들 가운데 으뜸가고 가장 크다.[207] 왜냐하면 지붕은 밤과 비를, 또한 무엇보다 뜨거운 해를 막고 떨쳐 냄으로써, 거주자들에게 건강을 가져다줄 뿐 아니라 건축물 전체를 뛰어나게 보살펴 주기 때문이다. 지붕이 없으면, 나무는 썩고 벽은 허물고 옆면은 벌어지고 결국 전체 구조가 점차 스러지게 된다. 기초 그 자체도, 믿기 어렵겠지만, 지붕의 보호 덕분에 강해진다. 많은 건축물들이 화재, 칼, 적의 손, 또한 다른 온갖 재난들 때문에 폐허가 된 것보다는, 다른 까닭에서가 아니라 지붕이 소실되고 벗겨진 것을 사람들이 방치한 까닭에 건축물이 무너진 경우가 더 많다. 분명 건축물의 지붕은 비바람의 침해와 공격에 맞서는 무기다.

이 때문에 내가 보기에 우리 선조들은 다른 것들에서처럼 이 일에서 특히나 지붕에 많은 정성을 쏟았고, 그래서 지붕을 장식하는 데 거의 모든 장식술을 썼다. [77] 왜냐하면 구리, 유리, 금으로 덮은 지붕

207 지붕의 중요성에 대해서는 2권 1장에서 설명한다.

들을, 금칠한 평천장[208]과 금빛 우물천장, 게다가 코니스[209]와 꽃[210]의 조각과 조각상들로 우아하게 장식한 지붕을 우리가 알기 때문이다.[211]

어떤 지붕들은 하늘 아래 드러나 있고 어떤 지붕들은 그렇지 않다. 하늘 아래 드러난 지붕들은 그 위를 걷는 용도 때문이 아니라 오로지 비를 막기 위해서 둔 것이다. 하늘 아래 드러나 있지 않은 지붕들은 바닥판[212]과 볼트[213]로 되어 중간에 펼쳐져 있는데, 한 건축물 위에 또 다른 건축물처럼 놓이게 된다. 이 때문에 결과적으로 건축물의 내부 지체들의 지붕이 되고, 또한 마찬가지로 위쪽 지체들의 바닥이 될 것이다. 하지만 바닥판에 대해서는, 머리 위에 걸려 있는 그 일부를, 똑같은 것을 우리는 천장[214]이라고 부르는데, 그것을 지붕이라고 부르는 것이 옳다. 반면 우리가 발로 딛는 곳은 포장과 덮개[215]라고 부른다. 비를 막기 위해서 놓은, 하늘 아래 드러난 가장 바깥쪽 지붕이 과연 포장의 자리인지에 대해서는 다른 데서 탐구하겠다.[216]

하늘 아래 드러난 지붕은 비록 그 표면이 평평하더라도 그것이

---

208 lacunar.

209 corona; 이 건축요소를 흔히 영어식 이름인 코니스(cornice)라 부르고 있다. 알베르티가 사용하는 코니스의 개념은 두 가지다. 하나는 벽의 최상부이고, 다른 하나는 완전 구형 볼트, 즉 돔의 고리형 구조다.(3권 9장, 14장을 볼 것)

210 flos.

211 지붕 장식에 대해서는 6권 11장에서 다룬다.

212 contignatio(바닥판).

213 testudo(궁륭, 볼트).

214 caelum.

215 pavimentum tecturaque.

216 3권 16장을 볼 것.

덮은 포장과 나란해서는 안 될 것이며, 그 대신 항상 어느 부분에서도 물매가 있어서 빗물이 흘러내리도록 아래쪽으로 기울어 있어야 할 것이다. 반면 하늘 아래 드러나 있지 않은 지붕의 표면은 평평하고 포장과 나란해야 한다.

무릇 지붕은 그것이 덮을 바닥의 모양과 벽들의 형태를 선들과 각들에 의해 따르는 것이 필수적이다. 이것들이 서로 다양하므로—즉 어떤 것은 모두 곡선이고, 어떤 것은 직선이고, 또 어떤 것은 조합이고, 그런 식이므로—지붕의 형태도 많고 다양하다. 그럼에도 지붕은 그 본성에 따라서 다양한데, 그중 어떤 것은 반구형[217], 어떤 것은 그로인 볼트[218], 어떤 것은 배럴 볼트[219], 어떤 것은 복합형이고, 마찬가지로 또 어떤 것은 용골[220]이라고 부르고, 어떤 것은 이중경사지붕[221]이라고 부른다.

하지만 무엇이건 간에 무릇 지붕은 그늘로써 그 포장[222]을 보호해야 하고, 그것이 덮개를 마련해 줄 건축물의 모든 부분으로부터 물과 빗물을 막아 주어야 한다. 즉, 비는 언제나 건축물에 피해를 줄 수 있고, 무엇이든지 작은 틈새도 파고들어 해를 끼치는데, 왜냐하면 비는 미세하게 침투해서 [79] 약화시키고 썩게 만들고 건축물의 힘줄[223]을 집요하게 모조리 훼손시켜서 결국 구조를 기초부터 망가뜨

217 emispheria.

218 concamerata.

219 fornicata.

220 carina.

221 displuvia.

222 pavimentum.

223 nervus; 3권 8장을 볼 것.

리고 무너뜨리기 때문이다. 이 때문에 숙련된 건축가들은 몹시 주의해서 빗물이 잘 빠지도록 물길을 내어, 물이 아무데서도 고이지 않고 어느 곳에서도 새지 않게, 훼손하지 않게 했다. 또한 눈 내리는 곳에서 그들은 지붕을 이중 물매로 해서 그 꼭대기의 기울기를 가파르게 잡아서, 눈덩어리가 덜 뭉쳐지고 더 잘 흘러내리게 하는 것을 선호했다. 한편 이를테면 여름철 장소에는 지붕을 비스듬히 덜 가파르게 놓았다.

달리 주의할 것은, 되도록 하나의 규칙적이고 온전한 지붕이 되게 하는 것으로서, 그것이 빛과 벽의 원리를 중시하면서도 전체 건축물의 길이와 폭을 덮어서 처마에서 떨어지는 물이 어떤 부분도 적시지 않게 해야 한다. 또한 다른 지붕에 물을 흘리지 않도록 지붕을 두어야 한다. 빗물이 흐르는 지붕 표면이 너무 넓고 커서는 안 되는데, 왜냐하면 비가 많이 온 뒤 홈통으로부터 기와로 다시 넘쳐 건축물로 흘러들어가고, 그래서 작업에 큰 피해를 입히게 되기 때문이다. 따라서 바닥이 아주 클 때는 지붕을 많은 표면들로 나누어서 물이 여러 곳으로 흐르도록 해야 한다. 이는 편의성과 매력을 동시에 갖추는[224] 방식이다. 만약 어떤 곳에 지붕이 여러 개 놓여 있고 지붕들을 다른 지붕들에 이렇게 결합한다면, 일단 지붕 아래로 들어온 사람들은 지붕으로 덮인 집 전체를 거닐게 된다.

224 ad commoditatem tum ad gratiam.

제12장

건축물의 개구부, 즉 창과 문, 또한 벽 두께를 다 뚫지 않는 것들에 대해서. 또한 그것들의 수와 크기에 대해서

이어서 개구부에 대해 말해야 한다. 개구부에는 두 가지가 있다. 즉, 어떤 것은 빛과 바람이, 어떤 것은 물건이나 사람이 건축물에 드나들게 해 준다. 빛을 위한 것은 창이고, 물건을 위한 것으로는 문, 계단, 기둥 사이 공간이 있다. 마찬가지로 개구부에 포함되는 것으로 물과 공기가 드나드는 길, 즉, 우물, 배수로, 또한 이를테면 난로구멍, 화덕문, 환기구 등이 있다.

[81] 집의 각 부분에는 창문들을 두는데, 가두어진 공기가 그리로 다시 나가고 시간마다 바뀐다. 그러지 않으면 공기가 탁해지고 오염된다. 바빌로니아의 아폴로 신전에서 발견한 아주 오래된 금 궤짝에 대해 역사가 카피톨리누스가 말하기를, 그 궤짝을 깨뜨려서 열자 그 안에 갇혀 있던 맹독성의 오염된 공기가 빠져나와서 퍼지면서 가까이 있던 사람들을 죽게 했을 뿐 아니라 아주 잔혹한 역병을 아시아 전역에, 파르티아에까지 퍼뜨렸다고 한다.[225] 마찬가지로 우리는

---

225 율리우스 카피톨리누스, *Scriptores Historiae Augustae*, V, 8, 2.

역사가 암미아누스 마르켈리누스로부터 읽기를, 마르쿠스 안토니우스[226]와 루키우스 베루스[227]의 시대에 셀리우키아[228]에서 병사들이 신전을 약탈하고 아폴로 코니투스[229]의 신상을 로마로 옮긴 뒤, 칼데아의 사제들이 막아 놓은 구멍을 발견하고는 약탈할 마음에 그것을 열자 독성 증기가 나왔는데, 그것이 너무나 독하고 역해서 페르시아 끝에서부터 갈리아 한가운데까지 온통 역겹고 치명적인 병에 오염되었다고 한다.[230]

따라서 개별 실[231]에 창문을 두어 햇빛을 들이고 공기를 환기시키게 해야 하며, 또한 창들은 장소의 쓰임새와 벽의 두께에 알맞게, 빛을 받는 데 너무 크지도 작지도 않아야 하고, 쓰임새에 필요한 것보다 많지도 적지도 않아야 한다.

또 미리 내다볼 일은, 바람이 빠지도록 창을 내는 것이다. 즉, 건강한 바람을 마주하는 창들은 아주 크게 만들어도 되고, 공기가 거주자들의 몸 주변으로 흘러 지나가게 하는 식으로 그 창들을 여는 것이 좋다. 이렇게 하는 가장 좋은 방법은 창의 문턱을 낮춰서 길에 지나다니는 사람들과 서로 볼 수 있게 하는 것이다. 늘 건강하지는 않은 바람이 부는 창을 놓을 때에는, 편의성에 필요한 빛보다 덜 받지는 않되 없어도 되는 것보다 더 많이 받지는 않게 할 것이다. 그래서

---

226 Marcus Antonius.

227 Lucius Verus.

228 Seleucia; 헬레니즘 시대에 창건된 도시로서 바빌로니아의 티그리스 강 옆에 있었다.

229 Apollo Conucus.

230 암미아누스 마르켈리누스, *Rerum gestarum libri*, 23, 6, 24.

231 mansio.

그것을 높이 두어서 바람이 사람 몸에 부는 것을 벽으로 막을 것이다. 즉, 진정 [83] 공기를 갈아치울 바람은 충분히 받되, 건강하지 않은 것은 모조리 막을 것이다.

또한, 어떤 해[232]가 집 안으로 들어오는지, 실의 편의에 따라[233] 더 열린 또는 더 닫힌 창을 가지는지 미리 내다봐야 한다. 여름철에 쓰는 실은 창이 북쪽을 면한다면 커야 한다. 반면 그 창이 남쪽을 면한다면 낮고 좁아야 하는데, 그래야만 바람은 자유롭게 들되 해의 눈부심은 피할 수 있다. 사람들이 빛보다 그늘을 찾는 곳에서는 해가 모든 방향에서 계속 비치는 것이 충분한 채광을 제공해 줄 것이다. 빛을 들이도록 의도한 개구부는 하늘을 볼 수 있는 전망도 제공해 주어야 하고, 이 목적에서 만든 그 어떤 개구부도 낮게 두어서는 안 된다. 왜냐하면 빛을 보는 것은 얼굴이지 발이 아니기 때문이며, 더구나 한 사람이나 다른 사람이 빛을 가릴 경우 방의 나머지 부분도 어두워지기 때문이다. 위로부터 오는 빛은 부적절하지 않다.

문[234]은 창을 베끼니, 곧 장소들의 빈도와 쓰임새에 따라서 문의 크고 작음과 많고 적음이 적용된다. 하지만 나는 둘 다에서[235] 지켜짐을 아는데, 곧 공적인 건축물에서 특히 이런 종류의 개구부들이 가급적 많이 만들어져 있음을 말이다. 극장이 이 점을 잘 보여 주는데, 그것은 우리가 옳게 해석했다면 계단들로 된 개구부들뿐 아니라 대개

232 시간과 방향에 따라 다양한 햇빛, 햇볕을 가리킨다.

233 deversorium.

234 hostium.

235 즉, 문과 창 두 가지 모두에서.

는 창들과 문들로 된 개구부들로 다 이루어져 있다.[236]

개구부들을 자리 잡을 때에는, 큰 벽에 작은 개구부를 두어서도 안 되고, 작은 벽의 전면에다 쓰임새에 필요한 것보다 더 큰 개구부를 두어서도 안 된다. 이런 식의 개구부들에서 건축가들마다 서로 다른 리네아멘타를 인정했다. 하지만, 가장 높이 인정받는 건축가들은 되도록이면 정사각형이나 직사각형만 썼다. 결국 이에 있어서 모두의 견해가 일치하는 것은, 건축물의 크기와 모양에 [85] 개구부들이 들어맞아야 한다는 것이다. 또한 문의 개구부 구성은 어떠해야 하는고 하니, 높이가 폭보다 항상 더 커야 하고, 또한 이것들로부터, 더 높은 문에는 두 개의 맞닿은 원이 포함되고, 더 낮은 문은 그 바닥 폭을 한 변으로 하는 정사각형의 대각선 길이를 문 높이로 삼는다는 것이다.[237]

문은 건축물의 모든 부분에서 편하게 드나들 수 있는 위치에 가급적 두어야 한다. 매력적인 외관을 개구부에 부여하고 좌우 개구부의 크기를 똑같이 맞추어서 서로 균형을 잡아야 한다. 하지만 문과 창의 개수를 보통은 홀수로 두었는데, 다만 한쪽과 다른 쪽의 부분들이 똑같게 상응하게 하고 그 중간 것들을 조금 더 크게 했다.[238]

구조의 강도를 보존하는 데 아주 주의해야 한다. 그래서 개구부를 각으로부터도, 또한 기둥들이 솟아 있는 지점들로부터도 충분히 떨어뜨려야 하는데, 특히 벽이 약한 부분에서 그렇게 한다. 하지만 하

---

236 8권 7장을 볼 것.

237 이에 따르면, 높은 문의 폭 대 높이의 비는 1 : 2이고, 낮은 문의 폭 대 높이의 비례는 1 : $\sqrt{2}$다.

238 7권 5장을 볼 것.

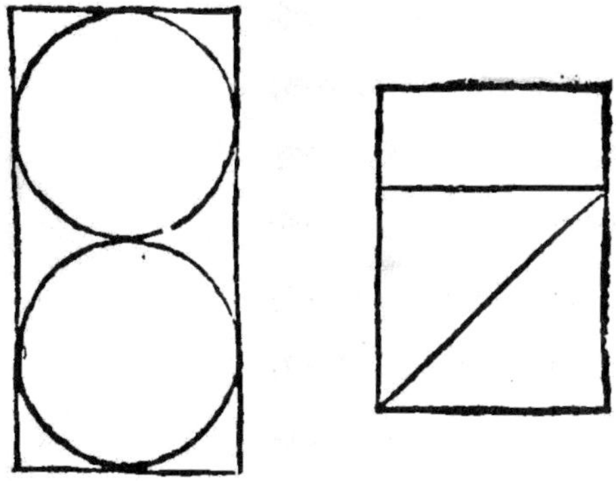

〈그림 6〉 문들의 높이. 높은 문(왼쪽)은 원이 두 개 들어가고, 낮은 문(오른쪽)은 그 바닥면 길이를 한 변으로 하는 정사각의 대각선 길이가 문의 높이가 된다.

중을 받는 곳에서는 개구부를 두지 않는다. 또한 벽이 가급적 수직으로 솟아 있고 바닥부터 지붕까지 끊어져 있지 않게 해야 한다.

그 위치와 형태가 문과 창의 것과 똑같은, 개구부 비슷한 것[239]이 있다. 하지만 이것은 벽 전체 두께를 꿰뚫은 것이 아니라 벽을 파내서 덜어 낸 셈인데, 그림이나 조각상을 두기에 고상하고 알맞은 배경이 된다. 우리는 그것의 위치, 크기, 수에 대해 건축물의 장식을 다룰 때 자세히 다루겠다.[240] 그것은 비용도 아끼고 건축물 외관도 향상시키는데, 돌과 시멘트를 덜 써서 벽을 완성할 수 있기 때문이다. 여기에서 말해 둘 필요가 있는 것은, 벽감을 정확한 개수로 배열해야 하며, 알맞은 크기로 보기 좋은 외관으로, 또한 창의 원칙을 잘 따라서 배열해야 한다는 것이다. [87] 내가 알기로, 옛사람들의 건축물에서

239 6권 12장에서 알베르티는 이것을 '가짜 개구부'(affictum opus)라고 부르고("quod quidem non inepte ea re affictum nuncupabitur") 두 종류의 가짜 개구부에 대해 설명한다("affictorum operum duo sunt genera").

240 6권 12장에서 다룬다.

벽 표면의 7분의 1이상, 9분의 1 이하로 창을 두는 경우는 없었다.

기둥들 간의 틈은 틀림없이 가장 중요한 개구부에 속한다고 보아야 한다. 그것은 건축물의 다양성에 따라 다양하게 이루어진다. 하지만 이에 대해서는 따로 설명하겠는데, 특히 성스러운 건축물들을 갖추는 것을 다루는 곳에서 설명하겠다.[241] 여기에서는, 개구부들을 이곳에 다음과 같이 두어야 한다는 것을 환기하는 것으로 충분하다. 즉, 지붕을 받치기 위해서 남기는 기둥들의 원리를 우선적으로 최대한 주의해서 지켜야 하는데, 기둥들을 너무 가늘게, 널찍이 두어서 지붕의 무게를 적당히 받칠 수 없어도 안 되고, 너무 두껍게 또는 촘촘하게 두어서 내부공간과 입구가 모든 일과 조건에 방해가 되어서도 안 된다. 게다가 다른 개구부들은 기둥들이 떨어져 있는 거리에 의존한다. 기둥들이 가까이 붙어 있으면 보로써 서로 연결하지만 멀리 떨어져 있으면 아치로 서로 연결한다. 하지만 아치를 두는 개구부들에는 무릇 반지름의 7분의 1을 더한 반원보다 작은 아치는 두지 않도록 살펴야 한다. 즉, 숙련된 사람들은 이것이 모든 아치들 중에서 내구성에서는 가장 최적이라고 확신한다. 반면 다른 모든 아치들은 하중을 받기에 약하고 무너질 수 있다는 것이다. 게다가 반원아치는 현(弦)[242]이라든지 다른 지지부가 필요 없어 보이는 유일한 아치다. 다른 모든 것들은 그 자체에 현이나 하중지지대들[243]이 없이는 금이 가고 무너질 것이다. 여기서 나는 옛사람들이 새겨 둔, 칭찬할 만하고도 두드

241 7권 5장에서 다룬다.

242 corda; tie(Rykwert et al.); tirant(Caye et Choay).

243 contraria.

러진 것을 여기에서 빠뜨리지 않겠다. 즉, 그들 중 최고의 건축가들은 성소에 개구부들과 볼트 아치들을 두면서, 모든 내부기둥을 없애고도 개구부 아치들과 천장 볼트들이 버티고 전혀 무너지지 않게 했다. 볼트를 받치는 모든 아치들의 내려오는 방식들이 그토록 놀랍고도 잘 알려지지 않은 기술로 이루어져 있어서, 아치들만으로도 작업을 떠받치고 있다. [89] 아치들과 더불어 땅이 현(弦)처럼 아주 튼튼하니까 그 자체로 영원히 버티지 않겠는가?

제13장

계단과 그 종류, 단이 홀수일 것과 얼마나 많아야 할지에 대해서. 계단참에 대해서. 굴뚝, 배수구, 화로구멍, 수로, 우물과 하수구의 알맞은 위치에 대해서

계단을 두는 일은 아주 어렵고, 숙련되고 철저히 이해한 사람만 제대로 할 수 있다. 계단 하나에 세 개의 개구부가 있는데, 첫 번째 개구부는 계단에 들어가는 입구를 내는 문이고, 두 번째 개구부는 각각의 계단참이 보이도록 만들어 주는 빛을 들이는 창이고, 세 번째 개구부는 천장의 장선 안에 있는 개구부로서 위층 바닥으로 올라갈 수 있게 해 준다. 이 까닭에 계단은 설계 전체에서도 다루기 까다로운 요소라고 사람들은 여긴다. 하지만 계단을 장애물로 만들고 싶지 않은 사람이라면 계단 자체를 구속해서는 안 된다. 이를 위해서, 바닥의 정확하고 결정된 공간을 남겨 두어, 그것으로써 막힘없이 자유롭게 하늘에 드러난 지붕에 이르기까지 높이 이어지게 비운다. 계단이 건축물을 너무 많이 차지해서 걱정거리가 되어서는 안 된다. 계단이 건축물의 다른 부분들에 가장 덜 불편을 끼칠 때야말로 계단의 편리함이 가장 크다. 계단 밑의 볼트와 공간은 활용도가 클 수 있다.

우리에게 계단은 두 가지가 있다—군사작전과 방어에 쓰이는 것들은 여기에서 다루지 않겠다. 하나는 단이 없고 기울어진 비탈로 된 것이고, 하나는 단을 디뎌서 오르는 것이다. 선조들은 비탈길을 가급적 쉽고 편안하게 만들었다. 내가 그들의 건축물들을 새겨 보아 둔 것에 따르면, 그들은 비탈길을 밑변을 따라 길이 6에 높이 1의 기울기로 만드는 것이 편리하다고 생각했다. 그들은 신전의 계단으로 홀수를 인정했는데, 이렇게 하면 종교적 고려에 따라 오른발로 들어갈 수 있다고 그들은 주장한다. 나는 이에 있어서 훌륭한 건축가들이 일곱 내지 아홉 단을 넘는 계단을 이어서 두지 않았음을 알게 되었는데, [91] 일곱과 아홉은 행성이나 하늘을 표현한 것인 듯싶다. 하지만 그들에게는 일곱이나 아홉 단마다 계단참을 두는 지혜가 있어서, 지치게 만들거나 불안한 장소에서는 계단을 오르다가 쉬게 했다. 그래서 누가 오르다가 넘어지면, 계속 굴러떨어지지 않고 추스리게 했다.

내가 선호하는 계단은 도중에 채광이 잘 되는 계단참이 있는 계단, 크기가 널찍해서 건축물의 중요성에 부합하는 계단이다. 옛사람들은 계단의 챌판이 4분의 3척보다 높지 않고 6분의 1척보다 낮지 않게 했다. 또한 발판은 1과 2분의 1척보다 좁지 않고 2척보다 깊지 않게 했다. 건축물에 계단이 적을수록, 또한 그것이 차지하는 공간이 작을수록 불편함이 덜할 것이다.

연기와 물이 빠지는 배출구를 닫아서는 안 되고, 그 건축물에 남아 있지 않게, 넘치지 않게, 흙이 차이지 않게, 해가 되지 않게, 위험하지 않게 해야 한다. 따라서 난로는 모든 목재로부터 멀리 떨어져 있어야 하고, 난로의 불꽃이나 열기의 근처에 있는 보와 목재에 불을 일으키지 않아야 한다.[244] 또한 배수로를 넘치지 않게 해야만, 건축물

244 굴뚝은 5권 17장에서 다룬다.

이 부식이나 습기에 훼손되지 않는다. 사실, 어떤 해로움이 생긴다면 그것이 아무리 사소하더라도 시간이 지나면서 계속 닳고 새어서 더 큰 화를 부를 것이다. 배수구와 관련해서 내가 관찰해 보니, 가장 숙련된 건축가들은 빗물이 배수관을 통해서 빠져나가도록 해서 지나가는 사람에게 떨어지지 않게 한다든지, 또는 인플루비움[245]에 집수해서 사람이 쓰도록 한다든지, 또는 저수조[246]에 모아 두거나 오물을 씻어 내도록 어딘가로 일부러 흘려 보내서 사람의 코나 눈에 덜 불쾌하게 했다. 내가 보기에 그들이 우선적으로 살핀 것은, 모든 빗물을 건축물로부터 멀리 두고 멀리 떨어뜨려 놓아서 다른 까닭들에서뿐 아니라 또한 건축물의 땅바닥이 축축해지지 않게 한 것이다.

내 생각에 이 건축가들은 무릇 개구부를 가장 알맞은 곳에 두어서 [93] 건축물 전체의 편의성을 최대한 끌어올렸다. 특히 나의 원칙은 우물을 집에서 공공적이고 쉽게 접근할 수 있는 곳에 두는 것이다. 그 우물이 차지하는 땅이 너무 중요하거나 부적합하지 않다는 것을 전제로 해서 말이다. 자연학자들은 하늘에 드러나 있는 우물에서 가장 순수하고 가장 자연스런 물이 나온다고 주장한다. 하지만 건축물의 어느 부분에 우물을 파고 배수구를 놓았건 간에, 어디에서 물과 액체를 연결하건 간에, 개구부는 공기의 흐름과 바람을 위해 충분히 환기가 되어서 바닥포장에 축축한 증기가 없게 유지해야 한다.

여기까지 우리는 건축물들의 리네아멘타에 대해서, 작업 일반에 관련되어 보이는 것들을, 말해야 할 개별 주제들의 종류를 새기면

---

245 inpluvium; impluvium.

246 cisterna; 저수조에 대해서는 10권 8장에서 다룬다.

서[247] 끌어모았다. 이제 건축물들의 작업과 실현에 대해 말해야 한다. 하지만 우선 재료에 대해, 작업을 위해 준비해야 할 것들에 대해 말해야 한다.

247 즉, 리네아멘타의 여섯 종류인 지역, 바닥, 구획, 벽, 지붕, 개구부를 순서대로 새겼다.

제2권

재료

제1장

건축물을 함부로 짓지 말 것에 대해서. 작업의 질과 양을 우선 따질 것에 대해서. 그로부터 신중히 검토하고 알맞은 조언을 받아 건축물 전체와 각 부분들의 비례와 척도를 도면과 그림뿐 아니라 목조나 다른 재료로 만든 모형을 써서 자세히 검토함으로써 건축물을 완공한 뒤 후회하지 않도록 할 것에 대해서

[95] 건축물들의 작업과 비용을 부주의하게 소홀히 여겨서는 안 된다고 나는 당부한다. 이는 다른 까닭들에서는 물론이거니와 특히 명예와 이름을 훼손시키지 않기 위해서다. 왜냐하면 잘 지어진 작업은 이 일에 숙고와 작업과 열정을 기울인 모든 사람에게 칭송을 가져다주지만 이에 비해 거기서 작가의 지혜 또는 작업자의 솜씨[1]가 어떤 부분에서 모자란다면 명예와 이름에 많은 지장을 줄 것이기 때문이다. 특히 공적인 작업들에서 장점과 단점이 충분히 드러나고 뚜렷이 두드러지는데, 왜 그런지 몰라도 사람들은 잘못된 것이 있을 때 그것을 찾아내는 것을, 아름답게 마무리되고 모든 부분에서 완벽히 완성된 건축물을 칭찬하는 것보다 더 잘 하는 법이다. 진정 놀랍게도, 왜 그런지 자연의 가르침으로써 배운 사람이건 못 배운 사람이건 모두가 일의 기술과 원리에서[2] 무엇이 옳고 그른지 곧바로 느끼게 된

1 auctor(작가), opifex(작업자).

2 in artibus et rationibus rerum; “dans la conception des choses et dans leur exécution.”

다.[3] 특히 이 사안에서 시각이 무릇 감각들 가운데 가장 예민한데,[4] 무언가 짧거나 부족하거나 군더더기거나 쓸모없거나 흐트러진 것을 보게 되면, 우리는 곧바로 마음이 동해지고 더 만족스러운 것[5]이 있기를 바라게 된다.[6] 왜 그런지 아무도 모르지만, 누가 묻던지 누구든 개선하고 바로 고칠 수 있음을 누구도 부정할 수 없다. 하지만 이 일이 어떤 원리로 되는지를 모두가 설명하지는 못하고, 그 대신 이 문제에 정통한 사람만 할 수 있을 것이다.

분명 정통한 사람은 영혼과 정신으로 무릇 일을 미리 생각하고 미리 결정하며, 작업 중에서나 마무리에서나 이미 완성된 때에 [97] "이렇게 안 하고, 저렇게 했더라면" 하고 말하지 않는다. 참으로 놀랄 만큼, 잘못 지은 작업에 대해 우리가 받는 대가는 결코 적지 않다. 왜냐하면 우리는 경솔하고 경박하게 시작하고 별로 숙고하지 않다가 시간이 지나고서야 비로소 깨닫게 되기 때문인데, 건축물을 철거하거나 고쳐짓지 않는 경우에는 실수로 말미암은 잘못을 끝없이 뉘우치게 되고, 건축물을 철거하는 경우에는 비용과 그로 인한 손실로 인해, 또한 경솔함과 변덕으로 인해 비난받게 된다.

율리우스 카이사르가 네미에 기초부터 시작해서 엄청난 비용을

(Caye et Choay)

3 건축물의 아름다움을 평가하는 사람의 타고난 본성과 능력에 대해서는 이 책 서문과 2권 1장, 6권 2, 5, 6장을 볼 것. 회화의 경우에서도 알베르티가 마찬가지 견해를 표명한 것에 대해서는 알베르티의 『회화론』, 2권 28장을 볼 것.(Caye et Choay, 97쪽, 각주 1번을 볼 것)

4 키케로, 『연설가에 대하여』, II, 87, 357.

5 lepidiora.

6 키케로, 『연설가』, II, 51, 173.

들여서 집을 완공했다가 자기 마음에 충분히 들지 않는다고 깡그리 허물어 버린 일을 수에토니우스가 확인해 준다.[7] 이 때문에 카이사르는 후손인 우리들의 비난을 사는데, 이는 그가 결과물을 충분히 내다보지 못했기 때문이거나, 또는 제대로 된 것을 변덕 탓에 나중에 싫어한 것이었을 수 있기 때문이다.

이 때문에 뛰어난 건설자들의 오랜 관행을 나는 늘 높이 사는데, 즉, 그림과 회화 말고도 또한 목판이나 그 밖의 재료로 만든 모형으로써[8] 작업 전체와 개별 부분들 모두의 척도[9]를 전문가의 조언을 들어 거듭거듭 가늠하고 검토하는 것, 어떤 비용과 수고가 필요한지의 문제에 이르기 전에 그리하는 것이다. 모형에서는 지역의 놓임을, 바닥의 두름을, 각 부분들의 수와 질서를, 벽의 모양[10]과 지붕의 견고함과[11] 그 밖의 모든 것을, 즉 이 책 앞에서 다룬 것들에 대해 원리[12]와 형상화[13]의 관계를 잘 보고 고려할 수는 것이 가능하다. 또한 거기에서는 구애받음 없이, 모든 것이 옳게 들어맞고 흡족할 만큼 더하고 빼고 바꾸고 고치고 심지어 뒤집을 수도 있다. 더구나 그 품위와 작업자의 손에 맞도록 개별적인 것들의 폭, 높이, 두께, 수량, 길이, 형

---

7 수에토니우스, 『카이사르』, 46.

8 perscriptio(그림), pictura(회화), modulum(모형); drawing, sketch, model(Rykwert et al., 33쪽); dessin, peinture, plan, maquette.(Caye et Choay, 98쪽)

9 dimensio.

10 facies.

11 건축의 여섯 가지 요소에 대한 설명이다.

12 ratio; design.(Rykwert et al., 33쪽)

13 conformatio.

태, 외관,[14] 질을 정확히 산출해서, 조금도 무시하면 안 되는 총 비용이 훗날 얼마나 될지도 정확히 알 수 있다. [99] 또한 기둥, 주두, 주초, 코니스, 박공, 옹벽, 포장, 조각상,[15] 그 밖에 건축물을 구성하고 장식하는 데 관련된 것들의 원리를 아주 분명하고 정확하게 얻을 수 있다. 여기서 우리 주제에서 중요하므로 내가 지나쳐서는 안 되겠다고 판단하는 것이 있다. 즉, 색칠한 모형과 이를테면 그림의 저속한 속임수를 만들어 내는 것은 사실을 전달하는 건축가의 방식이 아니라, 그 대신 모형 자체에 감탄하게 하고 보는 사람의 눈을 미혹하고 앗아 가고 영혼이 따져 봐야 할 부분들을 제대로 검토하는 것으로부터 관심을 다른 데로 빼돌리는 기만하는 자의 짓이라는 것이다. 그러하므로 모형을 정교한 솜씨로 완성하고 다듬고 장식하기보다는 적나라하고 단순하게 제시해서, 모형제작자의 솜씨가 아니라 발명자의 재능을 판별할 수 있게 해야 한다. 화가와 건축가의 그림[16]은 다음과 같은 점에서 다르다. 즉, 화가는 그림에서 튀어나옴을 강조하려고 선과 각의 그림자짐과 줄어듦에 공들이지만, 반면 건축가는 그림자를 꺼리고 기초의 도면으로부터 튀어나옴을 두어서, 각각의 정면과 측면의 범위와 형태를, 고정된 선과 실제의 각으로써 보여 주어서, 그는 자신의 것이 허울의 외관[17]에 의해서가 아니라 그 대신 정확하고 비례 잡힌[18] 척도들로써 새겨지기를 바란다. 따라서 이런 식의 모형들

---

14 cf. le genre.(Caye et Choay)

15 columna(기둥), capitulum(주두), basium(주초), corona(코니스), fastigium(박공), crustatio(옹벽), pavimentum(바닥), statua(조각상).

16 perscriptio.

17 투시도를 가리킨다.(Caye et Choay, 100쪽, 각주 8번)

을 만들어서 그것들을 아주 면밀하게 혼자서도 또한 여럿이서도 거듭거듭 조사하고 재검토해야 하고, 그래서 작업에서 무엇이 무엇이고 어떤 것인지, 어떤 자리와 어떤 공간을 차지해야 하는지, 어떻게 쓰일지에 대해 모르는 것이 없거나 가장 적게 해야 한다.

특히 지붕의 원리가 다른 것들보다 가장 잘 실현되도록[19] 우선적으로 살펴야 한다. 즉 내가 옳게 이해한다면, 지붕은 진정 그 본성으로부터, 모든 지음[20]의 측면에서 사람에게 안식의 쓰임새로 만든 것들 가운데 으뜸이 된다. 즉, 벽은 물론이거니와 벽에 부수되고 관계하는 것들, 또한 땅바닥 밑에 있는 우수로, 배수로 등 물을 배수하고 유도하는 것들이 모두 다 지붕 때문에 필요한 것들이다. 나는 이 문제에 관해 나의 철저한 경험으로부터, 작업 안에 부분들의 편의성이 품위와 [101] 아름다움과 결합되어 있고, 요청되는 어떤 것들 중에서도 부분들의 세련된 다양성[21]을 가져서 비례와 조화[22]를 충족할 작업을 실현하기가 어렵다는 것을 떠올렸다. 그것은 참으로 대단히 큰 일이다! 하지만 이 모든 것을 실용적이고 튼튼하고 보기 좋고 알맞은 지붕으로써 덮는 것은 재능과 기술을 충분히 발휘하기만 하면 작업해낼 수 있으리라 확신한다.

---

18 certis ratisque.

19 ut expeditissima sit.

20 aedificatio.

21 "partium excultam varietatem"; 세련된 다양성이라고 굳이 말한 까닭은, 다양성은 헐겁고 불일치함으로써 충돌을 일으킬 경우 불쾌함을 낳는 부정적인 측면도 있기 때문이다. 1권 9장을 볼 것.

22 proportionum ratio(비례), concinnitas(조화); 조화 즉 콘키니타스에 대해서는 9권 5장에서 다룬다.

마지막으로, 그대와 다른 전문가들에게 작업의 모든 측면에서 또 추측함에 있어서 충분히 만족스러워서 더 해야 할 것도 더 망설일 까닭도 더 개선할 것도 없어지면, 그때도 나는 지으려는 욕심 때문에 옛날의 건축물들을 부수거나 전체 작업의 큰 기초를 덥석 놓으면서 작업을 시작하지는 말라고 충고하겠는데, 이는 어리석고 성급한 사람들이 하는 짓이기 때문이다. 하지만 그대가 내 말을 듣는다면, 시간을 좀 더 두고 그것에 대한 애초의 열정이 누그러질 때까지, 모든 것이 이슥고 뚜렷이 인식되어서 그대가 발명의 열정이 아닌 숙고의 원리들에 이끌려 사태를 훨씬 더 신중하게 판단하게 될 때까지 기다리라. 왜냐하면 무릇 일을 수행할 때 시간은 그대의 뛰어난 통찰에도 불구하고 그대로부터 빠져나갔을 것들을 그대가 돌아보고 고려하게 해 주기 때문이다.[23]

23 알베르티가 과거 역사로부터 교훈을 얻는 명분이다.

제2장

능력을 뛰어넘지도, 자연에 맞서지도 말라는 것에 대해서. 무엇이 알맞고 어떤 장소에 수행해야 할지에 대해서

그대가 모형을 재검토할 때는 다음의 원리들을 따져 볼 필요가 있다. 우선 사람의 힘을 뛰어넘는 것을 하지 말아야 할 뿐 아니라, 자연에 맞서서 겨루는 일을 결코 하지 말아야 한다. 왜냐하면 자연의 힘은 너무도 커서, 간혹 장애물에 의해 가로막히거나 다른 곳으로 흐름이 돌려질 수는 있을지언정, 그럼에도 불구하고, 맞서고 가로막는 그 어떤 것들도 항상 꺾어 버리고 파괴할 것이기 때문이다. 자연은 그 자신에 맞서는 것들, 이를테면 완강한 것들을, 지속되고 끈질긴 공격으로써 시간의 도움을 받아 무너뜨리고 파괴해 버린다.

사람의 손으로 이루어진 얼마나 많은 것들이 자연에 맞선 까닭에 살아남지 못한 것을 우리는 읽고 또한 보는가? 배다리로 바다를 건너려던 사람을 [103] 누가 비웃지 않고, 그 오만함과 어리석음을 누가 깔보기 않는가?[24] 오스티아 아래의 클라우디우스 항구나 테라키나에 있는 하드리아누스 항구는 모든 부분에서 어쩌면 영속할 수 있던 작

24 "크세르크세스가 그리스 원정 때 아시아에서 유럽으로 건너려 했던 것을 가리킨다. 헤로도토스, 『역사』, VII, 35를 볼 것."(Caye et Choay, 101쪽, 각주 12번)

업이었으나, 그럼에도 불구하고 이미 오래전에 의해 항구의 어귀가 모래로 틀어 막히고 항만이 채워져 폐허가 되었으니 이는 바다가 끝없는 싸움에서 물러섬 없이 싸워 마침내는 이겨 내기 위해 중단하기 때문임을 우리는 안다. 그대 생각에 낙수의 힘이나 굴러 떨어지는 바위의 무게를 그대가 붙잡고 막으려 하면 어찌 되겠는가? 그러므로 우리는 자연에 상응하지 않는 것은 그 어떤 것도 감행해서는 안 된다.

그다음으로 주의해야 할 것은, 그 수행에 있어서 불완전한 것으로 인해 그대에게 결핍을 남길 것은 어떤 것도 받아들여서는 안 된다는 것이다.[25] 로마 왕 타르키니우스[26]를, 만약 하늘의 신들이 도시의 발전을 달가워하지 않았다면, 또한 커져 가는 제국이 장대한 건축물을 짓기 시작하는 데 재원을 충당하지 않았다면, 작업에 쓸 전체 비용을 그가 신전의 기초에만 쏟아 부은 것을 누군들 마땅히 비난하지 않았겠는가?[27]

또한 무엇을 할 수 있는지뿐 아니라, 결코 덜 중요하지 않은 것으로서, 무엇이 올바른지도 고려해야 한다. 저 유명한 창부,[28] 트라키아

---

25 달리 말해, 작업을 제대로 할 자원이 없을 때는 작업을 진행하지 말라는 뜻이다. 니콜라우스 5세의 건축적 정치에 대한 암시적 비판으로 읽는 비평도 있다.(Caye et Choay, 102쪽, 각주 13번)

26 Tarquinius; 루키우스 타르키니우스 수페르부스(Lucius Tarquinius Superbus)는 전설상의 로마의 일곱 왕 중 마지막 왕이다.

27 유피테르 카피톨리누스(Jupiter Capitolinus)신전을 가리킨다. 이 신전은 루키우스 타르키니우스 프리스쿠스(Lucius Tarquinius Priscus) 때 짓기 시작해서 그의 아들인 루키우스 타르키니우스 수페르부스(Lucius Tarquinius Superbus) 때 완공되었다. 다음을 볼 것. Livius, *Ab Urbe Condita Libri* 1.38.7; 할리카르나소스의 디오니시오스, *Ῥωμαϊκὴ Ἀρχαιολογία*, 3.69.

28 meretrix; 허가받은 매춘업 종사자를 가리킨다.

의 로도프는 큰 비용을 들여서 자기 무덤을 지었는데 나는 그녀를 또 그녀에 대한 당대의 기억을 칭찬하지 않는다. 즉, 그녀의 부정한 소득이 여왕의 부는 가져다주었을지언정, 그렇다고 해서 그녀가 여왕의 무덤에 알맞는 품위까지 갖추지는 못했기 때문이다.[29] 하지만 나는 카리아의 여왕 아르테미스가 자신의 사랑하는 고귀한 남편을 위해서 장대한 무덤을 세운 것을 나무라지는 않는다.[30] 비록 여기서도 절제[31]를 칭송하지만 말이다. 호라티우스는 마에케나스[32]가 건축에 광분한 것을 질책했다.[33] 나는 코넬리우스 타키투스가 말한, 수수하지만 오래갈[34] 오토의 무덤을 지은 사람을 칭찬한다.[35] 왜냐하면 사적인 기념비에는 수수함이, 공적인 기념비에는 장대함[36]이 요청되지만, 때로는 공적인 것이 사적인 것의 수수함 때문에 칭송받기도 하기 때문이다. 폼페이우스 극장[37]은 그것의 장대함[38]과 품위 때문에 칭찬과 존경을 받는데, [105] 그것은 폼페이우스에게도 승리의 로마에게

---

29 플리니우스, 『자연사』, XXXVI, 82.

30 같은 책, 30-31; 겔리우스, 『아티카의 밤』, X, 18; 키케로, 『투스쿨룸 논쟁』, III, 31, 75; 아르테미스의 남편인 마우솔리우스의 이름을 따서 할리카르나소스의 마우솔레움(Mausoleum)이라 부른다.

31 modestia.

32 Meacenas.

33 호라티우스, *Odarum seu carminum libri*, II, 18.

34 modicum sed mansurum.

35 타키투스, 『역사』, II, 49.

36 magnificentia.

37 "폼페이우스 극장(Pompeii Theatrum)은 폼페이우스(Gnaeus Pompeius Magnus, 기원전 106-기원전 48)에 의해 기원전 55년에 도시로마의 캄푸스 마르티우스에 완공되었다. 알베르티 시기에는 그 위치가 확인되지 않았다."(Caye et Choay, 102쪽, 각주 19번)

38 magnitudo.

도 품위 있는 작업이다. 하지만 네로의 건축광을, 엄청난 대작을 완성하려던 그의 열광을 모두가 인정하지는 않는다.[39] 또한 푸테올리[40]에 있는 산에 굴길을 뚫으려고 수천 명을 동원한 사람에 대해서, 다른 더 유용한 것에 작업과 비용을 들이는 것을 보는 것을 그 누가 더 선호하지 않는가?[41] 또한 엘리오가발루스[42]의 비정상적인 오만을 그 누구가 미워하지 않겠는가? 왜냐하면 그는 거대한 기둥을 세우고 그 속에 꼭대기까지 계단을 두고 신(神) 엘리오가발루스 조상(彫像)을 숭배를 위해 거기에 두려고 했고, 하지만 테베까지 뒤졌지만 마땅히 큰 돌이 없어 포기했기 때문이다.[43]

따라서 이에 덧붙일 것은, 비록 수단들로써 또한 시간적 기회가 충분해서 유용하고도 품위 있게 만들 수 있다 하더라도, 그것이 후대의 무관심 혹은 거주자의 홀대 때문에 이내 망가지게 된다면 그 일을 해서는 안 된다는 것이다. 5단 노예선[44]이 운행할 수 있는 운하를 아베르누스[45]로부터 오스티아까지 파려고 했던 네로의 계획을 내가 비난하는 것은, 다른 까닭들도 있지만 무엇보다 제국의 계속되고 영속적인 번영이 이에 뒷받침될 것과 이 일에 황제들이 관심을 계속 쏟는

---

39 수에토니우스, 『네로』, 31; 타키투스, 『역사』, II, 42.

40 지금의 포추올리(Pozzuoli).

41 아마도 코케이우스 네르바가 기원전 37년 나폴리 부근의 언덕에 뚫은 길이 9백 미터의 세이아니아 굴을 가리키는 것일 테다.(Rykwert et al., 36쪽)

42 Eliogaballus.

43 *Scriptores Historiae Augustae*, XVII, 24, 7.

44 5단 노예선(quinquereme)은 로마 공화정 시기의 표준적인 전함으로서 큰 갤리선이다. 각각의 노에 다섯 줄이 있었을 것이다.

45 Avernus; 고대도시 쿠마에(Cumae)와 나폴리 근처에 있는 호수.

것이 필요했기 때문이다.[46]

그러므로 우리가 앞에서 말한 것들, 즉 무엇을 할 것인가, 그것을 어디에 할 것인가, 또한 그것을 할 그대가 누구인가 하는 것을 유념하는 것이 그대의 의무일 것이다.[47] 또한 그것의 품위와 쓰임새를 고려해서 전체 작업을 구성하는 것은 분명 유능하고 사려 깊은 사람의 것이리라.

---

46 수에토니우스, 『네로』, 16.1 및 31.3.

47 hoc est, quid sit, quod agas, et quid quo agas loco, et qui sis, qui id agas. 일의 본성, 일의 위치, 일하는 사람의 지위가 어떤가 하는 것.

제3장

건축물 전체를 모형의 각 부분을 통해서 신중히 검토하고 자문 받고, 짓기 전에 비용을 산정하고 작업수행에 필요한 것들을 준비하는 것에 대해서

이렇게 인지하고 주목한 뒤 그대는 나머지 것들이 각각의 자리에 제대로 정의되어 있고 알맞게 배당되어 있는지 살펴봐야 할 것이다. [107] 이 과제를 해내기 위해서 그대가 깨달아야 할 것은, 무릇 이것들을 검토함에 있어서, 다른 곳에서 그 어떤 다른 작업도 같은 비용으로 비슷한 조건에서 지어져서 더 멋져 보이거나 혹은 더 좋게 평가받게까지 되는 일이 없도록 하지 않으면 당신이 흉해진다는 것이다. 왜냐하면 이 문제에서는 비난받지 않는 것만으로는 충분하지 않고 그 대신 특히 알맞다고 인정되고 거듭 모방받아야 하기 때문이다. 따라서 우리는 엄격한 판단과 세심한 주의를 기울여야 한다. 또한 우아하지 않고 아주 충분히 입증되지 않은 그 어떤 것도 끼어들지 않게 해야 할 뿐 아니라 또한 모든 부분들이 품위와 매력을 갖추고 서로 알맞아서 그대가 무엇인가를 더하거나 바꾸거나 빼내면 반드시 결함이 생기고 훼손을 입을 정도가 되게까지 주의해야 한다.

하지만 내가 거듭 상기시키지만, 그대는 전문가들의 지혜를 또한 올곧고 진솔하게 판단하여 작업을 살펴봐 줄 사람들의 숙고를 지침으로 삼으라. 왜냐하면 그들의 지혜와 가르침이 그대의 사적인 변덕과 느낌보다 더 잘, 그대가 수행하는 일들이 완벽해지거나 완벽에 가깝게 되게 해 줄 것이기 때문이다. 결국 그대가 수행하는 것을 전문가의 목소리로써 인정받는 것은 단적으로 가장 아름다운 것이다. 또한 그들이 개선책을 더 낼 수 없다면 그들은 더욱 만족스럽게 인정해 준다. 이 까닭에, 감식안 있는 사람들이 모두 동의한다면, 그대는 아름다움의 열매까지도 잡게 된다. 또한 뭇사람들의 말을 듣는 것이 알맞을 것이다. 왜냐하면 이 일에 미숙한 사람들조차도 뛰어난 전문가들이 부정할 수 없는 것을 가끔씩 말하기 때문이다.

그대가 건축물 전체의 원리를 모형의 개별 부분들로부터 바라보고 인지하게 된 뒤에, 더 이상 주의할 것이나 주목할 것이 어디에도 남아 있지 않고, 또한 그동안 이렇게 짓는 것을 모두 확정하고 그대가 쓸 충분한 재원에 만족하게 될 그때, 그대는 작업 자체를 수행하는 데 필요한 나머지 것들을 준비하게 될 터이니, 왜냐하면 이는 작업의 신속한 수행에 필요한 것들이 짓는 도중에 어떤 것도 결핍되지 않도록 하기 위해서다. 즉, 작업을 완성하기 위해서 많은 것들이 필요하기 때문이고, 또한 그것들 중 어느 것이 없으면 그것이 전체 구조를 얽매거나 훼손시킬 수 있기 때문이니, 있으면 도움이 되고 없으면 손해가 되는 것을 잊어버려서는 안 될 것이다.

[109] 유대왕 다윗과 솔로몬은 예루살렘의 성소를 지으려고, 금, 은, 동, 나무, 돌, 그 밖의 것들을 최대한 마련해서, 일을 쉽고 빠르게 하기 위해 이웃나라들로부터 건축가들과 수천 명의 작업자들을 불러 모으기 전에는 어떤 것도 그르치지 않게 했다고 에우세비우스 팜필리우스[48]는 쓰고 있다.[49] 이렇게 하는 것을 나는 진정 적극 인정한다. 왜냐하면 솜씨 있게 제대로 때맞춰서 짓는 것은 확실히 작업에 품위

를, 또한 작가의 명예를 쌓는 것에 이바지하기 때문이다. 쿠르티우스에 따르면, 마케도니아의 알렉산드로스 대왕은 타나이스 강 옆에 작지 않은 도시를 이레 만에 완성했고 이 때문에 작가들로부터 칭송받았다.[50] 또한 역사가 요세푸스[51]가 쓴 대로, 나부코도나소르는 벨 신전을 보름 만에 완성했고 바빌로니아를 삼중 벽으로 보름 만에 둘러쌌고,[52] 티투스는 40 스타디움[53] 가량의 벽을 사흘 만에 쌓았고,[54] 세미라미스는 바빌로니아에 있는 거대한 벽을 하루 1 스타디움의 속도로 쌓았고[55] 2백 스타디움 길이의 아주 깊고 높은 저수지의 벽을 이레 만에 쌓았다.[56] 하지만 이에 대해서는 다른 데서 다루겠다.[57]

---

48 에우세비우스 팜필리우스(A.D. 265-340)은 팔레스타인의 카에사레아의 주교였다.

49 에우세비우스, *Praeparatio Evangelica*, IX, 30, 4-5, 31.

50 퀸투스 쿠르티우스 루푸스, 『알렉산드로스 대왕의 역사』, VII, 26, 또한 플라비우스 요세푸스, *Contra Apionem*, I, 138-140을 볼 것; 쿠르티우스에 따르면 도시 건설에 17일이 걸렸다.

51 플라비우스 요세푸스는 유대인 정치자이자 군인으로서, 『유대인 초기사』와 『유대전쟁사』를 썼다.

52 플라비우스 요세푸스, 『유대인 초기사』, X, 224-225; 짓는 데 15일이 걸린 것은 성벽과 신전이 아니라, 후속으로 지은 왕궁이었다.

53 stadium; = στάδιον; 1 스타디온은 125 파수스(passus; 복수형 passus)와 625 로마척(pes; 복수형 pedes)에 해당한다. 약 185미터에 해당한다.

54 플라비우스 요세푸스, 『유대전쟁사』, V, 508-509.

55 디오도로스 시켈로스, 『세계사』, II, 7, 3.

56 같은 책, II, 9, 1-3, 또한 쿠르티우스, V, 1, 28.

57 알베르티는 성벽에 대해 4권 3장에서, 인공저수지에 대해 10권 9장에서 다룬다.

제4장

무엇을 준비하고 어떤 장인들을 고르고 어느 때에 벌목할지에 대해서

마땅히 준비해야 할 재료들은, 석회, 모래, 석재, 목재[58], 마찬가지로 또한 철, 구리, 납, 유리 따위[59]다. 또한 우선 미숙하지도 않고 경솔하지도 않고 변덕스럽지도 않은 작업자들을, 즉, 그대가 믿고 맡겨서 그대의 지시에 제대로 따르고 성실히 하고 훌륭히 마무리하고 제때에 완성할 작업자들을 고르는 것이 중요하다.

무릇 이것들을 판단함에 있어서, 다른 곳에 가까이 있는 작업으로부터 증거와 추측을 끌어내어,[60] 그것들로써 그대가 해야 할 것을 잘 헤아려 보는 것이 도움될 것이다. 왜냐하면 그것들에서 단점과 장점이 확인되어서, 같은 식으로 그대의 훗날의 작업에서도 어떻게 될지를 그대가 알 수 있을 것이기 때문이다. [111] 플리니우스에 따르면 네로 황제는 그 어떤 크고 장대한 것도 뛰어넘는, 태양숭배에 바

58 materia; 알베르티의 용법에서 재료로서 목재는 자연 상태의 유기체인 나무(arbor)와 대체로 구별된다.

59 석회(calx), 모래(harena), 돌(lapis), 목재(materia), 철(ferrum), 구리(aes), 납(plumbum), 유리(vitrum).

60 argumenta et coniecturas.

친 120척 높이의 거대한 조상을 로마에 두려고 그 당시에 유명하고 독보적인 예술가 제노다루스[61]에게 이 일을 맡겼는데, 그로 하여금 갈리아에 있는 아르베르니 사람들의[62]의 땅에 엄청나게 무거운 거대한 조형물을 짓게 해 보고 나서야 일을 맡겼다는 것이다.[63] 이를 확인했으니 다른 내용으로 넘어가자.

또한 우리는 건축물의 작업에 알맞은 것들을 조사하기 위해서, 고대 학자들, 특히 테오프라스토스, 아리스토텔레스, 카토[64], 바로, 플리니우스, 비트루비우스가 전해 주는 것들을 참조할 것이고—왜냐하면 그것들은 추론의 기교[65]보다는 오랜 관찰을 통해서 얻은 것들이기 때문이다.[66] 우리는 이 문제를 가장 세심하게 관찰한 사람들로부터 구할 것이다. 이어서 우리는 뛰어난 사람들이 많고 다양한 곳에서 남긴 것들을 끌어모은다. 또한 우리의 관례대로, 훌륭한 작업으로부터 또는 숙련된 예술가들의 가르침으로부터 우리가 새겨 둔 것들로서, 어떤 식이든 우리가 말할 것과 관련되어 있으면 그것들을 여기에 더한다.[67]

왜냐하면 자연을 따라서 사람들이 이 짓는 일에는 맨 먼저 사용한 것부터 시작하는 것이 가장 알맞다고 내가 생각하기 때문이다. 그

---

61 Zenodarus.

62 아르베르니(Arverni)는 갈리아 족속으로서 지금의 오베흐뉴(Auvergne)를 차지했었다.

63 플리니우스, 『자연사』, XXXIV, 45, 또한 수에토니우스, 『네로』, 31, 1.

64 마르쿠스 포르키우스 카토(Marcus Porcius Cato, 기원전 234년-기원전 149년).

65 ingenii artes.

66 “사실을 배열하고 해설하는 자연사와, 원인을 규명하는 자연철학의 구분.”(Caye et Choay, 106쪽, 각주 33번)

67 알베르티는 1권 1장 서두에서도 비슷한 내용을 말한 적 있다.

것은 베어서 쓸 수 있는 나무들과 숲들의 목재들인데, 비록 작가들 간에 의견이 서로 다름을 내가 알지만 말이다. 어떤 작가들은 말하길, 사람은 처음 동굴에 살았고 가축과 주인이 한 그늘 밑에 살았다고 한다. 그들은 겔리우스 탁시우스라는 사람이 자연을 모방해서 진흙으로 최초의 건축물을 만들었다는 플리니우스의 말을 믿는다.[68] 디오도로스는 사투르니우스의 딸인 베스타 여신이 최초로 거처[69]를 만들었다고 했다.[70] 옛날의 유명한 학자 에우세비우스 팜필리우스는 고대 필사본에 기초해서 주장하기를, 프로토게네스의 후손들이 갈대와 파피루스로 짠 가림막[71]들로 된 집[72]을 사람들을 위해 고안했다고 주장한다.[73] 하지만 우리의 문제로 돌아가자.

따라서 옛사람들, 특히 테오프라스토스는 나무들, 특히 전나무[74], 가문비나무[75], 소나무[76]를 새눈이 돋고 줄기가 나기 시작할 때, [113] 또한 많은 수액이 나와서 거죽[77]을 쉽게 벗길 수 있을 때 베라고 당부한다.[78] 하지만 단풍나무, 느릅나무, 물푸레나무, 참피나무 같은 다

68 플리니우스, 『자연사』, VII, 194.

69 habitacula.

70 디오도로스 시켈로스, 『세계사』, V, 68, 1.

71 folium.

72 domicilium.

73 에우세비우스, *Praeparatio Evangelica*, I, 10, 10.

74 abies; 구과목(Pinales) 소나무과(Pinaceae)의 한 속.

75 picea; 구과목(Pinales) 소나무과(Pinaceae)의 한 속.

76 pinus; 구과목(Pinales) 소나무과(Pinaceae)의 한 속.

77 cortex(거죽); 알베르티는 딱딱한 껍질과 무른 거죽을 가리키는 용어를 구별해서 쓴다.

78 테오프라스토스, 『식물연구』, V, 1, 1-4.

른 것들은[79] 포도수확 뒤에 베는 것이 훨씬 알맞다고 한다. 마찬가지로 오크는 봄에 베면 벌레 먹기 쉽지만 겨울에 베면 아무 지장 없을 것이고 잘 쪼개지기도 않을 것이라고 한다.[80] 또한 이 주제와 관련해서 그들은 새겨 두었기를, 북풍[81]이 부는 겨울에 베어 낸 목재는 여전히 푸르면서도 연기도 거의 없이 잘 타는데, 이것은 수액이 새어 나오지 않고 잘 흡수되어 있다는 표시라고 한다.

비트루비우스는 목재를 초가을에서부터 서풍[82]이 불기 전까지의 기간에 벨 것을 선호했다.[83] 헤시오도스는 말하길, 머리 위에 떠 있는 태양이 많은 열기를 뿜고 사람들을 검게 그을리게 할 때 수확을 하되, 잎이 떨어지기 시작할 때 나무를 베라고 한다.[84] 이에 대한 카토의 조언은 이렇다. 즉, "목재는 특히 그것이 참나무면 하지(夏至)가 되면 베라. 겨울에는 이미 분비되어 있기 때문이다. 다른 목재들은 씨 있는 것은 다 자랐을 때 베고, 씨 없는 것은 원하는 대로 베라. 씨가 녹색이고 익은 것은 씨가 떨어질 때 베고, 느릅나무는 잎이 떨어질 때 베라."[85]

또한 어떤 달 아래 쇠로 된 연장을 쓸지 아는 것이 아주 중요하다고 사람들은 말한다. 다른 작가들뿐 아니라 또한 특히 바로는, 이런

---

79 단풍나무(acer), 느릅나무(ulmus), 물푸레나무(fraxinus), 피나무(tilia).

80 플리니우스, 『자연사』, XVI, 189.

81 Boreas.

82 Favonius; 하늬.

83 비트루비우스, 『건축십서』, II, 9, 1; 서풍(Favonius)이 부는 시점은 초봄이다.

84 헤시오도스, 『일과 날』, v. 383 *sq.* et 405; 헤시오도스는 플레이아데스가 떠오를 때 수확할 것을 권했다. 벌목시기는 상황에 훨씬 더 많이 달려 있다고 봤다.

85 카토, 『농업에 대하여』, 17, 1-2.

일에서 달이 쇠에 끼치는 영향력이 커서 달이 기울 때 머리카락을 자르는 사람은 곧바로 대머리가 될 정도라고 생각한다.[86] 이 까닭에 티베리우스 황제는 날을 받아서 머리카락을 잘랐다고 한다.[87] 천문가들은 주장하길 달이 가려졌거나 나쁜 상태일 때 그대가 머리털과 손톱을 자르면 마음의 우울함을 겪지 않을 것이라 한다. 여기서 옛말을 언급하는 게 알맞아 보이는데, 즉 장소가 움직이는 것에 쓰는 것들은 달이 천칭자리나 게자리에 있을 때 쇠로 된 연장이나 손으로 다루어야 하지만, 고정되어 있고 장소를 바꾸지 않는 것들은 달이 사자자리나 황소자리에 있을 때 가공하거나 다루어야 한다고 했다. 하지만 무릇 전문가들은 달이 기울 때 목재를 베라고 조언하는데, 즉 그때 나무로부터 새어 나와 급격한 쇠퇴를 초래하는 찐득한 수액[88]이 [115] 덜 나온다고 말한다.[89] 그 달 아래 벤 것은 썩지 않는 것이 입증되어 있다. 이런 말이 있다. 즉, 내다 팔 곡식은 보름달에 거두어들여야 하는데 왜냐하면 그때가 물오른 때라 그렇고, 저장할 곡식은 목마른 달에[90] 수확하라고 사람들은 말한다. 달이 기울 때는 마련한 나뭇잎들이 썩지 않는다고 사람들의 의견이 일치한다.[91] 콜루멜라는, 기우는 달의 20일에서 30일까지가 벌목에 알맞다고 여긴다.[92] 베게티우스는 새 달의 15일에서 22일까지의 시기에 나무를 벨 것을 선호했다.[93] 또

86 바로, 『농사3서』, I, 37, 2.

87 플리니우스, 『자연사』, XVI, 194.

88 pituitas.

89 콜루멜라, 『농업』, XI, 2, 11.

90 luna sitiente; 달이 목마를 때란, 달에 구름이 끼지 않고 밝을 때다.

91 플리니우스, 『자연사』, XV, 66.

92 콜루멜라, 『농업』, XI, 2, 11.

한 영원을 축하하는 의례가 이날에 진행된 까닭이 그날에 벤 것들이 영원히 가기 때문이라고 여긴다. 사람들은 달이 지는 것을 또한 살펴봐야 한다고 덧붙인다. 플리니우스는, 큰개자리 별자리가 가장 높이 떠 있고 달과 결합되는, 신월(新月)[94]이라고 부르는 날이 나무 베기에 가장 좋다고 여긴다. 또한 바로 그날 밤, 달이 땅 밑으로 질 때까지 기다려야 한다고 지시한다.[95] 이 문제의 이유라고 천문가들이 예상하는 것은, 달의 힘에 모든 것들의 기분이 영향을 받는데, 그래서 그 기분이 달 쪽으로 뿌리 끝 조직까지 물러가거나 없어지면 목재의 나머지 부분이 더 순수해진다는 것이다.

이에 더해서, 나무를 곧바로 쓰러뜨리지 않고 나무둥치를 돌려 깎은 뒤에 세워서 말리면 더 믿을 만해진다고 사람들은 여긴다.[96] 또한 전나무[97]는 습기에 대한 저항력이 전혀 없지만 달이 기울 때에 거죽을 벗기면 물에 썩지 않는다고 사람들은 믿는다.[98] 어떤 사람들은, 로부르[99]와 케르쿠스[100], 특히 무거운 목재는 본디 물에 가라앉지만 초봄에 돌려 깎고 잎이 떨어질 때가 지나서 베면 물에 90일이나 떠 있을 수 있다고 보증한다. 또 다른 사람들은 나무를 세워서 심재(心

---

93 베게티우스, 『군사론』, IV, 35.

94 interlunar; 한자로는 삭(朔), 합삭(合朔), 월삭(月朔).

95 플리니우스, 『자연사』, XVI, 190-191.

96 플리니우스, 위의 책, 192; 하지만 특히 비트루비우스, II, 9, 3과 팔라디우스, 『접붙이기에 대하여』, XII, 15, 1을 볼 것.

97 전나무의 장점에 대해서는, 플리니우스, 『자연사』, XVI, 225와 비트루비우스, II, 9, 6을 볼 것.

98 플리니우스, 『자연사』, XVI, 221, 또한 테오프라스토스, 『식물연구』, V, 4, 6.

99 robur; 터키 오크.

100 quaercum; 학명은 케르쿠스 로부르(quercus robur).

材)까지 더 깊이 돌려 깎으라고 당부하는데, 그러면 독이나 해로운 수액이 더 잘 빠져나온다고 한다. 사람들은 이에 덧붙여 말하기를, 대패질하거나 톱질해야 하는 나무는 열매를 맺고 [117] 씨앗이 익기 전까지는 베지 말라고 한다.[101] 일단 자른 나무는, 또한 특히 그것이 열매를 맺는 것이면 거죽을 다 벗겨야 한다고 그들은 환기시키는데, 나무거죽이 남아 있는 동안 거죽 밑으로 쉽게 전염되기 때문이다.[102]

101 플리니우스, 『자연사』, XVI, 189.

102 테오프라스토스, 『식물연구』, V, 5, 1-2.

제5장

벌목한 목재의 보관과 칠에 대해서. 목재의 훼손에 대비한 처방에 대해서. 알맞은 위치에 대해서

베어 낸 목재는 땡볕과 거센 바람이 들지 않는 곳에 보관해야 한다. 특히 저절로 쪼개지는 것들은 그늘에 잘 덮어 두어야 한다. 이 때문에 옛 건축가들은 똥, 특히 소똥을 바르는 것에 유의했다.[103] 테오프라스토스가 논의하곤 하기로는, 빠져나오는 것에 둘러막음으로써 굳은 점액과 많은 증기의 힘이 심재를 따라 천천히 주입되고 뿜어져 나와 목재의 나머지 부분의 밀도가 마르면서 더 균질해지면서 조밀해지기 때문이라고 했다.[104] 마찬가지로 꺽대기를 거꾸로 두면 더 편리하게 마른다고 그들은 판단한다.

그들은 또한 노후함과 썩음을 막기 위해서 다양한 처방을 썼다. 테오프라스토스는 목재를 묻으면 훨씬 단단해진다고 판단한다.[105] 카토는 베어 낸 목재에 벌레가 끼고 썩는 것을 막기 위해 기름을 바르라고 당부한다.[106] 담수와 해수에 상하는 목재가 역청에 의해 보호되

103 플리니우스, 『자연사』, XVI, 222.

104 테오프라스토스, 『식물연구』, V, 5, 6.

105 같은 책, V, 7, 4.

106 카토는 기름 찌꺼기의 여러 가지 쓰임새를 열거했지만 이 대목에서 말하는 용도는

는 것은 분명하다. 기름 찌꺼기에 담근 목재는 불쾌한 연기 없이 탄다고 사람들은 또한 말한다.[107] 기름에 삶은 이집트 가시나무[108]로 만든 보들을 이집트의 미로에 썼다고 플리니우스는 쓴다.[109] 테오프라스토스는 끈끈이[110]를 바른 목재는 타지 않는다고 말한다.[111] 내가 잊을 수 없는 이야기로, 겔리우스가 퀸투스 클라디우스의 연보로부터 발췌한 피라에우스 근처의 목탑에 관한 이야기가 있는데, 미트리다테스[112]의 장수인 아르켈라우스[113]가 거기에 명반(明礬)[114]을 잔뜩 덧칠해서 술라의 공격에도 별로 타지 않았다고 한다.[115]

이 밖에도 그것들을 단단하게 하고 비바람의 침해에 견디도록 보강하는 다양한 방법들이 있다. 사람들은 밀감나무[116]를 땅에 묻고 밀랍을 입히고 이레 동안 곡식으로 덮어 두되, 각각의 처방을 동일 간격으로 적용한다. 이렇게 하면 더 강해지고 작업에도 [119] 더 편하게 되는데, 놀랍도록 무게가 줄기 때문이다. 똑같은 것을 곧바로 바닷물에 양생하면 단단해지고 치밀해져서 썩지 않는다고 사람들은 주장

말한 적이 없었다. 카토의 『농업에 대하여』, 130.111f를 볼 것.(플리니우스, 『자연사』, XV, 33-34를 볼 것.) 알베르티는 카토의 말과 플리니우스의 말을 혼동한 듯하다; 플리니우스 『자연사』, XVI, 197.

107 플리니우스, 『자연사』, XV, 34.

108 spina.

109 플리니우스, 『자연사』, XXXVI, 89, 또한 테오프라스토스, 『식물연구』, V, 4.

110 viscum.

111 테오프라스토스, 『식물연구』, V, 15, 4.

112 Mitridates.

113 archelaus.

114 lumen.

115 겔리우스, 『아티카의 밤』, XV, 1, 4.

116 citrea; 밀감나무에 대해서는 플리니우스, 『자연사』, XV, 100을 볼 것.

한다.[117] 밤나무[118]가 바닷물에 순화된다는 데 그들의 의견이 일치한다. 사람들이 이집트 무화과나무를 고인 물에 담가 말려서 가볍게 한다고 플리니우스는 쓰는데, 그렇게 하기 전에는 물에 가라앉기 때문이다.[119] 우리는 우리들의 목수들이 30일 동안 목재를, 특히 선반(旋盤)[120]에 쓸 것을 물에 담그고 진흙에 묻어 두는 것을 아는데, 이는 이렇게 하면 숙성이 빨라지고 각종 쓰임새에 더 용이해지기 때문이라고 사람들이 여기기 때문이다.

어떤 사람들은 목재의 종류가 무엇이든지, 아직 생나무일 때 축축한 땅에 묻으면 영원히 간다고 확신한다. 하지만 그것을 땅에 묻든지 칠을 하든지 어떤 곳에 두든지 간에, 세 달이 지나기 전에는 손을 대어서는 안 된다는 데에 무릇 숙련된 사람들의 의견이 같다. 왜냐하면 작업에 쓰기 전에 더 치밀해져야 하고 또한 숙성된 것 같은 강도가 배어들어야 하기 때문이다. 카토는 이렇게 한 것을 보름달이 지나고 달이 기울 때에 밖에 꺼내어서 해를 쬐되, 보름달 뒤 첫 나흘 간은 피하라고 시키고, 또한 남풍[121] 불 때는 꺼내 놓지 말라고 충고한다. 또한 꺼냈을 때는 이슬 위에 끌지 말아야 하고, 이슬이나 서리가 끼었을 때나 완전히 마르지 않았을 때까지는 대패질이나 톱질을 해서는 안 된다.[122]

---

117 플리니우스, 『자연사』, XIII, 99.

118 castanea; 참나무목(Fagales) 참나무과(Fagaceae).

119 같은 책, XIII, 57.

120 tornus.

121 Auster.

122 위의 책, XVI, 192-194에서 카토, 『농업에 대하여』, 31, 2를 인용했다.

제6장

건축작업에 어떤 목재가 좋은지에 대해서. 그것들의 본성, 쓰임새, 활용성, 또한 건축의 어떤 부분에 가장 알맞은지에 대해서

테오프라스토스는 목재를 3년 미만으로 숙성시켜서는 특히 목판과 문짝으로 쓰기에는 충분하지 못하다고 여긴 듯하다.[123] 사람들은 다음의 나무들이 건축물을 짓는 데 가장 편의성이 크다고 여긴다. 즉, 터키 오크, 참나무, 로부르, 칠엽수, 사시나무, 피나무, 버드나무, 오리나무, 물푸레나무, 소나무, 실측백나무, 야생올리브, 올리브, 밤나무, 잎갈나무, 황양(黃楊), 개잎갈나무며, 또한 마찬가지로 흑단과 포도나무도 빼 놓으면 안 된다.[124] 하지만 무릇 이것들의 본성은 다양하고 그만큼 다양한 용도에 알맞다. 즉, 어떤 것들은 하늘 아래 노출되었을 때 두드러지고, [121] 어떤 것들은 그늘에서 알맞다. 어떤 것들은 공기 중에 밝게 빛나고, 어떤 것들은 물속에서 더 단단해지고, 또 다른

123 테오프라스토스, 『식물연구』, V, 3, 5.

124 터키 오크(cerrus), 참나무(quercus), 로부르(robur), 칠엽수(esculus), 사시나무(populus), 피나무(tilius), 버드나무(salix), 오리나무(alnus), 물푸레나무(fraxinus), 소나무(pinus), 피나무(cupressus), 야생올리브(oleastrum), 올리브(olea), 밤나무(castanea), 실측백나무(larix), 황양(euxum), 개잎갈나무(cedrus), 흑단(ebanum), 포도나무(vitis).

것들은 묻혔을 때 오래간다.[125] 이 까닭에 어떤 것은 박판, 널판, 조각상, 내장용의 작업에, 어떤 것은 장선과 보에, 또 어떤 것은 하늘 밑에 드러난 포장이나 지붕을 만드는 데에 더 튼튼한 것으로 보여진다.

특히 오리나무는 강과 습지에 기초말뚝으로 쓰기에는 무릇 다른 것들을 뛰어넘고 습기에 아주 강하다.[126] 하지만, 공기와 해에 노출되면 오래가지 못한다. 반대로 칠엽수[127]는 습기에 견디지 못한다. 느릅나무는 공기에 노출시키면 단단해지지만, 다른 데서는 갈라지고 오래가지 못한다. 가문비나무[128]와 소나무는 땅에 묻으면 오래간다. 로부르[129]는 단단하고 거세고, 치밀해서 구멍도 아주 작으므로 습기를 빨아들이지 않아서 지하작업에 아주 알맞다.[130] 하중을 받게 두는 것이 아주 좋을 것이다. 또한 기둥으로 쓰면 아주 튼튼할 것이다. 참으로 이것은 본성상 물에 적시지만 않으면 구멍도 낼 수 없을 정도의 강도를 가지지만, 그럼에도 불구하고 땅 위에서는 변하고, 벌어지고, 휘고, 바닷물에도 쉽게 상한다고 사람들은 확신한다.[131] 올리브, 상수리나무[132], 보리수나무는, 다른 점에서는 로부르와 아주 비슷하지만,

---

125 플리니우스, XVI, 218.

126 같은 책, XVI, 219; 비트루비우스, 『건축십서』, II, 9, 10; 또한 팔라디우스, 『접붙이기에 대하여』, XII, 15, 2.

127 aesculus; 무환자나무목(Sapindales) 무환자나무과(Sapindaceae)의 한 속.

128 picea.

129 robur.

130 비트루비우스, 『건축십서』, II, 9, 8.

131 테오프라스토스, 『식물연구』, V, 4, 3, 또한 플리니우스, XVI, 218.

132 ilex; quercus ilex 즉 유럽산 상수리나무를 가리킨다. 감탕나무목(Aquifoliales) 감탕나무과(Aquifoliaceae)의 한 속인 감탕나무로 보아서는 안 된다.

물에 적셔도 이런 일이 없다. 참나무[133]는 노후해지지 않는데, 맨 안쪽에 수액이 있어서 그것이 거의 항상 푸르기 때문이다. 마찬가지로 너도밤나무[134]와 호두나무는 물에 항상 상하지 않고 땅에 묻히는 것들 중에서 최고에 속하는 것으로 사람들은 꼽는다. 마찬가지로 코르크나무[135]는 기둥으로 쓰기에 알맞지 않고, 야생 소나무, 뽕나무, 단풍나무, 느릅나무도 마찬가지다.

테오프라스토스는 에우보에아[136]가 들보와 장선에[137] 알맞다고 여기는데, 왜냐하면 그 나무는 깨지기 시작할 때 소리로써 표시를 내기 때문이다. 이런 사실로 인해 안드로스[138]에 있던 욕장에서 그 지붕이 무너졌을 때 모두가 안전하게 대피할 수 있었다.[139] 하지만 무릇 나무들 중에서는 전나무가 으뜸인데,[140] 왜냐하면 그것은 키와 지름이 크면서도 자연적인 강건함을 품고 있어서 작업의 하중에 쉽게 휘지 않고, 그 대신 곧고 꺾이지 않고 버티기 때문이다. 게다가 작업하기가 쉽고 가벼워서 벽에 거추장스럽게 하중을 싣지도 않는다. 이 한 나무가 많은 장점들을 지니고 있고 그래서 많은 유용성이 두드러진다고 사람들은 주장한다. 그럼에도 불구하고 그것은 한 가지 [123]

133 quercus; 참나무목(Fagales) 참나무과(Fagaceae)의 한 속.

134 fagus; 참나무목(Fagales) 참나무과(Fagaceae)의 한 속.

135 suber.

136 euboea.

137 trabeationibus et tignis.

138 테오프라스토스의 책에는 안드로스가 아니라 안탄드로스(Antandros)라고 기록되어 있다. 안탄드로스는 과거의 미시아(Mysia), 지금의 안탄드로(Antandro)에 위치한 바닷가 도시였다.

139 테오프라스토스, 『식물연구』, V, 6, 1-2.

140 테오프라스토스, 『식물연구』, V, 6, 2.

부정할 수 없는 단점을 지니고 있으니, 불이 아주 잘 붙어서 화재에 약하다.[141]

실측백나무는 집의 장선을 짜는 목적에서[142] 다른 나무들에 뒤지지 않는데다가[143] 다른 이유들로도 우리 나무들 가운데 가장 평판이 좋다. 실측백나무를 옛사람들은 가장 고상한 나무들 가운데 하나로 쳤고 삼목이나 흑단에 뒤떨어지지 않는다고 쳤다. 실측백나무를 인도에서는 최고의 방향제 중의 하나로 높이 사는데 그럴 만한 이유가 있다. 어떤 사람들은 키오스와 키레네의 아모몬[144]을 높이 사고 테오프라스토스는 그것이 거의 영구하다고 말했지만,[145] 진실로 향, 윤기, 강도, 크기, 곧기, 내구성에서 어떤 나무를 실측백나무에 비교하겠는가? 실측백나무는 썩는 것과 노후하는 것에도 끄떡없고 저절로 균열이 가지도 않는다고 사람들은 주장한다. 확실히 이 까닭에 플라톤은 공공 법령을 실측백나무의 신성한 목판에 새겨 두어야 한다고 판단했는데, 이는 그것이 청동판보다도 더 오래갈 것이라고 여겼기 때문이다.[146] 이 대목에서 실측백나무에 대해 우리가 읽고 본 것들 중 기억할 만한 것을 말해 두는 것이 알맞겠다. 에페소스에 있는 다이아나 신전의 실측백나무 문짝들은 4백 년이 되었는데도 사람들이 늘 새것

---

141 비트루비우스, 『건축십서』, II, 9, 6.

142 contignandis aedibus.

143 테오프라스토스, 『식물연구』, IX, 4, 2; 비트루비우스, I, 2, 8 및 II, 9, 12; 플리니우스, XVI, 225.

144 amoma.

145 테오프라스토스, 『식물연구』, IX, 7, 2와 플리니우스, 『자연사』, XII, 48.

146 플라톤, 『법률』, V, 741c.

같다고 말했을 정도로 광채를 간직했다고 전해진다.[147] 우리는 로마에 있는 성 베드로 바실리카에서 보았기를, 그 문짝이 교황 에우게니우스에 의해 복구되기까지는, 한때 그 문을 덮고 있던 은에 사람 손이 타서 훼손되지 않은 부분이 550년 넘도록 단단하고 아주 온전하게 견뎠음을 봤다. 즉, 로마교황의 연보에 대해 우리가 제대로 해석했다면, 그것을 만든 교황 하드리아누스 3세 때와 교황 에우게니우스 4세까지의 시차가 있다.[148] 그러므로 전나무는 바닥장선을 짜는 데에 인정되고, 실측백나무는 더 오래간다는 이유로 선호되지만, 실측백나무가 전나무보다 더 무겁다.

사람들은 소나무와 가문비나무도 인정한다. 왜냐하면 소나무는 무게에 잘 견딘다는 점에서 실은 전나무와 아주 비슷하다고 사람들이 여기기 때문이다.[149] 하지만 소나무와 전나무 중에서 전나무가 벌레를 덜 먹는데, 이는 소나무가 전나무보다 수액이 더 달기 때문이다.[150]

[125] 나는 잎갈나무[151]가 어디에도 뒤지지 않는다고 생각한다. 그것이 구조의 하중을 튼튼히 오래 받친다는 사실을, 특히 나는 베네치아에 있는 포룸의 건축물들을 보고 마음에 새겨 두었다.[152] 또한 잎

147 플리니우스, 『자연사』, XVI, 215.

148 교황 하드리아누스 3세의 재위기간은 서기 884-885년이었고, 교황 에우게니우스 4세의 재위기간은 서기 1431-1447년이었다. 에우게니우스는 성 베드로 성당의 문을 1439년에 필라레테에게 의뢰했고 1445년에 이 문이 완성되었다.

149 테오프라스토스, 『식물연구』, V, 6, 1과 플리니우스, 『자연사』, XVI, 222를 볼 것.

150 테오프라스토스, 『식물연구』, V, 4, 4.

151 larix; 구과목(Pinales) 소나무과(Pinaceae)의 한 속.

152 베네치아의 산 자코모 디 리알토 교회 주변의 시장을 가리킨다. 알베르티가 칭송

갈나무는 다른 나무들이 보여 주는 모든 유용성들을 보여 준다고 사람들은 단언한다. 즉, 근육질이고 질기고 비바람에 아주 튼튼하고 썩지 않는다. 옛사람들에 견해에 따르면, 이것은 불의 침해에도 견디고 거의 훼손되지 않는다.[153] 게다가 그들은 화재의 위험이 있는 곳에 잎갈나무 목판을 보호용으로 덮으라고 당부한다.[154] 잎갈나무에 불을 붙이면 타기는 하지만 불에 잘 타지 않는다는 것을 우리가 봤다. 한 가지 단점이 있는데, 즉, 바닷물에서 좀조개에 아주 약하다.

로부르와 올리브는 들보를 만드는 데 유용하지 않다고 사람들이 말하는데, 왜냐하면 그것들이 너무 무거워서 무게에 굴복하고 자체의 무게에 저절로 휘기 때문이다.[155] 또한 그것들이 균열만 가는 것이 아니라 부서지기 십상이면 들보로 쓰는 데에 유용하지 않은데, 올리브, 무화과, 야생올리브, 버드나무 따위가 그렇다. 종려나무가 놀랍다고들 하는데 이 나무는 앞에서 말한 나무들과 달리 하중에 견디고 반대방향으로도 휜다.[156] 하늘에 드러나는 들보 부재로는 모든 것들 가운데서 노간주나무[157]를 사람들이 가장 선호하는데, 이것들이 본성상 삼나무와 비슷하되 더 튼튼하다고 플리니우스는 말한다.[158] 올리브가

했음에도 불구하고, 1514년의 화재로 그 건축물들이 소실되었다. 1517년의 재건사업에서 프라 조콘도는 이 포룸을 그리스 포룸이라고 이름 붙였다.

153 플리니우스, 『자연사』, XVI, 45.

154 비트루비우스, 『건축십서』, II, 9, 16.

155 플리니우스, 『자연사』, XVI, 222.

156 테오프라스토스, 『식물연구』, V, 6, 1; 플리니우스, 『자연사』, XVI, 223; 겔리우스, 『아티카의 밤』, III, 6; 크세노폰, 『키로파이디아』, VII, 5, 11.

157 iuniper; 구과목(Pinales) 측백나무과(Cupressaceae)의 한 속.

158 플리니우스, 『자연사』, XVI, 198.

영원한 생명을 지니고 있다고 사람들은 말하고, 황양(黃楊)[159]이 으뜸가는 나무에 속한다고들 친다.[160] 밤나무는 늘어나고 뒤틀리기 쉽지만 하늘 아래 노출시켜야 할 작업에 나쁘지 않다.

또한 사람들은 야생올리브[161]를 특히 인정하는데, 실측백나무와 같은 까닭으로서, 즉 썩지 않기 때문이다. 또한 이에 해당하는 나무들은 모두 끈적끈적하고 고무질인 수액이 배어 있는데, 그것은 각별히 쓰다. 왜냐하면 이것들은 벌레가 들어오는 것을 막고 또한 습기가 드는 것을 여지없이 막아 주기 때문이다. 이와 반대되는 것들은 무릇 수액이 달콤하고 불붙기 쉬운 목재들이라고 사람들은 생각한다. 그렇지만 여기서 올리브와 보리수는 예외다.

[127] 터키 오크와 너도밤나무[162]는 본성상 기후에 대한 저항이 떨어지고 오래 살지 못한다고 비트루비우스는 단언한다.[163] 마찬가지로 참나무[164]도 빨리 노후한다고 플리니우스는 말한다. 요컨대, 문짝, 침대, 탁자, 의자 따위의 내부수장 작업[165]에는 전나무[166]가 탁월한데, 특히 이탈리아 알프스의 산에서 자라는 것들이 그렇다.[167] 왜냐하

159 buxus; 회양목목(Buxales) 회양목과(Buxaceae)의 한 속.

160 테오프라스토스, 『식물연구』, V, 4, 2 및 5; 플리니우스, 『자연사』, XVI, 212, 221, 230, 231.

161 oleastus; 꿀풀목(Lamiales) 물푸레나무과(Oleaceae)의 한 속.

162 fagus; 참나무목(Fagales) 참나무과(Fagaceae)의 한 속.

163 테오프라스토스, 『식물연구』, III, 8, 5; 비트루비우스, 『건축십서』, II, 9, 9.

164 quercus.

165 intestina opera; 내부수장작업(opera intestina)의 개념에 대해서는 비트루비우스, 『건축십서』, II, 9, 2를 볼 것.

166 abies; 구과목(Pinales) 소나무과(Pinaceae).

167 비트루비우스, 『건축십서』, II, 9, 7; 플리니우스, 『자연사』, XVI, 197.

면 이 나무들은 본디 아주 메마르고, 접착제에 아주 잘 붙기 때문이다. 가문비나무[168]와 실측백나무도 이에 아주 알맞다. 너도밤나무는 다른 데 쓰기에는 너무 무르지만 옷장과 침대에 유용하고[169] 아주 얇게 켤 수 있다고 사람들은 말한다. 상수리나무[170]는 자르기 아주 좋다고들 한다.[171] 하지만 호두나무[172]는 너무 쉽게 펴지므로 널판으로 켜기에 유용하지 않은데, 느릅나무[173]와 물푸레나무[174]도 그렇다. 왜냐하면 이것들이 질기기는 해도 잘 펴지기 때문이다. 사실 모든 작업에 가장 고분고분한 것이 물푸레나무라고 사람들은 확신한다.[175] 하지만 나는 옛사람들의 가르침에서 견과수들이 너무 저평가된 것에 놀라는데, 흔히 볼 수 있듯이 견과수는 여러 가지 쓰임새에 특히 널판 작업에 알맞고 다루기도 아주 쉽기 때문이다.

뽕나무[176]는 오래가는 점과 수령이 오래될수록 점차 짙어지고 더 매력적이라는 점에서 칭송받는다.[177] 테오프라스토스는 부자들이 문짝을 망우수(忘憂樹)[178], 상수리나무, 황양(黃楊)으로 만드는 관습이 있었음을 떠올려 준다.[179] 느릅나무는 아주 딱딱하며 그래서 문의 경

168 picea.
169 테오프라스토스, 『식물연구』, III, 10, 1; 플리니우스, 『자연사』, XVI, 229.
170 ilex.
171 플리니우스, 『자연사』, XVI, 228.
172 iuglans; 참나무목(Fagales) 호두나무과(Juglandaceae)의 한 속.
173 ulmus.
174 fraxinus.
175 플리니우스, 같은 곳.
176 morus; 장미목(Rosales) 뽕나무과(Moraceae)의 한 속.
177 테오프라스토스, 『식물연구』, V, 4, 2.
178 lotos(망우수).

첩에 유용하다고 사람들은 판단한다. 하지만 뿌리가 위로 가고 꼭대기가 아래로 가도록 뒤바꾸어야 한다고 사람들은 당부한다.[180] 카토는 호랑가시나무[181], 월계수[182], 느릅나무로는 쐐기를 만들기를 당부한다. 꽃층층나무[183]로 못을 만드는 것을 사람들은 인정한다.[184] 계단의 단으로는 산물푸레나무[185]와 단풍나무를 사람들은 인정한다. 소나무, 가문비나무, 느릅나무는 수도관을 만들기 위해 속을 파내는데, 하지만 땅속에 묻지 않으면 곧 노후화된다.[186]

집의 장식으로, 색깔이 꿀과 비슷한 잎갈나무 암그루가 오래가고 균일이 가지 않아 그림판[187]에 쓰는 것을 사람들은 확인해 주었다.[188] 게다가 그들은 종려나무[189]로써, 그 결이 길이방향보다는 옆으로 나 있기 때문에, 신의 조각상들을 만드는 데 썼다. 또한 사람들은 이 목적으로 망우수, 황양, 개잎갈나무, 마찬가지로 실측백나무와[129] 또한 더 큰 올리브 뿌리, 망우수와 비슷하다는 이집트 배나무도 썼다. 선반을 맵시 있게 하는 것이 필요할 경우, 그들은 자작나무, 뽕나무, 테레빈[190]나무를 썼고, 또한 특히 황양은 가장 치밀하고도 선반가공

179 같은 책, V, 5, 6.

180 같은 책, V, 3, 3; 플리니우스, 『자연사』, XVI, 210.

181 aquifolius.

182 laureus.

183 cornus; 층층나무목(Cornales) 층층나무과(Cornaceae)의 한 속.

184 카토, 『농업에 대하여』, 31, 1.

185 ornus.

186 테오프라스토스, 『식물연구』, III, 9, 3-7; 특히, 플리니우스, 『자연사』, XVI, 224.

187 tabella.

188 플리니우스, 같은 책, XVI, 187.

189 palma.

에 가장 알맞기 때문에 썼고, 또한 흑단은 아주 섬세한 부품들에 썼다.

사람들은 조각과 그림판에 희고 또한 마찬가지로 검은 사시나무[191]를, 또한 버드나무, 서나무, 마가목, 양딱총나무, 무화과나무를[192] 꺼리지 않았다. 이 나무들은 메마르고 균질해서 수지와 예술가의 칠을 받아들이고 보존하는 데 유용할 뿐 아니라 형태를 표현하기 위해 작업하기가 매우 쉽다. 하지만 이 모든 것들 중에서 가장 부드러운 것으로서 피나무[193]가 두드러진다는 것이 자명하다.[194] 어떤 사람들은 조각상을 만드는 데 대추나무[195]를 더 높이 친다.

이와 반대인 것은 로부르로서, 이것은 결코 자기들끼리도 또한 다른 목재들과도 결합되지 않고 모든 풀을 싫어한다.[196] 똑같은 단점으로서, 온갖 종류의 수지를 배척하는 것이, 결이 끊어져 있고 말려 있는[197] 모든 것들의 단점이라고 사람들은 말한다.[198] 무르고 치밀한 목재는 마찬가지로 풀과 잘 붙지 않는다. 마찬가지로, 그것들은 본성상 다양해서, 담쟁이, 월계수, 보리수 같은 난대성의 것들은, 습한 곳에서 자라고 본성상 차가운 것들과 한데 오래 붙어 있지 못한다.[199]

---

190 terebintus; 무환자나무목(Sapindales) 옻나무과(Anacardiaceae).

191 populus; 말피기목(Malpighiales) 버드나무과(Salicaceae).

192 버드나무(salix), 서나무(carpinus), 마가목(sorbus), 양딱총나무(sambucus), 무화과나무(ficus).

193 tilia; 아욱목(Malvales) 피나무과(Tiliaceae).

194 위의 책, XVI, 207.

195 iuiuba.

196 나무의 접착에 대해서는, 테오프라스토스, 『식물연구』, V, 7, 2, 및 플리니우스, 『자연사』, XVI, 226을 볼 것.

197 lactumosis et crispis.

198 플리니우스, 같은 곳.

느릅나무, 서양물푸레나무, 뽕나무, 벚나무는 건조한 것들이라 본성상 촉촉한 버즘나무나 딱총나무와 맞지 않는다. 한층 더, 우리 선조들은 본성상 서로 맞지 않고 반대되는 것들을 풀로 붙이는 것을 꺼렸고, 결합시키는 것은 물론이거니와 접촉시키는 것도 막았다. 그래서 비트루비우스가 칠엽수 널판을 참나무 널판에 갖다 붙이지 말라고 조언하는 것이다.[200]

---

199 "고대 식물학에서는 난대성 나무를 '토성(土性)'(즉, 아주 내구성 있는 것), 한대성 나무를 '수성(水性)'(즉, 목질이 부드럽고 물렁한 것)을 가졌다고 말했다. Suzanne Amigues in *Théophraste. Recherches sur les plantes* [= *Hist. plant.*] Paris, Les Belles Lettres, t. I, 1988 (1권 83쪽 각주 9번)과 t. III, 1993 (5권 68-69쪽 각주 8번)을 볼 것." (Caye et Choay, 115쪽 각주 111번)

200 비트루비우스, 『건축십서』, VII, 1, 2.

제7장

목재에 대해서 새롭게 종합해서

지금까지 말한 것을 모두 요약하면, 열매 맺지 않는 나무들이 열매 맺는 것들보다 더 튼튼하다는 점,[201] [131] 또한 손과 쇠 연장을 써서 재배하지 않은 야생나무들이 재배한 것들보다 더 단단하다는 데[202] 무릇 작가들의 의견이 같다. 즉, 테오프라스토스는 야생 나무가 치명적 질병에 걸리지 않는다고 말한다. 반면 재배한 것들, 특히 열매들을 맺는 것들은 가장 심한 질병들에 시달린다고 사람들은 말한다.[203] 또한 열매 맺는 것들 가운데에서는 일찍 열매 맺는 것들이 나중에 맺는 것들보다, 또한 열매가 단 것들이 신 것들보다 더 약하다고 평판이 나 있다. 또한 맛이 시고 쓴 것들 가운데서는 맛이 더 강하고 열매를 덜 맺는 것들이 훨씬 더 단단하다고 사람들은 여긴다. 해를 걸러 열매 맺는 것들과 전혀 열매 맺지 않는 것들이 열매를 잘 맺는 것들보다 마디가 더 많다. 또한 키가 더 작은 종일수록 다루기가 더 어렵다. 또한

201 플리니우스, 『자연사』, XVI, 211.

202 테오프라스토스, 『식물연구』, V, 3, 7.

203 같은 책, III, 2, 1-2.

열매를 잘 맺지 않는 것들이 열매를 잘 맺는 것들보다 더 잘 자란다.

사람들은 덧붙이기를, 산이나 숲으로 보호되지 않은 노출된 곳에서 거센 바람과 비바람이 몰아치는 것을 받는 것들이 더 강하고 땅딸막하되, 그것들은 골짜기에서 또한 바람으로부터 보호된 곳에서 자라는 것들보다 키가 더 작고 마디가 많다고 한다.[204] 또한 습하고 그늘진 곳에서 일어난 나무들이 해가 들고 메마른 곳에서 자란 것들보다 더 무르다고 여겨지고, 또한 북풍을 향한 곳에서 생겨난 것들이 북풍으로부터 떨어져 남풍을 향해 있는 것들보다 더 알맞다고 여겨진다.[205] 그 본성과 다른 곳에서 생겨난 것들은 버리는 수밖에 없다. 정남쪽을 보고 자라는 것들은 매우 단단할 것이지만, 심재[206]가 뒤틀려 있을 것이고 작업에 쓰기에 균질하지 않을 것이다.[207] 게다가 본성상 메마르고 느리게 자라는 것들이 무르고 열매 많은 것보다 더 단단하다. 본성상 앞의 것은 여성적이고, 뒤의 것은 남성적이라고 바로는 여겼고,[208] 또한 흰색의 목재가 색이 있는 것보다 덜 치밀하고 더 다루기 쉽다고 여겼다. 또한 무릇 무거운 목재가 가벼운 것보다 더 치밀하고 단단하고, 더 가벼울수록 더 무르고, 마디가 더 많을수록 더 치밀하다. 자연적으로 아주 오래 사는 것은 벌목된 뒤에도 자연적으로 아주 느리게 썩는다. 목재는 심재가 적을수록 본성상 더 튼튼하고 더 단단하다. 심재에 가까운 부분들이 정녕 다른 부분들보다 더 단단

---

204 세네카, 『신의 섭리에 대하여』, IV, 16.

205 플리니우스, 『자연사』, XVI, 196.

206 medula.

207 테오프라스토스, 『식물연구』, V, 1, 12.

208 바로, 『농사3서』, I, 41, 4.

하고 치밀하다. 하지만 거죽에 가까운 부분들은 조직이 더 질기다. 왜냐하면 나무에서 맨 바깥 거죽은 동물에서 가죽[209]에 해당하고, 껍질 밑에 있는 것은 살에 해당하고, [133] 심재 주변의 것은 뼈에 해당하기 때문이다. 아리스토텔레스는 식물의 마디가 동물의 힘줄과 비슷하다고 여겼다.[210]

사람들은 목재에서 가장 나쁜 부분이 변재(邊材)[211]라고 여기는데, 이는 어떤 까닭보다도 벌레 먹기 쉽기 때문이다. 이에 더해서, 나무가 서 있는 동안 한낮의 해를 마주한 목재의 부분들이 나머지 부분들보다 비록 더 조밀하기는 해도 더 건조하고 더 야위고 더 무를 것이다. 이는 그쪽 부분의 심재가 거죽에 더 가까울 것이기 때문이다. 또한 땅과 뿌리에 인접한 부분들이 다른 부분들보다 더 무거울 것인데, 물에 어렵게 뜨는 것이 그 징표다. 또한 각 나무의 중간부분이 더 결이 져 있고, 어떤 본성상 뿌리로 갈수록 나무결이 굴곡이 더 심할 것이다. 그럼에도 불구하고 속이 겉보다 더 균질하고 편의성이 더 크다고 사람들은 판단한다.

어떤 나무들에 대해서는 가장 훌륭한 작가들이 놀라운 주장들을 내놓고 있음을 나는 안다. 즉, 포도나무가 수백 년을 간다고 그들은 주장한다. 포도나무로 만든 수백 년 된 유피테르 상이 카이사르 시대

---

209 cutis.

210 아리스토텔레스, 『식물에 대하여』, I, 3 및 I, 9, 1; 특히 플리니우스, 『자연사』, XVI, 181. "알베르티의 구조적, 유기적인 이중적 접근은 그로 하여금 동물계, 식물계, 광물계의 기본적 상응을 서정하게 한다. 재료의 유기적 개념에 대해서는 이 책 2권 9장을 볼 것."(Caye et Choay, 117쪽, 각주 121번)

211 alburnum.

에 포풀로니아[212]라는 도시에서 아주 많은 세대를 거쳐 훼손되지 않고 발견되었다.[213] 그래서 자연에서 더 오래가는 목재는 없다고 사람들은 확신한다. 인디아의 지역인 아리아나[214]에는 그 둥치를 두 사람이 겨우 껴안을 수 있을 만치 굵은 포도나무들이 있다고 스트라본은 말한다.[215] 우티카[216]에서는 삼나무로 만든 지붕이 1,278년 동안 서 있었다고 전해진다.[217] 히스파니아에서는 다이아나 신전의 보들이 노간주나무로 만들어져 트로이 붕괴 전에 한니발의 시대까지[218] 2백 년을 갔다고 사람들은 증언한다.[219] 또한 삼나무는 그 본성상 경이로우니, 사람들이 말하듯이, 못이 박히지 않는 유일한 나무라면 말이다.[220] 가르다 호수 옆에[221] 있는 산지에 전나무 한 종이 자라는데, 그것으로써 술통을 만든다면 먼저 기름을 발라 두지 않으면 포도주를 담을 수 없다고 한다. 여기까지가 나무에 대해서다.

---

212 Populonia.

213 플리니우스, 『자연사』, XIV, 9. 포풀로니아는 토스카나 해안에 피옴비노(Piombino) 근처에 위치해 있었다.

214 Arriana.

215 스트라본, 『지리학』, II, 1, 14. 스트라본은 그것이 아리아나가 아닌 마르기아(Μαργιανή)에 있었다고 썼다.

216 Utica.

217 플리니우스, 『자연사』, XVI, 216.

218 ante excidium Troiae usque ad Hanibalem.

219 같은 곳.

220 위의 책, XVI, 207.

221 ad Benacum.

제8장

일반적으로 석재에 대해서. 언제 채석해서 언제 작업하는지, 어떤 것이 더 무르고 더 단단하고 더 좋고 더 오래가는지에 대해서

[135] 벽을 만들 돌도 또한 준비해야 한다. 그것은 두 가지이다. 즉, 하나는 석재들의[222] 조합과 연결에[223], 다른 하나는 구조에 알맞은 것이다. 뒤의 것, 즉 구조에 쓰는 것을 먼저 말하겠다.[224] 하지만 간명함을 위해서, 또한 잘 알려져 있기도 하니 많이 줄이겠다.

나는 여기서 돌의 기본구성과 기원에 대한 자연학자들의 논의를 다루지는 않겠다. 즉, 물과 흙의 점성 혼합물로부터 나와 그것들이 우선 진흙이 되었다가 이후 돌로 굳어지는지를 말이다. 또한 이 응축물이 이루어지게 되는 것이 추위 때문인지, 아니면 사람들이 보석들에 대해 말하듯이 열기와 태양의 방사 때문인지를 말이다.[225] 아니면 다른 것들처럼, 돌도 똑같이 자연에 의해 땅에 심겨진 씨앗으로부터 나

222 cementis.

223 alius, qui cementis coaptandis devinciendisque; 시멘트를 섞어서 골조로 쓰는 용도를 가리킨다.

224 비트루비우스, 『건축십서』, II, 7, 1.

225 아리스토텔레스, 『기상학』, IV, 5, 38.

오는 것들인지를 말이다.[226] 돌의 색이 흙 입자들의 물의 혼합에 의해서인지, 아니면 씨앗 자체의 고유한 힘에 의해서인지, 아니면 태양광의 효과에 의해서 생겼는지에 대해서도 말이다. 무릇 이 내용들이 어쩌면 우리의 주제를 꾸며 줄 수 있다 하더라도 나는 그것들을 건너뛰겠고, 가장 엄격한 철학자들[227]이 아마도 요청하는 것보다는 경험과 기술에 있어서 뛰어난 장인들이 건축[228]에 대해서 이야기하듯이 더 자유롭고 편안하게 말하겠다.

"돌을 여름에 캐서 바깥에 두고 두 해가 되기까지 작업에 쓰지 마라"고 카토는 말한다.[229] "여름에"라는 것은, 바람, 서리, 비, 그 밖의 세월에 낯설게 노출되는 것에 돌을 차츰 적응시키기 위해서다. 사실, 채석장에서 갓 캐어 내어 태생의 축축한 습기를 품은 돌이 거센 바람과 급격한 서리에 갑자기 노출되면 갈라지고 부서진다. "바깥에"라는 것은 각각의 돌이 영구한 시간과 맞서는 훗날의 싸움에 전주곡처럼 겨루기에 앞서서 먼저, 거스르는 것들에 맞서는 튼튼함과 불변함을 검증하기 위해서다. "두 해가 되기 전까지" 사용하지 말라는 것은, 본성상 약한 돌들이라서 작업에 결함을 낳을 돌들을 그대가 분간해 내어서 [137] 더 단단한 돌들로부터 구분시킬 수 있게 하기 위해서다.

왜냐하면 어떤 종류이든지 돌들은 서로 간에 다양성이 뚜렷이 발

226 루크레티우스, 『사물의 본성에 대하여』, V, 455-457.

227 광물학에 대해 쓴 아리스토텔레스, 테오프라스토스, 아비시나, 알베르투스 마그누스 등을 가리킨다.

228 aedificatoria.

229 카토가 아니라 비트루비우스(『건축십서』, II, 7, 5)와 플리니우스(『자연사』, XXXVI, 170)의 말이다.

견되기 때문인데,[230] 즉, 어떤 것들은 공기에 드러났을 때 단단하고, 어떤 것들은 서리에 덮였을 때 색이 바래고 깨진다. 진정 장소의 다양함과 본성에 따라 이것들이 어떤 종류의 것들인가는 쓰임새와 경험으로부터 가장 잘 드러나니, 이는 철학자들의 글과 회고록으로부터보다는 오래된 건축물들로부터 각 돌의 힘과 특질을 충분히 말할 수 있을 정도이다. 어쨌든 돌의 온갖 종류에 대해서 요약하면, 다음과 같이 정리해도 좋을 것이다.

흰색 돌이 어두운 색 돌보다 다루기 더 쉽다. 투명한 돌이 불투명한 돌보다 더 무르다. 모래에 더 닮아 있을수록 그 돌은 다루기가 더 어려울 것이다. 반짝이는 모래가 흩뿌려져 있으면 돌이 우둘투둘하고, 금가루가 나 있으면 끄떡없다. 검정자국이 이를테면 얼룩덜룩하면 그 돌은 다룰 수 없다. 모난 반점이 흩어져 있는 돌은 둥근 반점이 있는 돌보다 더 단단할 것이다. 또한 반점들이 작을수록 그 돌은 무게를 더 잘 견딜 것이다. 또한 그 색이 순수하고 맑을수록 그 돌은 더 오래갈 것이다. 또한 돌에 결이 적다면 그 돌은 더 온전할 것이다. 또한 결의 색이 돌의 색에 일치할수록, 그 돌은 더 균질할 것이다. 결이 더 가늘수록 돌이 더 제멋대로일 것이다. 그것이 비틀려 있고 구불구불할수록 더 까다로울 것이다. 마디가 더 많을수록 그 돌은 더 거칠 것이다. 가장 쪼개지기 쉬운 결은 그 중간에 있는 붉은색 또는 부식된 황토색의 줄이 지나는 것이다. 바로 그다음은 옅고 색 바랜 풀 색

230 "나무에 대해서처럼, 돌의 특성을 결정하는 데에 자연과학적 구분은 충분하지 않다. 그는 여기서 땅과 기후조건을 고려하는데, 그 까닭은 돌에 대한 인식이 엄격한 철학자들이 주장하는 과학보다는 자연의 역사에 더 의존하기 때문이다."(Caye et Choay, 119쪽, 각주 132번)

깔이 곳곳에 있는 결들일 것이다. 모든 것들 가운데 가장 곤혹스러운 것은 얼음의 푸르스름함을 닮은 것들이다. 많은 결들이 있다는 것은 그것이 쪼개지기 쉽고 항상성이 없음을 가리킨다. 또한 결들이 곧을수록 덜 믿을 만하다.

돌은, 쪼개진 모서리가 깔끔하고 날카로울수록 더 치밀할 것이다. 또한 돌이 깨어 부수어지고 나서 그 표면이 거칠지 않은 것이 거친 것보다 다루기 더 쉬울 것이다. 하지만 표면이 거친 돌들은 [139] 더 휠수록 덜 고분고분할 것이다. 또한 반대로 짙은 돌들은 무엇이든지 그 결이 더 고울수록 쇠로 자르는 데 더 잘 저항할 것이다. 품질이 떨어지는 돌들은 구멍이 더 클수록 더 단단할 것이다. 또한 물에 축여지고 나서 더디게 마르는 돌이 더 거칠 것이다. 무거운 돌들이 가벼운 돌들보다 더 단단하고 윤을 내기가 더 쉬울 것이다. 또한 가벼운 돌들이 무거운 돌들것보다 더 잘 부서질 것이다. 또한 때렸을 때 소리 나는 돌들이 그렇지 않은 것보다 더 치밀하다. 또한 문질렀을 때 유황 냄새가 나는 돌들이 그런 냄새를 내지 않는 돌들보다 더 단단하다. 마지막으로, 끌로 다룰 때 더 저항하는 돌이, 기후의 공격에 더 단단하고 한결같을 것이다.

채석장 어귀에 악천후에 시달리면서 큰 덩어리로 가만히 놓여 있는 돌들이 아주 튼튼하기로 유명하다. 마찬가지로 무릇 돌은 채석장에서 갓 가지고 왔을 때가 하늘 아래 노출되어 있을 때보다 더 무르다. 또한 습기가 머금어져 배어 있는 돌이 말라 있는 것보다 쇠로 다루기가 더 수월하다. 돌을 캐어 온 채석장이 더 습할수록, 돌이 마르면 더 치밀해질 것이다. 또한 남풍이 불 때가 북풍이 불 때보다 돌 다듬기가 더 쉽고, 북풍이 불 때가 남풍이 불 때보다 돌 자르기가 더 쉽

다고 사람들은 믿는다.[231]

돌들이 세월을 지나면서 어떻게 되는지에 대해 간단히 시험해 볼 수 있다면, 다음의 표시들이 펼쳐질 것이다. 즉, 물에 적셨을 때 무게가 많이 느는 돌은 습기에 부스러진다. 불과 화염에 변하는 돌은 태양의 열기에 못 견딜 것이다.

여기서 이 대목에서 나는 옛사람들이 어떤 돌들에 대해 전해 준 몇 가지 기억할 만한 것들을 간과해서는 안 된다고 믿는다.

231 다듬기와 나누기는 별개의 작업으로서, 서로 다른 도구와 기술을 쓴다.

제9장

돌에 대해 옛사람들이 남겨 준 기억할 만한 것들에 대해서

돌들을 각각에 가장 알맞은 방식으로 쓰기 위해서 그 다양성과 경이로움이 얼마나 되는지 이해하는 것이 우리 주제로부터 벗어나지 않을 것이다.

볼시니아 호수[232] 주변과 스타토니아[233]의 땅에서는 모든 건축물의 쓰임새에 아주 알맞은 돌이 있어서, 그것이 불에도 [141] 비바람에도 상하지 않는다고 사람들은 확신한다. 또한 이 돌은 세월에 맞서서 오래가고도 상하지 않고, 또한 조각상의 리네아멘타를 아주 오래 보존시킬 것이다.[234]

네로가 대화재 뒤 도시를 재건했을 때, 알바니아와 가비니아에서 난 돌을 써 보를 만든 것은[235] 그 돌이 불에 훼손되지 않기 때문이라고 타키투스는 쓴다.

---

232 볼세나(Bolsena) 호수. 이탈리아 중부에 있는 화산호다.

233 비트루비우스, 『건축십서』, II, 7, 3. 스타토니아(Statonia)는 이탈리아 중부, 볼시니아 호수 서쪽에 있는 도시다.

234 플리니우스, 『자연사』, XXXVI, 168; 비트루비우스, 『건축십서』, II, 7, 3.

235 타키투스, 『편년사』, XV, 43.

리구리아와 베네토에서, 움브리아, 피케눔[236], 또한 벨가이[237]에서는 톱으로 쉽게 썰고 끌질 할 수 있는 흰색 돌[238]이 난다.[239] 약하고 부서지기 쉬운 본성이 아니라면 작업에서 모든 것들을 뛰어넘을 것이지만 서리, 맹추위, 비에 부서지고, 해풍에 전혀 튼튼하지가 않다.

이스트리아[240]에는 대리석과 다르지 않은 돌이 난다. 하지만 수증기와 화염에 닿으면 바로 그 자리에서 쪼개져서 달아난다. 불에 견디지 못하는 이런 사정이 단단한 돌의 특히 흰 규석과 검은 규석의 특징이라고 사람들은 말한다.

캄파니아[241]에서는 검은 재와 색이 비슷한, 석탄이 섞여 있고 박혀 있다고 그대가 생각할 돌이 있다. 그것은 믿기 어려울 만큼 무게가 가볍고, 쇠로 다루기 싫고, 아주 끈질기고 또한 마찬가지로 불변하고, 또한 불과 비바람에 대해 약하지 않다. 하지만 너무 메마르고 푸석해서 석회의 습기를 곧바로 흡수하고 삼켜 버려서, 시멘트의 켜를 소진시키고 분말을 닮게 만들어 버릴 것이다. 그래서 돌의 조합이 갑자기 헐거워지고 작업이 결국 무너지게 된다.[242] 본성상 이 돌에 반대되는 것은 둥근 돌, 특히 강에서 나오는 돌로서, 이 돌은 항상 축축해서 시멘트에 붙지 않는다.

대리석 채석장에서 대리석이 자라서 커지는 것을 사람들이 알게

---

236 Picenum.

237 apudque Belgas; 벨기카(Belgica) 즉 지금의 벨기에를 가리킨다.

238 백악(白堊)을 가리킨다.

239 플리니우스, 『자연사』, XXXVI, 159; 비트루비우스, 『건축십서』, II, 7, 1-2.

240 Istria.

241 Campania.

242 비트루비우스, 『건축십서』, VII, 3, 7.

된 것은 어떠한가?[243] 로마에서는 이 시기에, 구멍난 석회화(石灰華)의 작은 조각들이 이를테면 세월과 땅에 의해 키워진 것처럼 하나의 단단한 돌덩어리로 굳어져 있는 것이 땅속에서 발견되었다. 리에티[244]의 호수로부터 부서진 둑을 통해서 물이 네라[245] 강으로 넘쳐흐르는 곳에서[246] 둑의 위쪽 턱이 날이 가면서 자란 것을 그대는 보게 될 텐데, [143] 어떤 사람들에 따르면 돌이 더해지고 자라서 계곡 어귀를 닫아 호수가 생기게 된 것이라고 한다. 실라루스[247] 강으로부터 멀지 않은 루카니아[248] 땅에는, 동쪽의 높은 바위로부터 폭포수가 떨어져 내리는 곳에 거대한 종유석들이 날마다 길어지고 있음을 그대는 보게 될 텐데, 그것들은 너무 커서 그중 하나를 끄는 데에 마차 일곱 대가 필요하다. 이 돌은 여전히 신선하고 진액(津液)을 함유하고 있어서 아주 부드럽다. 하지만 말라 버렸을 때 아주 단단해져서 갖가지 쓰임새에 아주 알맞다. 나는 똑같은 현상을 몇몇 옛날 수로들에서 봤는데, 그 형태들의 옆면들은 돌의 일종의 침전층에 의해서 껍질이 덕지덕지 붙어 있다. 갈리아에서는 기억에 남을 만한 두 가지 눈에 띄는 광경을 지금도 볼 수 있다. 즉, 포룸 코르넬리움 땅에 급류가 흐르는데, 강기슭으로부터 군데군데 크고 둥근 많은 돌들이 땅속 깊은

243 플리니우스, 『자연사』, XXXVI, 125.

244 Reate; 리에티(Rieti)는 이탈리아 중부의 도시로서 지금의 라치오 주에 위치해 있다. 리에티 계곡에 있는 호수는 고대에는 그 규모가 더 컸다.

245 Nera.

246 이 현상의 개선에 대해서는 10권 9장을 볼 것.

247 Silarus; 실라루스 강(지금의 셀레 강)은 파에스툼에서 멀지 않은 바다로 빠져나가는 강이다.

248 Lucania.

곳으로부터 빠져나와 날마다 여러 곳에서 골고루 생겨나고 있다. 파엔차[249]의 전원에 라모네 강 기슭에는 저절로 튀어나온 큰 돌들이 있는데, 그것들이 날마다 많은 양의 소금을 내뱉고 있어서, 그것이 시간이 지나서 돌이 된다고 사람들은 믿는다. 에트루리아의 피렌체 전원에서는, 클라티스[250] 강의 강기슭 아래를 뒤덮은 단단한 돌들이 7년마다 흙덩어리로 되돌아간다. 반대로, 키지쿠스[251]에서, 마찬가지로 카산드레아[252] 주변에서는, 거꾸로 흙덩어리가 돌로 바뀐다고 플리니우스는 말한다.[253] 포추올리[254]에서는 바닷물에 굳어져서 돌이 되는 모래가 많이 난다.[255] 오로푸스[256]로부터 아울리스[257]까지의 해안가에서는 무릇 무엇이든지 바닷물에 씻겨 굳어져서 돌이 된다고 사람들을 말한다.[258] 아라비아에서는 금속처럼 불에 녹은 뒤 돌로 바뀌는 향기 나는 흙덩어리를 땅에서 파낼 수 있다고 디오도로스는 말한다. 그 돌들에 빗물 몇 방울만 떨어져도 이음새들이 녹아서 벽 전체가 하나의 돌로 된다고 그는 덧붙인다. 사르코파구스[259]는 소아시아

---

249 Faenza; 지금의 에밀리아로마냐 주 라벤나 현의 도시.

250 Clatis; 지금의 피렌체 남쪽의 키아나(Chiana).

251 Cizicus; 미시아(Mysia)에 있는 도시로서, 지금의 아트라키(Atraki) 또는 발키스(Balkiz)의 키치코(Chizico).

252 Cassandrea; 마케도니아의 도시.

253 플리니우스, 『자연사』, XXXV, 167.

254 Pozzuoli.

255 플리니우스, 『자연사』, XXXV, 166을 볼 것. 포촐라나(pozzolana)는 로마인들이 사용한 시멘트의 기본재료다. 비트루비우스, 『건축십서』, II, 6, 1을 볼 것.

256 Oropus.

257 Aulis; 보에티아의 항구.

258 플리니우스, 『자연사』, XXXV, 167.

259 sarcophagus.

트로이에서 캐내는 돌로서, 그 돌의 결이 잘 쪼개진다고 사람들은 말하는데, 이 돌에 묻힌 시신은 [145] 40일 안에 치아만 빼고 완전히 소진되어 버린다고 사람들은 단언한다. 또한 더 놀라운 것으로, 시신과 함께 묻은 옷과 신 따위가 돌이 되어 버린다고 한다.[260] 이것의 정반대가 다리우스가 묻힌 "코미테스 돌"[261]인데, 그것은 시신을 아주 온전하게 보존시키기 때문이다.[262] 하지만 이에 대해서는 이것으로 충분하다.

---

260 플리니우스, 『자연사』, XXXVI, 131. 플리니우스는 아시아의 트로이가 아니라 트로아스(Troas)의 아소스(Assos)라고 썼다.

261 comites lapis; chernite(영).

262 테오프라스토스, 『돌에 대하여』, I, 6.

제10장

벽돌의 출처, 언제 어떻게 만드는지, 어떤 종류가 있는지에 대해서. 삼각벽돌의 활용성에 대해서. 도기작업에 대해서

돌을 둘 자리에 옛사람들은 벽돌[263]을 아주 즐겨 썼다. 처음에는 다른 재료가 없어서 사람들이 필요성에 이끌려 벽돌로 건축물을 지었다고 나는 믿는다. 이런 종류의 구조가 얼마나 작업하기 쉽고, 얼마나 쓰임새에 편리하고, 적절한 매력이 있고, 오래가고 튼튼한지에 주목받게 되자, 다른 건축물들, 왕궁조차도 벽돌로 지어지게 되었다. 이윽고 우연 때문이든지 세심한 연구 덕분이든지, 벽돌이 불에 의해 강해지고 치밀해짐을 사람들이 알게 되자, 그들은 두루 모든 작업을 구운 벽돌[264]로써 올리기를 고집하게 되었다. 또한 아주 오래된 구조들로부터 마음에 새겨 두고 이로부터 내가 단적으로 말하건대, 그대가 하려는 모든 건축의 쓰임새에, 말린 벽돌이든지 구운 벽돌이든지 세심하게 모양을 떠서 구운 벽돌보다 더 알맞은 재료는 찾아볼 수 없을 것이다. 하지만 벽돌작업을 칭송하는 것은 다른 데서 하겠다.

우리 주제에 맞는 것으로서, 희끄무레한 백악질 점토로부터 좋은

263 later.

264 testaceus.

벽돌을 얻을 수 있다. 마찬가지로 불그스레한 점토와 '남성적인 모래질'[265] 점토라고 부르는 것으로부터도 얻을 수 있다.[266] 모래질과 자갈질의 점토를 피해야 하고,[267] 특히 조약돌이 많은 점토는 모조리 버려야 하는데,[268] 이것들은 굽는 도중에 휘거나 금이 가고 그래서 나중에 저절로 쪼개지기 때문이다.

벽돌을 갓 파낸 점토를 써서는 만들어서는 안 된다고 사람들은 여긴다. 하지만 점토를 가을에 파내어 겨울 내내 부드럽게 되도록 놓아두고 봄이 시작할 때 작업에 쓰라고 당부한다. 왜냐하면 겨울에 만들면 서리에 의해 쪼개질 것이 분명하고, [147] 여름에 만들면 강한 열기에 의해 마르는 도중에 금이 갈 것이기 때문이다.[269] 필요성 때문에 겨울철 서리에 그대가 벽돌을 다루어야 한다면 아주 마른 모래로 제자리에서 덮어 주고, 여름철 열기에 그래야 한다면 축축한 짚으로 덮어 주라. 이런 식으로 보관되면 깨지지도 뒤틀리지도 않는다.

어떤 사람들은 벽돌에 유약을 입히는 것을 선호한다. 그러려면 모래질 점토나 너무 마르고 건조한 점토로 만들지 않도록 유의해야 하는데, 유약을 빨아들이기 때문이다. 그 대신 희고 백악질의 물렁물렁한 점토로 만들어야 한다. 벽돌은 얇아야 한다. 너무 두꺼운 것은 제대로 구워지지 않고 금이 가지 않을 수 없다. 벽돌을 두껍게 해야만 한다면, 여기저기에 그 중간까지 구멍을 내면 많은 부분에서 불리

---

265 sabulus masculus.

266 비트루비우스, 『건축십서』, II, 3, 1.

267 비트루비우스, 『건축십서』, II, 6, 5.

268 플리니우스, 『자연사』, XXXV, 170; 비트루비우스, 『건축십서』, II, 3, 1.

269 비트루비우스, 같은 곳.

함이 해소되는데, 그 구멍들이 마치 환기구처럼[270] 그것들을 통해서 땀과 습기를 빼 내어 벽돌이 알맞게 건조해지고 마르게 해 준다. 도공은 바탕에 흰색 백악질을 덧입히는데, 유약을 그릇에 아주 골고루 입히기 위해서다. 그것은 벽돌작업에도 적용될 것이다.

나는 옛 건축물들에서 벽돌에 모래, 특히 붉은 모래가 일부 섞여 있음에 주목했다. 또한 붉은 것과 대리석을 섞는 관습이 있었음도 발견한다.

우리가 경험을 통해서 배운 것은, 빵 만들 때처럼 우선 점토를 부풀린 뒤 거듭거듭 반죽해서 아주 부드럽게 하고 아주 작은 돌들도 모조리 제거하면, 똑같은 흙으로써 훨씬 더 튼튼한 벽돌이 만들어진다는 것이다. 구울 것들은 강한 불에서 규석처럼 될 정도로 단단해진다. 또한 벽돌은 구울 때 불의 작용에 의해서건 마를 때 공기에 의해서건 빵과 똑같은 식으로 딱딱한 껍질[271]이 생긴다. 따라서 벽돌을 얇게 만드는 것이 도움 될 것인데, 그리하면 껍질이 더 많이 생기고 덜 부스러지기 때문이다. 또한 이 점에서, 벽돌을 굽고 광을 내면 [149] 날씨에 잘 견딘다는 것이 입증될 것이다. 처음에 광을 내면 노후하지 않는다는 것은 온갖 종류의 돌에서 똑같을 것이다.

또한 벽돌[272]을 광내는 것은, 가마에서 바로 꺼냈을 때, 물에 적셔지기 전에, 혹은 물에 적셔진 뒤 마르기 전에 해야 한다고 사람들은 생각한다. 왜냐하면 적셨다가 다시 말리면 벽돌이 너무 단단해져

270 quasi aestuationes aspirante.

271 crusta; 딱딱한 껍질을 가리킨다.

272 testa.

서 쇳날을 무디게 하거나 닳아 없어지게 하기 때문이다. 그 대신 방금 만든, 아직 따끈한 것을 문지르는 것이 알맞다.

옛사람들에게는 세 가지 벽돌이 있었는데,[273] 하나는 길이가 한 자 반[274]이고 넓이가 한 자고, 다른 하나는 길이와 넓이가 각각 5 팔모스[275]고, 세 번째는 각각 4 팔모스밖에 되지 않는다. 우리는 일부 건축물들에서 특히 아치와 긴결재[276]로 쓴 길이와 넓이가 각각 두 자인 벽돌도 본다.[277]

이에 있어서 옛사람들은 공적인 건축물과 사적인 건축물에 벽돌을 똑같이 쓰지 않았고 그 대신 공적인 건축물들은 큰 벽돌로, 사적인 건축물은 작은 벽돌로 세웠다고 사람들은 말한다.[278] 이것들에 대해서, 나는 다른 고대 유적들뿐 아니라 아피아 길에 있는 것들에서 여러 가지 방식으로 쓰인 크고 작은 벽돌종류들이 있어서 다양하게 쓰인 것을 마음에 새겼는데, 그 모든 것들이 유용성을 위해서뿐 아니라 또한 모든 것들이 마음에 알맞고 어울리는 매력을 지니도록 옛사람들이 열심히 완성하려 했다고 나는 생각한다. 다른 것들은 제쳐 두고, 나는 길이 여섯 치[279], 두께 한 치, 넓이 세 치짜리 벽돌들을 봤는

---

273 같은 책, II, 3, 3; 플리니우스, 『자연사』, XXXV, 49.

274 pes(복수는 pedes); 로마의 길이단위로서 4 팔모스(palmos)에 해당한다. digitus는 우리말로 치(촌)에, pes는 자(척)의 뜻이다.(1 digitus [1.85센티미터] = 1/4 palmus = 1/16 pes)

275 palmos; 손바닥; 로마의 길이단위로서 손바닥 크기에서 나왔다.

276 nexura; 3권 9장에서 다룬다.

277 3권 14장을 볼 것.

278 플리니우스, 『자연사』, XXXV, 171.

279 digitus.

데, 이것들로써 그들은 이삭모양의 포장[280]을 덮었다.

다른 것보다 나는 삼각형 벽돌을 높이 사는데, 그것은 이런 식으로 만든다. 그들은 벽돌을 1자 크기 정사각형의 1.5치 두께로 만들었는데, 이것을, 신선한 상태에서, 한 모서리로부터 반대편 모서리로 대각선으로 두 개의 선들로부터 깊은 홈을 표시하되 그 홈들을 벽돌 두께의 절반 깊이로 냈다. 이리하여 똑같은 삼각형 네 개가 나왔다. 이 벽돌들은 편의성에서 두드러졌다. 즉, 점토가 더 적게 들었고, 가마 안에 두기도 [151] 작업장으로 옮기기도 쉬웠기 때문이다. 생각해 보라, 그것들은 한 손에 네 개씩 들리었고, 이것들을 조적공이 가볍게 쳐서 작업 중에 나누어서 썼다. 그리고는 벽의 정면을 따라 줄을 맞추어 쌓았는데, 한 척 길이방향이 바깥쪽을, 꼭짓점이 안쪽을 향하게 했다. 이로써, 진정 비용이 더 적어지고, 작업이 매력적이 되고, 구조가 더 단단해졌다. 곧, 벽 전체에 온전한 벽돌들이 있는 듯이 보일 뿐 아니라, 또한 각들이 이빨처럼 벽들의 충전재에[281] 끼워짐으로써 작업이 아주 튼튼해지고는 했다.

만든 벽돌들은 그것들이 완전히 마르기 전에는 그 자리에서 가마에 넣지 말라고 사람들은 당부한다. 또한 두 해는 지나야 마르게 되고 또한 그늘에서 말릴 때가 햇빛에서 말릴 때보다 더 알맞게 마른다고 사람들은 단언한다. 하지만 이에 대해서는 여기까지이며, 다만 새겨둘 점은, 이런 식의 작업, 이른바 도자예술에서 인정하는 최상의 점토

280 pavimenta spicatim; 오늘날 흔히 헤링본 패턴(Herringbone pattern)이라고 부르는 패턴으로 쌓는 방식이다.

281 farturis; cf. infarcinatio.

〈그림 7〉 삼각형 벽돌 구조에 대한 도해

로서 사람들은 사모스, 아레티움, 무티나[282], 또한 히스파니아의 사군툼[283]과 아시아의 페르가몬에서 나는 것을 인정했다는 점이다.[284] 간략히 말하되 빠뜨리고 싶지 않은 것 하나는, 벽돌에 대해서 지금까지 말한 것들은 마찬가지 방식으로 지붕의 수기와[285]들과 암기와[286]들

282 사모스(Samos), 아레티움(Aretium), 무티나(Mutina).

283 Saguntum.

284 위의 책, XXXV, 160.

285 tegula.

286 imbrex.

에도, 도관에도, 결국 무릇 도기작업과 테라코타 작업에도[287] 적용되어야 한다는 것이다.

돌에 대해서 말했으니, 이어서 석회[288]에 대해서 말해야 하겠다.

287 plastico fictilique opere.

288 calcem.

제11장

석회와 석고의 공통점과 차이, 그것의 본성, 쓰임새, 겉모습, 기억할 만한 다른 것들에 대해서

켄소르 카토는 다양한 돌로부터 만든 석회를 인정하지 않고, 규석으로부터 만든 것이 모든 작업에 알맞지 않다고 본다.[289] 또한 석회를 만드는 데 아주 무용한 것은, 불에 굽는 과정에서 태울 것을 찾아볼 수 없는 말라 있고 상한 돌이다. 이에 해당하는 것으로 석회화가 있고 또한 로마 근처, 피데나이와 알바 근처의 땅에서 찾아볼 수 있는 불그스름하고 옅은 돌이 있다.[290] [153] 왜냐하면 돌 무게의 3분의 1이 석회를 만들면서 줄어들어야지 숙련된 사람들이 이를 인정하기 때문이다.[291]

마찬가지로, 진액이 있고 본성상 축축한 돌, 즉 불에 접했을 때 유리질이 되는 돌도 또한 석회를 만드는 데 결코 유용하지 않다. 녹색돌이 불에 아주 잘 견딘다고 플리니우스는 말한다.[292] 또한 우리는

289 비트루비우스, 『건축십서』, II, 5, 1; 카토, 『농사에 대하여』, 38, 2; 플리니우스, 『자연사』, XXXVI, 174.

290 비트루비우스, 『건축십서』, II, 7, 1; 플리니우스, 『자연사』, XXXVI, 167.

291 비트루비우스, 『건축십서』, II, 5, 3.

292 플리니우스, 『자연사』, XXXVI, 169.

반암(斑岩)에 대해 알고 있기를, 그것이 화염에 타지도 않을 뿐 아니라, 또한 가마 안에서 그것에 닿은 주변의 것들도 타지 않게 한다는 것을 안다. 또한 흙을 품은 돌도 쓸 수 없는데, 그것은 그 석회가 불순해지기 때문이라고 사람들은 말한다.

하지만 옛 건축가들이 특히 칭송하는 석회는 아주 단단하고 치밀하고, 특히 흰 돌로부터 나오는 것이다.[293] 왜냐하면 이것이 여러 가지 쓰임새에 부적합하지 않을 뿐 아니라 특히나 볼트를 아주 튼튼하게 하기에 알맞다고 그들은 가르쳐 주기 때문이다. 그들은 그다음으로 가볍지도 부스러지지도 않되 속이 빈 돌로 만든 석회를 인정한다.[294] 왜냐하면 그들은 이것이 바르는 작업에 무엇보다 좋고 다른 것보다 더 유연하고 작업을 더 멋지게 해 준다고 평가하기 때문이다. 우리는 갈리아에서 건축가들이 오로지 강바닥에서 모은 짙고 둥글고 딱딱한 돌들만으로써, 규석이라고 여길 만한 석회를 만드는 것을 보았는데, 이것은 석조작업과 벽돌조작업에서 세월에도 단단하고 불변한다는 것을 입증했다.

맷돌 돌[295]로 만든 석회가 자연에 풍부하고,[296] 그래서 어떤 쓰임새에도 아주 알맞다는 것을 나는 플리니우스에서 발견한다.[297] 우리는 경험으로부터 아는 바, 이 맷돌 돌에 소금결정이 흩뿌려져 있으면, 더 거칠고 또한 아주 더 건조해서 유용하지 않음을 안다. 소금이

293 비트루비우스 『건축십서』, II, 5, 1.

294 같은 곳.

295 molaris lapis.

296 pingulenta.

297 플리니우스, 『자연사』, XXXVI, 174.

섞이지 않은 다른 종류의 것은 더 치밀한 데다가 줄로 갈았을 때 더 곱게 되기에 더 유용하다.

하지만 돌을 석회로 만들기에는 긁어모은 것보다는 파낸 석회가 더 유용하고, 건조한 채석장으로부터 가져온 것보다 그늘지고 축축한 채석장으로부터 가져온 것이 낫고, 검은 돌로부터 가져온 것보다 흰 돌로부터 가져온 것이 더 유용하다.

갈리아의 에두오룸 해안지역에서는[298] 돌이 없어서 굴과 홍합으로부터 석회를 만든다. 석회의 한 종류로 석고[299]가 있다.[300] [155] 돌을 구워서 그것을 만드는데, 키프로스와 테베에서는 땅 위에서 햇볕에 구워진 석고를 캐낸다고도 한다.[301] 하지만 대개 석고로 만드는 돌은 석회로 만드는 돌과 달라서 아주 부드럽고 부서지기 쉽다. 다만 예외적으로, 시리아에서 채굴되는 것은 아주 단단하다. 또 다른 점으로, 석고로 만드는 돌은 스무 시간 안에 굽지만, 석회를 만드는 돌은 예순 시간이 넘게 굽는다. 나는 이탈리아에 네 가지 석고가 있다는 것을 아는데, 이 가운데 둘은 투명하고 나머지 둘은 불투명하다.[302] 투명한 것들 가운데 하나는 명반(明礬)[303] 또는 줄마노(瑪瑙)[304]의 덩

---

298 apud maritimas Eduorum regiones; 에뒤앙(Éduens) 지역은 해안지역이 아니라 실제로는 르와르(Loire) 강과 손(Saône) 강 사이의 내륙지역이다.

299 gipsum.

300 테오프라스토스, 『돌에 대하여』, IX, 62, 64-69.

301 알베르티는 석고에 대한 정보를 플리니우스로부터 많이 취했다. 『자연사』, XXXVI, 160, 182-183을 볼 것.

302 테오프라스토스, 『돌에 대하여』, IX, 64 *sq*.

303 alum.

304 alabaster.

어리와 비슷하고 이것을 스쿠아메올라[305]라고 부르는데, 이는 아주 얇은 비늘[306]들이 붙어서 함께 눌려 있는 형태이기 때문이다. 다른 한 가지도 비늘처럼 생겼지만 명반보다는 검은 소금 같다. 반면 불투명한 것들은 아주 치밀한 백악질 같다. 하지만 하나는 희고 아주 옅고, 다른 하나는 창백한 붉은색을 띤다. 뒤의 것이 앞의 것보다 더 치밀하다.[307] 뒤의 것들 중에 불그스름한 나중 것이 더 찐득찐득하다. 앞의 것들 가운데 더 순수한 것, 즉 더 희고 환한 것이 작은 조상들과 코니스를 스터코 작업하는 데 두드러진다. 리미니[308]에서는, 아주 조밀해서 대리석이나 줄마노(瑪瑙)라고 할 만한 석고를 발견할 수 있을텐데, 나는 그것을 톱으로 썬 판석을 외장작업에 아주 편리하게 썼다.[309] 무릇 석고는 나무메로 쳐서 빻아서 가루로 만들고, 건조한 곳에 쌓아서 보관하고, 꺼내고 나면 물을 재빨리 끼얹어서 작업에 곧바로 써야 한다는 것을 내가 빠뜨리지 않겠다.

석회는 정반대다. 왜냐하면 빻을 필요가 없고, 덩어리 상태일 때 물을 끼얹어야 하기 때문인데, 특히 바르는 작업을 하기 한참 전에 많은 물로 축여야 하는데, 그래야만 혹시 불에 구워지지 않은 덩어리

---

305 squameola; 비늘이란 뜻의 라틴어 스쿠아마(squama)와 관계있다.

306 squama.

307 프랑스어번역본에서는 투명한 것들이 불투명한 것들보다 더 단단하다고 잘못 번역했다.(Caye et Choay, 128쪽을 볼 것)

308 Ariminum; 리미니(Rimini). 현재 북부이탈리아의 에밀리아로마냐 주의 도시다.

309 알베르티가 이미 1454년에 리미니에서 한 템피오 말라테스티아노(Tempio Malatestiano) 작업을 가리키는 것임에 분명하다. 알베르티는 성 프란체스코 교회를 지기스몬도 말라테스타를 위해 이 교회로 개조했다. 알베르티의 이 텍스트가 이 시점 이후에 쓰였다는 증거인데, 다른 저자에 따르는 이 텍스가 1452년 이후에 쓰였다고 한다.(Rykwert et al., 55쪽 각주 133번과 Caye et Choay, 129쪽 각주 172번을 볼 것)

들도, 오래 축여져서 녹고 물렁해진다. 즉, 충분히 부드러워지고 적셔지지 않은 새것을 쓰면, 그 안에 덜 구워진 작은 알갱이들이 숨어 있게 되어서 이것들이 날이 갈수록 썩고 이내 뾰루지들이 부풀어 올라서 그것들 때문에 마감을 망치게 된다. 덧붙일 말은, 석회를 한 번에 [157] 이를테면 넘치게 끼얹지 말고, 그 대신 차츰 물을 여러 번 뿌려서 결국 골고루 적셔야 한다는 것이다. 그런 뒤에 축축하고 그늘진 곳에서 다른 것과 조금도 섞이지 않게 가벼운 모래층으로만 덮어 두어야 하고, 그래서 시간이 지나서 더 물렁물렁한 반죽으로 발효되게 해야 한다. 이런 식의 긴 발효작용이 석회의 장점을 많이 키워 준다는 것을 사람들은 실로 알고 있다. 우리는 오래되고 버려진 지하실[310]에서 오랜 세월 남아 있던 석회가 많은 징표로부터 분명히 5백 년이 되도록 놓여 있던 것을 새로 발견한 것을 아는데, 그것은 축축하고 끈적끈적하고, 또한 이른바 꿀이나 골수보다 훨씬 더 부드러울 만치 충분히 숙성되어 있었다. 그래서 그 어떤 쓰임새에도 더 알맞은 것이 발견될 수 있으리라고 그대가 생각할 수 없다. 이렇게 준비된 석회는, 섞어서 갓 소화(消和)시켰을 때보다 모래가 두 배로 필요하다.

그러므로 다른 점들에서는 일치하더라도 이 점에서 석회와 석고는 일치하지 않는다. 왜냐하면 석회는 가마에서 그 자리에서 꺼내서 그늘 밑 건조한 곳에 보관하고 그런 뒤에 적셔야 하기 때문이다. 즉, 혹은 가마 자체에 혹은 바람 불고 해와 달이 비치는 곳에, 특히 여름철 해에 노출시켜 놓아 두면, 아주 빨리 재가 되어 버려 유용하지 않

310 criptis; scriptis *FL* (Orlandi); cave(Rykwert et al.); galerie souterraines(Caye et Choay); 문맥상 교회나 그 밖의 건축물의 지하실인 크립트(crypta)다.

게 된다. 이에 대해서는 충분하다.

돌을 흙덩어리보다 잘게 쪼개지 않고서는 돌을 가마에 넣지 말라고 그들은 당부한다. 그래야 더 잘 타기 때문이라는 점은 제쳐 두고라도, 돌에 공기가 든 구멍들이 종종 있어서 그 구멍들이 크게 훼손을 입힌다. 가마에 일단 불을 지피면, 돌 속의 공기가 팽창하고, 그 결과 냉기가 물러가면서 수축했기 때문이건 아니면 수증기로 바뀌어 크기가 커졌기 때문이건, 돌이 이윽고 뜨거워져 공기가 그것을 가두고 있던 감옥[311]을 산산이 깨부수고 맹렬한 소리를 내면서 터져 가마 전체를 완전히 부숴 버린다. 등에 털이 나 있고 다리가 많은 벌레를 비롯해서 여러 가지 많은 동물들이 이 돌의 중심에 번식해 있는데 이것이 가마에 큰 훼손을 입힌다.[312]

여기서 나는 우리 시대에 목격된 것으로 기억할 만한 것들을 덧붙이기를 꺼리지 않겠다. [159] 내가 장인들만을 위해서가 아니라 고상한 학술에 관심 있는 뭇사람들을 위해 쓰고 있기 때문이다. 따라서 흥미로운 일화들을 여기저기 섞어 놓는 재미를 취하되, 우리 주제에 엉뚱하거나 낯선 것은 아무튼 다루지 않을 것이다.

교황 마르티누스 5세 때[313], 라티움 채석장에서 작업자들에 의해, 주변에 숨 쉴 통로가 완전히 막힌 거대한 돌덩어리 안에서 뱀이 발견되어 나왔다. 개구리와 또한 마찬가지로 게도 몇 마리 발견되었는데, 하지만 이것들은 죽어 있었다. 또한 나는 이 시대에 순백색 대리석

---

311 carcer; 공기를 가두고 있던 결정구조를 알베르티는 감옥이라고 표현했다.

312 아마도 화석을 가리키는 듯하다. 화석을 돌 안에 살아 있는 생물로 혼동한 것일 수 있다.

313 재위기간은 1417-1431년이다.

조각 안에 잎이 세 장 들어 있는 것을 목격했다.[314]

벨리누스 산은 아브루초[315]와 마르시카[316]를 나누는 가장 높은 산으로서, 그 꼭대기에는 희고 경쾌한[317] 돌들이 드러나 있다. 거기서, 아브루초 쪽을 바라보는 부분에서, 그대는 여기저기 흩어져 있는 깨진 돌들에서 사람 손바닥보다 크지 않은 바닷조개들의 자국들을 두루 보게 될 것이다.

이는 어떤가? 베로나의 전원에는 양지꽃[318]들이 표시된 돌들이 너른 들판에 퍼져 있는데, 하늘에서 떨어진 것들이다. 너무도 정교하게 그려져 있고, 그것들의 선이 정확하고 균일하고, 자연이 비범하고 완벽한 솜씨로 아름다운 패턴을 만들어 놓아서, 그 작업의 미세함을 누구도 도저히 모방할 수 없다.[319] 더 놀랍게도, 거기 새겨진 표시를 보호하려는 듯이, 이 돌들 중 어느 하나도 위로 면한 것이 없다. 이로써 알 수 있는 것은, 사람들더러 경탄하라고 이렇게 한 것이 아니라 자연 자신을 위해서라는 점이다. 하지만 우리의 논의로 돌아가자.

여기서 나는, 가마의 전실과 입구를 어떤 식으로 볼트로 덮고 그

---

314 화석.

315 Abruzzo.

316 Marsica.

317 redivivus; vivace(Caye et Choay); "새로 난"이란 뜻으로서, 건축적 맥락에서는 건축 재료, 특히 석재를 재활용하는 것을 가리킨다. 비트루비우스는 이 말을 "오래된 돌"이란 뜻으로 썼는데(Vitruvius 7.1.3), 알베르티의 용법은 덜 특수하다. 알베르티는 특별한 활기를 가진 돌을 레디비부스(redivivus)라고 부른다. 그는 어떤 대목에서 이런 돌을 남성적이라고 표현하기도 하고(3장 16절) 또 어떤 대목에서는 강인함을 뜻하기도 한다.

318 quinquefoil.

319 알베르티의 『회화론』, II, 28을 볼 것.

속의 불의 자리를 어떻게 맞추어야지 가마 안에서 불꽃이 내뿜되 그 한도를 유지하고 또한 전체 불길의 힘이 돌 굽는 데에만 집중될지에 대해서는 말하지 않겠다.[320] 나는 불을 어떻게 차츰차츰 지피고 주의를 계속 기울이는지, 그래서 화염이 꼭대기를 통해 연기 없이 나오도록, 가장 높이 있는 돌조차도 붉게 빛나게 하는지에 대해서는 더 말하지 않겠다. 또한 돌이 충분히 구워지려면, 화염에 가마가 부풀고 열어젖혀지고 [161] 가마가 뒤로 앉아 쭈그러들어야 한다는 것도 말이다.[321] 이 요소[322]의 본성을 바라보면 놀랍다. 석회가 구워지고 난 뒤에 아래쪽 불이 꺼지면, 가마 바닥은 점점 차가워지지만 꼭대기는 훨씬 더 달구어진다.

이제, 이 작업들을 완수하기 위해서는 석회 말고도 모래가 필요하므로, 우리는 모래에 대해서 말해야 한다.

320 카토, 『농업에 대하여』, 38, 1-4; 카토는 가마제작법과 석회제작법에 대해 자세히 설명한다.

321 같은 곳.

322 곧, 불을 가리킨다.

제12장

세 가지 모래에 대해서. 다양한 장소의 다양한 건축재료에 대해서

모래의 세 종류는 구덩이, 강, 바다 모래이다. 가장 좋은 모래는 구덩이에서 나오는 모래다. 또한 그것은 검은 모래, 흰 모래, 붉은 모래, 적갈색 모래, 자갈질 모래로 다시 나뉜다. 모래가 무엇으로 이루어져 있는지 묻는다면, 더 큰 돌로부터 부서진 작은 조각들로 이루어져 있다고 대답하겠다. 그럼에도 불구하고 비트루비우스가 선호하는 모래, 특히 에트루리아에서 적갈색 모래[323]라고 부르는 종류는 자연에 의해서 산속에 가두어진 불에 구워진 일종의 흙인데, 그것은 생흙보다 치밀하고 석회화보다 무르다고 한다.[324] 이 때문에, 온갖 종류의 구덩이 모래 가운데 적갈색 모래가 선호된다.

나는 붉은 모래가 로마의 공공건축물에 사용된 불가피한 최종 선택은 아니었음을 확인했다. 구덩이 모래 가운데서 가장 뒤떨어지는 것은 흰 모래다. 자갈질 모래가 기초를 채우기에 아주 알맞다. 가장 좋은 모래 중에서 그다음으로는 고운 알갱이가 날카롭고 흙이 전혀

---

323 carbunculus.

324 비트루비우스, 『건축십서』, II, 6, 6.

없는 것이 좋다. 이런 종류의 모래는 빌룸브리아[325] 사람들의 땅에서 아주 많이 난다. 그다음으로는 강바닥에서 맨 위층을 치우고 채취한 모래들이 좋다. 또한 더 유용한 모래는 급류 안에서, 그중에서도 많이 비탈진 산악의 개울에서 나온다. 바다에서 채취한 모래가 가장 나쁘다. 비록 검은 모래나 유리질 모래는 아주 쓸모없지는 않지만 말이다.

살레르노[326] 지역에서 피케네[327] 사람들은 구덩이 모래에 뒤지지 않는 모래를 채취한다. 비록 이 좋은 모래가 이 지역의 모든 해변에서 발견되지는 않지만 말이다. 사실 가장 나쁜 모래는 남풍을 맞는 해변에서 나오는 반면, [163] 남서풍[328]을 맞는 해변의 모래가 결코 나쁘지 않다. 또한 바닷모래 가운데서는 바위 밑에 있고 알갱이가 굵은 것이 가장 쓸모 있다고 본다.

여러 가지 모래들은 서로 많이 다르다. 바닷모래는 말리기 어렵다. 소금기가 그것을 쓰기 어렵게 만든다. 그래서 그것은 늘 습기를 빨아들여 녹기 쉽다. 따라서 무게를 떠받기에 알맞지 않고 믿을 만하지 않다. 강모래는 구덩이 모래보다 축축하고 그래서 성형하기 쉽고 벽바름에 더 알맞다.[329] 구덩이 모래는 부피가 더 크고 훨씬 더 많이 서로 붙어 있다. 비록 균일이 가기는 쉽지만 벽을 바르는 것보다 볼트에 더 알맞다.[330]

---

325 Vilumbria; 테베레 강과 아르노 강 사이에 있는 아펜니노 산맥 산자락에 있는 지역.

326 Salerno.

327 Picene.

328 Lybicus; 아프리쿠스(Africus)라고도 부른다.

329 모래를 써서 벽을 바르는 것에 대해서는 6권 9장을 볼 것.

330 비트루비우스, 『건축십서』, II, 4, 3.

하지만 모든 종류의 모래 가운데에서 가장 좋은 것은 손에 비비거나 으깰 때 바삭바삭 소리가 나는 것이다. 또한 깨끗한 천에 모아 놓았을 때 자국도 흙도 남기지 않는 것이다.[331] 반대로 그 어떤 까칠까칠함도 없이 질감이 부드럽고, 점토질 흙 같은 색과 냄새가 나는 모래는 좋지 않을 것이다. 물에 휘저었을 때 흙탕물을 남기거나 진흙을 남기는 모래도 좋지 않을 것이다. 일단 얻을 때, 오랫동안 바깥에서 해와 달과 안개에 노출시키면 좋지 않다. 그리하면 흙 같고 썩게 될 것이고, 따라서 관목과 야생 무화과나무가 자라게 될 것이되, 건축물을 함께 떠받치기에는 힘이 부족해질 것이다.[332]

우리는 목재, 돌, 석회에 대해서 선조들이 남긴 가르침들을 다루었다. 하지만 일을 수행함에 있어서 알맞고 쉽게 얻을 수 있는 것이 우리가 발견하도록 아무데서나 주어지지는 않는다. 아시아에 장대한 건축물들과 조상들이 늘 많은 까닭은 대리석이 많아서였다고 키케로가 말했지만 대리석을 아무데서나 구할 수는 없는 노릇이다. 어떤 곳에는 돌이 전혀 없고, 있다고 한들 모든 쓰임새에 알맞지도 않다.[333] 구덩이 모래는 남면한 이탈리아 전역에서 찾아볼 수 있지만 아펜니노 산맥 위쪽으로는 아무것도 찾아볼 수 없다.[334] 플리니우스에 따르면 바빌로니아 사람들은 역청을, 카르타고 사람들은 진흙을 썼다.[335]

331 같은 책, II, 4, 1.

332 같은 책, II, 4, 3.

333 알베르티는 만투아(Mantua)에 건축물을 지었을 때, 그는 그 지방에서 돌이 나지 않는다는 문제에 부딪혔고 그래서 벽돌로 건축물을 지었다.

334 같은 책, II, 6, 5, 또한 플리니우스, 『자연사』, XXXVI, 175를 볼 것.

335 플리니우스, 같은 책, XXXV, 169.

또 어떤 곳에서는 사람들이 돌이 없어서 윗가지에 칠을 해서 지었다. 헤로도토스에 따르면, 부디니[336] 사람들[337]은 [165] 사적인 건축물이건 공적인 건축물이건 나무로만 만들었고, 성벽에서부터 신상(神像)에 이르기까지 모든 것을 나무로 만들었다고 한다.[338] 한편 멜라에 따르면, 네우로리 사람들[339]는 나무가 전혀 없어서 뼈를 가지고 불을 지펴야 했다.[340] 이집트에서는 가축 똥으로 화로를 지폈다. 그래서 사람들은 필요성과 활용 가능한 재료에 따라 집을 다양하게 지을 수밖에 없다. 이집트에서는 어떤 왕궁들은 갈대로 짓고, 인도에서는 어떤 것들은 고래늑골로 짓는다.[341] 디오도로스에 따르면, 사르디니아의 데달리아[342]에서는 사람들이 땅속에 집을 짓고 산다고 한다.[343] 아라비아에 있는 카라이[344]라는 도시에서는 사람들이 집과 벽을 소금 블록으로 짓는다. 이에 대해서는 따로 다루겠다.[345]

우리가 앞에서 말했듯이, 모든 곳에 똑같이 돌, 모래, 그 밖의 것이 많이 나지는 않고, 그 대신 다양한 양이 다양한 곳에 또한 자연과 사물들의 원리와 방식에 따라 나온다. 그래서 많이 나는 것들을 써야

---

336 Budini.

337 사르마치아(Sarmatia) 사람들.

338 헤로도토스, 『역사』, IV, 108, 1-2.

339 Neuri.

340 폼포니우스 멜라, 『지지학에 대하여』, II, 1, 15.

341 디오도로스 시켈로스, 『세계사』, III, 4, 2; 또한 스트라본, XV, 2, 2와 아리아노스, 『인도학』, XXX, 8, 9를 볼 것.

342 Dedalia.

343 디오도로스 시켈로스, 『세계사』, IV, 30, 5.

344 Carrae.

345 3권 11장에서 다룬다.

한다. 또한, 이것들 자체에 있어서 우선, 더 쉽고 더 알맞은 것을 고르고 준비하도록, 그다음으로 짓는 일에 더 알맞은 것을 써서 각각의 장소에 올바로 배분하도록 주의를 기울여야 한다.

제13장

때를 보는 것이 건축물을 시작할 때 쓸모 있는지, 어떤 때가 최선인지, 시작할 때 어떤 기도와 조짐을 따르는지에 대해서

이어서 우리가 앞에서 말한 대로, 즉 목재, 돌, 석회, 모래를 준비하는 것으로부터, 이제 건축물의 축조의 원리와 방식에 대한 것으로 넘어간다. 곧, 쇠, 구리, 납[346], 유리, 그 밖의 것들을 그대가 준비하기 위해서는, 작업의 수행에서 모자라지 않도록 충분한 양을 구하고 한 군데에 모아 두는 것보다 더 많은 노력을 들여야 하는 것이 없다. 작업을 장식하는 원리와 완성에 알맞은 재료들을 고르고 배분하는 것에 대해서 우리는 제자리에서 말할 것이다. 우리는 마치 우리가 작업을 만들고 우리 손으로 짓듯이 그것의 기초[347]로부터 시작해서 주제들의 순서를 잡아 나아갈 것이다.

하지만 무엇보다도, 공적인 것뿐만 아니라 우리와 우리 가족의 사적인 것과 관련된 때를 거듭 감안해야 한다. 그래서 혼란한 상황에서 [167] 그대가 짓는 것을 고집하면 질시를 불러일으키고 그만두면 낭비가 될 것을 진행하지 말아야 한다. 게다가 일 년 가운데 시간

346 plumbum.

347 fundamentum.

을 특히 잘 살펴야 할 것이다. 즉, 겨울철에 지은 것들, 특히 추운 곳에 지은 것들은 어는 것을 볼 수 있다. 또한 여름철에 지은 것들, 특히 더운 곳에 지은 것들은 일체화되기 전에 메말라 버리는 것을 볼 수 있다. 그래서 건축가 프론티누스[348]는 건축물을 짓기에 가장 좋은 날씨는 4월 초하루부터 11월 초하루까지의 기간이며, 여름에 더울 때는 중간에 그치라고 조언했다.[349]

하지만 장소와 기후의 다양함에 따라 작업을 천천히 하거나 서두르는 것이 나의 원칙이다. 앞에서 우리가 말한 이런저런 것들이 그대에게 잘 맞으면, 마침내 훗날의 작업의 바닥을 그려야 할 텐데, 선들과 각들의 척도로써 땅에 그것의 공간들을 표시하게 된다.

하지만 어떤 사람들은 상서로운 징조로부터 짓는 것을 시작해야 한다고 조언한다. 아주 엄청난 것을, 무엇인가가 존재하기 시작하는 순간에 가져다 붙인다. 루키우스 타루티우스[350]는 도시 로마의 창건일을 운의 이행을 새겨 보고서 확인했다고 사람들은 말한다.[351] 고대 현자들은 이 시작 시점이 미래의 일에 너무도 큰 영향을 준다고 주장했기에, 율리우스 피르미쿠스 마테르누스[352]는 어떤 사람들이 세상이 존재하기 시작한 정확한 시간을 따질 수 있었고 그 역사로부터 아주

---

348 섹스투스 율리우스 프론티누스(Sextus Julius Frontinus, c. 40-103 AD)는 원로원 의원이었고, 로마의 수로에 대한 자신의 저작으로 유명하다.

349 프론티누스,『로마의 수로에 대하여』, 123, 2.

350 Lucius Tarutius; 루키우스 타루티우스는 기원전 1세기 로마 철학자, 수학자, 점성술가였다.

351 키케로,『예견에 대하여』, II, 98.

352 피르미쿠스 마테르누스, *Matheseos sive astronomicorum libri*, III, *proemium*; 피르미쿠스 마테르누스는 콘스탄티누스 대제 시대의 로마의 수학자다.

정확히 서술할 수 있었다고까지 말했을 정도다. 즉, 아이스쿨라피우스와 아누비스와 이들을 따라 페토시리스와 네켑수스가[353] 주장하는 바인즉, 지평선으로부터 게자리가 솟아오르기 시작하고, 달이 행로의 중간에 있고, 태양이 사자자리에, 토성이 염소자리에, 목성이 궁수자리에, 화성이 전갈자리에, 금성이 천칭자리에, 수성이 처녀자리에 있을 때였다는 것이다.

또한 단적으로 시간은, 우리가 그것을 옳게 해석한다면, 많은 것에게 큰 영향을 끼친다. 즉, 이는 어떤가? 동지 때에, 마른 피막이풀꽃[354]이 피어나고, 부풀어 오른 부레가 터지고, 버드나무 잎과 사과씨가 빙글빙글 도는 것과, 또한 쥐의 간의 근육섬유의 수가 음력 날에 일치하고 똑같은 것 따위 말이다.

나는 이런 것을 가르치는 사람들과 때를 [169] 관찰하는 사람들을 그다지 믿지 않으니, 그들의 학술로써 그들이 일의 정해진 운명을 뛰어넘을 수 있다고 평가할 정도는 아니다. 그럼에도 불구하고 그들이 하늘로부터 경고받아 어떤 때가 개중 더 좋다고 주장할 때 그들을 경멸하지는 말아야 한다. 하지만 그들의 말에 유념해서, 그 말들이 맞으면 혜택이 많을 것이고, 그 말들이 틀려도 해가 되지는 않을 것이다.

여기서 나는 옛사람들이 일을 시작할 때 인정한 다른 우스운 것들을 더할 것이다.[355] 하지만 나는 달리 이해되지 않고 제대로 이해되

---

353 페토시리스(Petosiris)는 유명한 이집트의 수학자이자 점성가다. 네켑수스(Necepsus)는 이집트의 신비적 점성가다.

354 pulegium.

355 2권의 마지막 문단들에서 알베르트는 고대에 믿었던 신념과 전통으로부터 거리를 두면서, 자신의 접근방법이 객관성을 지닌다는 점을 강조하고 있다.

길 바란다. 또한 다른 것들뿐 아니라 특히 바닥을 그리는 것도 마찬가지로 길조로부터 시작해야 한다고 당부하는 사람들은 단적으로 어리석은 사람들이다. 옛사람들은 이 미신에 너무 사로잡혀서, 심지어 채용인원의 이름을 적을 때 그들은 이름이 첫 번째에 적히는 것이 흉하다고 여겼을 정도다. 또한 식민지나 군대를 정화하는 희생의식에서 길한 이름의 사람을 뽑아서 희생물들을 이끌게 했다. 징세를 위한 약정서를 낼 때, 켄소르는 루크리누스[356] 호수의 이름이 길하다고 해서 목록의 맨 앞에 넣기도 했다. 또한 이름이 불길하다고 해서, 원래 에피담노스[357]라고 부른 도시를 '죽으러 가는 선원들'로 불러서 해가 되지 않도록 디라키움[358]이라 바꾸어 불렀다. 같은 까닭에 원래 말로에톤[359]이라고 부르던 도시도 베네벤툼[360]으로 바꾸어 불렀다.

여기서 나는 웃고 있는데, 길한 말과 기도의 사례들을 덧붙이는 것이 재미있기 때문이다. 어떤 사람들은 사람의 말에는 짐승과 무생물이 따르게 할 정도로 힘이 있다고 주장한다. 지친 수소를 말을 해서 일으키자는 카토의 말은 그냥 둔다.[361] 어떤 사람들은 자신들의 땅에 말과 기도로 간청해서, 특수하고 비범한 어떤 나무들이 잘 자라게 해 달라고, 그것들을 다른 곳에 옮겨 심도록 허락해 달라고 한다. 남들의 어리석음을 나열하면서 하찮은 기분에 나는 재미삼아 이런 이

356 Lucrinus.

357 Επίδαμνος.

358 Dyrrachium.

359 Maloeton; 말로에톤이라는 이름은 말레(male)와 오이토스(oitos)로부터 나왔다. 즉, 불운이란 뜻이다.

360 Beneventum.

361 카토, 『농업에 대하여』, 160.

야기도 빠뜨리지 않겠는데, 어떤 사람은 순무 씨앗을 심으면서 순무에게 자신과 가족과 이웃에게 잘 대해 달라고 간청하면 순무가 더 크게 자란다고 하면서 사람 목소리의 영향력을 주장하기도 한다. [171] 하지만 이 경우 왜 저주하고 욕하면서 씨를 뿌리면 바질 허브가 더 잘 자라게 된다고 생각하는지 나는 이해할 수 없다.[362] 하지만 그만하고 넘어가자.

나는 무릇 미심쩍은 미신을 버리고 신성함과 경건함으로써 우리 작업을 시작하는 것이 낫다고 생각한다. "유피테르에게 먼저, 무사여 신들이여, 유피테르가 모든 것에 가득하므로!"[363] 따라서, 순수한 마음으로 일에 착수하고, 신성하고 경건한 제물을 올리고, 특히 하늘의 신들에게 일에 도움과 축복을 달라고 간절히 기도 드리고, 일이 끝까지 바람직하게 순조롭게 이루어져서 작업자, 가족, 손님이 건강과 번영을 계속 누리고 그들의 지위가 보장되도록, 그들 마음에 근심 걱정이 없고 재산이 늘고, 정성에 결실이 있고, 영광이 뻗어 나가도록, 그들과 자손들이 훗날에도 계속 복락을 누리도록 해야 한다고 나는 믿는다. 이에 대해서는 충분하다.

---

362 플리니우스, 『자연사』, XIX, 120.

363 "Ab Iove principium Musae, Iovis omnia plena"; 베르길리우스, 『목가집』, III, 60.

LEONIS BAPTISTAE ALBERTI DE RE AEDIFICAtoria Liber Tertius, in quo de Opere sermo instituitur.

제3권

작업

Operis astruendi ratio in quo uersetur. Structuræ partes quæ sint, quibusq́ꝫ indigeant. Fundamentum non esse structuræ partem. Quod solum sit futurum ædificio cõmodum. Caput I.

OMnis astruendi operis ratio, hac una in re uersatur atqꝫ cõsumitur, ut pluribus ordine congestis, & arte cõpactis rebus, seu sint illi quidẽ quadrati lapides, seu cęmẽta, seu materia, seu qd aliud uis solida ex eis, & quoad eius fieri possit, integra, unitaqꝫ constructio perducatur. Integra counitaqꝫ ea dicentur, quorum partes à partibus neqꝫ resectæ neqꝫ disiunctæ, neqꝫ non suis insitæ locis sint, sed toto linearũ tractu cohæreant atqꝫ cõsequãtur. In structura igitur consyderasse oportet, quæ´nã in ea primariæ sint partes, & quæ partiũ lineæ atqꝫ ordines. Structuræ ꝑficiundæ partes minimè obscuræ sunt. Nanqꝫ summum, infimum, dextrum, sinistrum, proximum, distant, & q̃ inter has extremitates incurrãt media, ex se patent. Sed quid cuiqꝫ insit, cur inter se differant non omnes intelligunt. Neqꝫ enim est opus tollere, ut putant imperiti, lapidẽ lapidi, & cæmẽta cęmentis superastruere. Sed diuersæ cũ sint partes longè diuersis indigent rebus, & industria. Aliud enim fundamẽtis, aliud ꝑ cinctui, & coronis, aliud angulis, & apertionum labris, aliud extremis cutibus, aliud intimis parietum infractionib⁹ & crassationib⁹ debetur. Qđ autẽ cuiqꝫ debeatur, nostrum erit ꝓsequi. In his igit̃ absoluendis ab ipsis fundamentis incipiemus, eos (ut diximᵘ imitati) qui manu sint opus effecturi. Fundamentum, ni fallimur, structuræ pars non est, sed locus uidelicet ac sedes, in qua structura ipsa tollenda, statuendaqꝫ sit. Nam si dabitur area penitus solida, atqꝫ omnino constans, lapidea fortassis, quales apud Veios nonnullas inuenis, qu e´nam ubi illic erunt fundamenta iacunda potius, quàm ut structuram ipsam attollas. Apud Senas insistunt maximæ turrium moles, ipso primo, & nudo in solo positæ. Est enim mons solidus substratus topho. Fundatione igitur, hoc est, ire in fundum, atque fossura erit opus ubi firmum, stabileqꝫ solum, profossa, densiſa´que fouea quærendum sit, quod ipsum

Iuxta

제1장

작업에서 다루는 것에 대해서. 구조의 요소들이 무엇이고 무엇에 필요한지에 대해서. 기단은 구조의 일부가 아님에 대해서. 어떤 땅이 건축물에 장차 좋을지에 대해서

[173] 무릇 작업을 짓는 원리는 이 하나에 직결되고 결집된다. 즉, 여러 가지 것들을 질서로써 함께 모으고 학술로써 짜 맞추어, 그것들이 마름돌이건, 시멘트건, 목재건, 또는 그대가 원하는 무엇이건,[1] 그것들로부터 하나의 굳건하고도 되도록 온전하고 통일된[2] 구축물[3]을 이끌어 내는 것이다.[4] 그것의 부분들이 다른 부분들에 대해 그 어떤 것도 잘려 나가지[5] 않고 그 어떤 것도 따로 떨어져 있지[6] 않고, 그 어떤 것도 제자리에 놓이지 않은 것이 없고, 그 대신 모든 선들이 만나고 맞아 떨어지는 그러한 것을 온전하고 통일적이라고 부를 것이다.

따라서 구조에서 고려해야 할 것은 구조에서 으뜸가는 요소들이 무엇이고 부분들의 선들과 질서가 무엇인가 하는 것이다. 실현할 구

1 마름돌(quadrati lapides; 또는 콰드라투스[quadratus]), 시멘트(cementa), 목재(materia).

2 integra unitaque.

3 constructio.

4 "omnis astruendi operis ratio hac una in re versatur atque consumitur"; 1권 1장에서 리네아멘툼을 설명하는 대목과 대응된다("Lineamentorum omnis vis et ratio consumitur").

5 resectae.

6 disiuntae.

조의 부분들이란 결코 애매하지 않다. 즉, 그것들은 꼭대기와 바닥, 오른쪽과 왼쪽, 가까운 것과 먼 것, 또한 이 양 극단들 사이에 놓인 중간의 것들로 이루어진다. 하지만 무엇이 그 각각에 속하는지, 왜 서로 다른지를 모두가 알지는 못한다.

왜냐하면 작업을 세우는 것은, 미숙한 사람들이 생각하듯이 돌을 돌 위에, 석재를 석재 위에 쌓아올리는 것이 아니기 때문이다. 그 대신 다양한 부분들이 있는 만큼이나 다양한 재료와 일이 필요하다. 그래서 어떤 것은 기초에, 어떤 것은 프로킨투스[7]와 코니스에, 어떤 것은 각과 개구부의 가장자리[8]에, 어떤 것은 바깥 면에, 어떤 것은 벽의 중간 충전재[9]와 두께에 쓴다. 각각의 경우에 무엇이 마땅한지가 이어질 것이다.

따라서 이를 완성함에 있어서 우리는 앞에서 말했듯이 손으로 작업하는 사람들을 모방해서 기초[10]부터 시작하겠다.[11] 내가 틀리지 않다면 기초는 구조의 일부가 아니라 구조를 그 위에 세우고 쌓는 곳임이 분명하다. 베이[12]에서 그대가 이따금 발견할 수 있는 돌처럼 아주 튼튼하고도 완전히 안성맞춤인 바닥이 주어진다면, [175] 그 위에 구

---

7 procinctus; girdle(Rykwert et al.); chaîne(Caye et Chaoy); 높이로 봤을 때 벽의 중간부분에 해당하는 곳이라고 알베르티는 정의하고 있다.

8 labrum.

9 infarctio; legamento(Orlandi): "*legameti*: con il termine *procintus* l'A. intende ciò che nel linguaggio tecnico dell'architettura si definisce cordolo' e 'ricorso'. Vedi III, 9, qui a pp. 208 sgg."; infill(Rykwert et al.); remplissage(Caye et Chaoy).

10 fundamentum; 나는 fundamentum, fundatio 둘 다에 대해 기초라고 번역하겠다. 앞의 것이 좀 더 넓은 의미의 기초다.

11 2권 13장에서 말한 대로다.

12 Veii; 에트루리아의 고대도시.

조를 올릴 기초를 둘 필요가 있겠는가? 시에나에서는 큰 덩치의 탑들을 맨땅 위에 곧장 세운 것을 볼 수 있는데, 이는 그 밑이 석회화[13]로 된 단단한 언덕이기 때문이다.

따라서 기초[14] 즉 "바닥으로 감"[15]과 터파기[16]는 튼튼하고 안정된 땅바닥에 닿을 수 있는 곳에서는 어디든지 필요한 작업일 텐데, 거의 모든 곳에서 알맞은 작업일 것이다. 그것들에 대해서는 뒤에서 말하겠다. 알맞은 땅의 표시는 이렇다. 즉, 습한 곳을 좋아하는 풀이 없을 것. 나무가 아예 없든지 또는 아주 단단하고 치밀한 땅에서 자라는 나무만 있을 것. 주변의 모든 것들이 아주 건조하고 메말라 있을 것. 돌이 많은 땅이되, 돌이 작고 둥글지 않고 그 대신 모나되 치밀하고 특히 규석질[17]일 것. 땅속에 샘이 솟지도 않고 지하수가 흐르지도 않을 것. 왜냐하면 물의 흐름은 그 본성상 움직이는 대로 물질을 끊임없이 실어 가 버리거나 실어 오기 때문에, 강이 가까이에서 흐르는 평지에서는 그 바닥까지 파 내려 가서야 단단한 땅이 드러나기 때문이다.

따라서 그대가 무엇이든지 파기 시작하기 전에, 바닥들의 모서리들과 모든 가장자리들의 선들을 아주 세심하게 거듭거듭, 어떤 식으로 있게 될지 또한 어느 자리에 있게 될지 새겨 두어야 한다. 이 각들

---

13 tofus.

14 fundatio.

15 hoc est itionee in fundum; 알베르티는 기초(fundatio)라는 말이 "바닥(fundus)으로 감(itio)"이라고 어원을 풀이한다.; 오히려 fundere(찾다)에 접미사-atio가 붙어서 "찾는 과정"을 뜻하는 것일 수 있다.(Rykwert et al., 61쪽 각주 4번)

16 fossura.

17 siliceus.

을 두기 위해서는 조그만 자 말고 아주 큰 자가 필요하다. 그래야지 선의 방향이 더 정확히 따라 나온다. 옛사람들은 곧은 자 세 개를 삼각형 하나에 묶어서 썼는데, 그것들의 하나는 3 쿠비투스, 다른 것은 4 쿠비투스, 세 번째는 5 쿠비투스[18]였다.[19]

또한 미숙한 사람들은 바닥을 차지한 모든 것들을 모조리 철거하고 땅을 우선 치우고 온통 평평하게 해 두지 않고서는, 이 각들을 놓는 법을 알지 못한다. 이 목적으로 그들은, 적들의 땅에서는 더 점잖게 할 것을, 망치로 무장한 철거작업자들을 들여보내서 모든 것을 때려 부수어 없애버리게 한다. 이것은 바로잡아야 하는 잘못이다. 즉, 많은 불운, 시간의 역경, 우연과 필연은, 그 어떤 것도 시작된 것이 진행되지 못하도록 경계하고 금지하는 많은 것들을 초래할 수 있다. 어쨌든, 선조의 노고를 존중하지 않거나, 또한 시민들이 [177] 그들의 조상들의 라레스[20]로부터 취하는 편의를 고려하지 않는 것은 단적으로 그른 것이다. 어디라도 없애고 철거하고 평평하게 고를 시간은 언제나 남아 있다. 따라서 원래의 것들을, 그것을 철거하지 않고는 새것을 지을 수 없을 때까지, 온전히 보전하기를 바란다.

---

18 cubitus.

19 길이 3, 4, 5의 직각삼각형이다. 비트루비우스는 『건축십서』, IX, 서장, 6에 이런 식으로 직각을 만드는 방법에 대해 썼다. 1쿠비투스는 사람 팔의 하박(下膊)의 길이로서, 비트루비우스에 따르면 고대로마에서 1쿠비투스는 1.5척(pedes)이다.

20 lares.

제2장

기단을 선으로써 표시하는 것에 대해서. 땅의 굳기를 알 수 있는 증거에 대해서

기초[21]를 그리기 위해서 기억해야 할 것은, 벽의 엑소르디움[22]와 소쿠스[23], 즉 그것들까지를 기초라고 부르는 것들을 이후에 두게 될 벽보다 넓게 하는 것인데, 이는 토스카나 알프스에서 사람들이 눈 속을 걸을 때 그들이 발에 끈 달린 체를 끈으로 묶어 신어서 발자국을 더 키워서 발이 덜 빠지게 한 것을 모방한 것이다.

각들을 어떻게 새겨 두는지를 말로써만 정확히 설명하기는 쉽지 않다. 각들을 정하는 원리는 수학자들로부터 나오며 선들의 본보기가 필요하다. 이 주제는 지금의 주장에서 낯선데, 우리는 그것을 『수학 주해』에서 다룬 적이 있다.[24] 그럼에도 불구하고 나는 할 수 있는

---

21 fundamentum.

22 exordium; le départ(Caye et Choay).

23 soccus; la semelle(Caye et Choay).

24 commentarii rerum mathematicorum; 알베르티는 *Ludi mathematici* (또는 *Ludi rerum mathematicarum*)라는 수학 저서를, 『건축론』의 저술이 아마도 완료되기 직전이었을 1450-1452년에 저술했다. 여기서 말하는 『수학 주해』는 *Ludi mathematici*일 수 있다. 물론 확인되지 않은, 소실된 다른 알베르티의 텍스트일 가능성도 없지는 않다.(Caye et Choay, 142쪽 각주 8번을 참조할 것, 또한 Grayson, "The Composition of L. B.

한 여기서 최대한 설명해 보겠는데, 그래야지 재능을 갖춘 그대들 중 누구라도 스스로 쉽게 문제를 쫓아갈 만큼 잘 이해할 수 있게 될 것이다. 어떤 것들은 아직 불확실하니, 정확히 알려면 『주해』 자체로부터 만족스런 답을 구할 것이다.

우리는 기초를 정의하기 위해서 라디케스[25]라고 부르는 선들을 다음의 방식으로 배분하는 데 익숙하다. 나는 건축물의 정면의 가운뎃점으로부터 건축물의 뒷부분까지 선을 뻗어 그리고, 그 길이의 중간에 말뚝을 땅에 박고, 그것을 가로지르도록, 기하학의 가르침에 따라 직교하는 선을 긋는다. 이렇게 이 두 선들을 이용해서 무엇이든지 측량하게 된다. 모든 것들이 아주 잘 뒤따른다. 즉, 평행선들을 그리기가 쉽고, 각들이 정확히 잡히고, 부분들이 부분들에 호응하고 딱 맞아 떨어진다.

[179] 옛 건축물들의 벽들이 가로막고 있어서, 두어야 할 각의 경계와 자리를 시선으로 보아서 막힘없이 표시하는 것이 불가능하다면, 그대는 평행선들을 그려서 자유롭고 막힘없는 길이 열리게 해야 한다. 그다음으로 교차점을 표시하고, 그노몬[26]뿐 아니라 지름을 길게 뽑고, 또한 다른 평행선들을 직각으로 그리게 되면, 우리는 해결에 아주 잘 도달할 것이다. 또한 더 이상 더 편리할 수 없는 방법이 있는데, 즉 어딘가 높은 장소로부터의 시각적 방사선들을 경계짓는 수평선이 있고 거기로부터 수직선을 떨어뜨려서 정확한 방향과 진행을

Alberti's Decem Libri"를 볼 것)

25 radices; radix의 일차적 의미는 뿌리다. 축선을 가리킨다.

26 그노몬은 표면에 그 그림자를 드리우는 막대다. 방향을 가리키기 위해, 특히 수로를 그리기 위해 그노몬을 사용하는 것에 대해서는 10권 7장에서 다룬다.

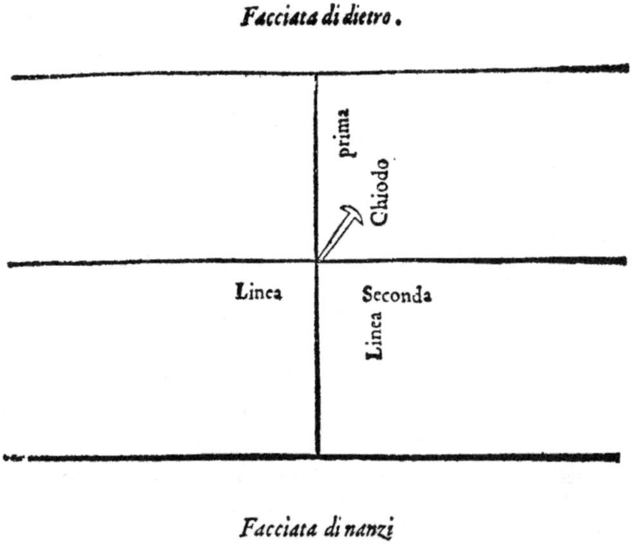

〈그림 8〉 기초를 놓기 위해 라디케스(radices)라는 축선들을 그리는 방법. 정면의 가운뎃점에서부터 건축물 뒤까지 그림에서 보듯이 첫 번째 선(Linea Prima)을 직선으로 그린 뒤, 그 선의 중간지점에 말뚝을 땅에 박고 이것을 지나면서 첫 번째 선에 직교하는 두 번째 선(Linea Seconda)을 직선으로 긋는다.

돋보이게 하는 것이다.[27]

터파기를 위한 선들과 각들을 이렇게 표시하고 나면 사람들이 이 시대에 어느 히스파니아 사람이 지녔다고 말하는 전망과 직관을 품는 것이 알맞을 텐데, 그 사람은 땅속 깊숙이 흐르는 수맥을 마치 그것이 땅 위에서 흐르는 것처럼 뚜렷이 알아차렸다고 한다. 땅속에서는 많은 것들이 인지되지 않은 채 지나가고 있고, 그래서 건축의 부

27 알베르티 자신의 회화론의 내용을 연상시킨다.

담과 비용을 떠받치는 것을 그대가 위험 없이 하지는 못한다. 그래서 단적으로 기초는 전체 건축물에서뿐 아니라 특히 기초 자체에서 결코 간과해서는 안 되며, 거기서 사려 깊고 신중한 건설자의 생각과 관심이 요청될 수 있다. 다른 곳에서는 설령 실수가 있더라도, 기초에서 생기는 실수보다는 피해가 가볍고 고치기도 쉽고 참기도 더 쉬울 수 있지만, 기초에서는 어떤 실수의 변명도 받아들여서는 안 된다.

또한 옛사람들은 말하기를, "행운과 행복이 있을 테니, 굳은 땅을 발견할 때까지 파라"고 한다. 왜냐하면 땅에는 여러 겹의 층[28]들이 있고, 어떤 것들은 모래층, 어떤 것들은 자갈층, 어떤 것들은 돌로 된 층 따위인데, 그것들 밑에는 순서가 다양하고 불확실한, 치밀하고 굳은 층이 놓여 있으며 이것은 건축물들을 떠받치기에 아주 튼튼하다. 이 층은 다양해서, 다른 종류와 비슷한 점이 거의 없고, 어떤 곳은 아주 단단해서 쇠로도 뚫을 수 없고, 어떤 곳은 더 두껍고, 어떤 곳은 검고, 어떤 곳은 땅들 중에서 가장 약하다고 사람들이 생각하는 흰색층이고, 어떤 곳은 진흙층이고, 어떤 곳은 규석층이고, 어떤 곳은 자갈과 진흙이 섞여 있다. 이것들 가운데 어떤 것이 최선인지는 확실히 말할 수 없다. [181] 단, 쇠가 들어가지 않는 것이나 물에 풀리지 않는 것을 추천할 만하다. 또한 땅을 꿰뚫고 솟아나는 샘 아래에서 발견되는 것보다 더 확실하다고 여겨지는 실체는 없다.

지역주민이건 근처에 있는 건축가이건 이 문제에 지식과 경험이 있는 사람들로부터 조언을 받아야 한다고 우리는 생각한다. 그들

28 cutis.

은 기존 건축물들을 이해함으로써, 또한 새로운 건축물들을 지음에 있어서 날마다 경험함으로써, 그대가 짓는 곳에서의 땅의 본성과 특질을 잘 이해하고 있을 것이다. 그럼에도 불구하고 땅의 굳기를 미리 시험하고 알아볼 수 있는 방법이 있다. 즉, 만약 그대가 무거운 것을 땅 위로 굴리거나 높은 곳에서 떨어뜨렸는데도, 땅이 뒤흔들리지 않거나 거기에 접시에 담아 둔 물이 출렁이지 않으면, 틀림없이 땅의 단단함이 보장된다고 우리는 이해할 것이다. 그럼에도 불구하고 그대가 단단한 땅을 모든 곳에서 항상 발견할 수 있지는 않다. 그 대신 아드리아 바다와 베네치아[29]에 있는 지역처럼 표토 아래에서 무른 진흙만 나오는 지역도 있을 것이다.

29 Venetiae.

제3장

장소의 종류가 다양하며, 따라서 우물이나 저수지를 파 보기 전에는 어디든 확신하지 말아야 한다는 점, 하지만 습지에서는 끝을 태운 말뚝으로 기초를 만들어야 한다는 점, 또한 그 기둥머리를 아래로 거듭 쳐서 머리까지 박아 넣어야 한다는 점에 대해서

따라서 기초의 원리는 장소의 다양성에 따라 다양해질 수밖에 없을 것이다. 어떤 곳은 높고 어떤 곳은 낮고 어떤 곳은 그 중간으로서 예를 들어 비탈진 곳일 수 있다. 여기서 어떤 곳은 너무 메마르고 건조한데, 특히 산의 고개와 꼭대기에서 그렇다. 어떤 곳은 아주 축축하고 습한데, 바닷가, 호숫가, 골짜기 아래에서 그렇다. 어떤 곳은 늘상 전혀 메마르지도 아주 축축하지도 않은데, 그 본성상 비탈져 있어서 그 물이 안 움직이고 고여 있는 것이 아니라 그 대신 경사를 따라 흘러 빠져나가는 그런 곳에서 그렇다.

어떤 장소도 쇠가 안 박힌다고 해서 찾아낸 그 자리에서 바로 믿어서는 안 된다. 왜냐하면 평지에서는 땅이 불안정한 경우, 이 때문에 막대한 피해가 생겨서 작업 전체가 어느 날 무너져 버릴 수도 있기 때문이다. 우리도 [183] 베네토 지방의 도시 메스트레[30]에 있는 탑이, 완공된 뒤 몇 년 뒤에 그것에 실린 하중 때문에, 얇고 약하다고

30 Mnestor; 메스트레(Mestre)는 베네토 지방의 도시다.

증명된 땅이 성가퀴[31] 위까지 내려앉아 버린 것을 보았다. 크게 비난받아야 할 사람들은, 건축물을 받치는 데 알맞은 자연스레 단단한 층을 찾는 수고를 들이지 않고 그 대신 남아 있는 옛 폐허를 찾아 경솔하게도 그 크기와 상태를 철저히 조사하지 않고서 그것을 대규모 벽의 기초로 삼은 사람들이다. 비용을 아끼려는 욕심에 건축물 전체를 무너뜨리게 된 것에 그들은 책임져야 할 것이다.

그래서 사람들은 먼저 우물 몇 개를 파 두라고 주의를 준다. 이는 다른 까닭들 말고도 각각의 층이 작업을 얼마나 잘 받치는지 또는 취약하게 만드는지 파악하기 위해서다. 게다가 찾아낸 물과 치워진 것들은 수행할 일에 많은 편의성을 가져다준다. 게다가 또한 환기구를 만들어서 땅속의 호흡[32]에 따른 피해에 영향을 덜 받게 해서 건축물을 튼튼하게 해 줄 것이다. 그러므로 우물, 수조, 하수구, 또는 다른 깊은 구멍을 파서, 땅속에 감춰진 여러 층들을 파악하고 나서, 그 작업을 받칠 가장 알맞은 층을 골라야 한다.

또한 장소가 높든 어쨌든 간에 거기에 물길이 지나서 침식될 수 있으면 도랑을 가급적 깊이 파는 것이 좋다. 즉, 울퉁불퉁 솟은 바위들이 원래는 산의 숲에 덮여 있다가 날마다 더 솟아나 보이는 것은 산이 비에 계속 쓸려 나가 줄어든 증거다. 피렌체 위쪽에 있는 마우렐리우스 산[33]은 우리 부친[34] 때만 해도 울창한 전나무로 푸르렀지만

31 pugnaculum.

32 respiratio; 땅속에 있는 공기가 내뿜음을 가리킨다.

33 Maurelius; 모렐로(Morello) 산. 피렌체 북서쪽에 자리 잡고 있다.

34 알베르티의 부친은 로렌초(Lorenzo de'Benedetto degli Alberti)다. 알베르티의 출생과 부모에 대해서는 해제를 볼 것.

이제는 민둥산에 사나워졌는데, 내가 옳다면 비에 쓸려 나가서 그렇게 된 것이다.

비탈진 바닥들에는 가장 낮은 지점에서, 가장 아래쪽 지점의 기초부터 작업하기 시작하라고 유니우스 콜루멜라[35]는 당부했다.[36] 이는 실로 타당하다. 즉, 기초를 견고히 하면 땅에 편안히 앉히고 아주 내구성 있음이 증명될 테고, 버팀대로 작용해서 집을 확장할 경우 그 위에 증축한 것들을 튼튼하게 받칠 것이다. 게다가 이런 도랑의 경우, 간혹 [185] 균열이나 산사태가 일어나면 그것들이 더 잘 보이고 덜 피해가 갈 것이다.

습지에서는 도랑을 넓게 파서 그 양쪽을 말뚝, 고리버들세공, 판자, 해초, 진흙, 그 밖의 비슷한 재료들을 써서 보강해서 물이 새어 들지 않게 하는 것이 좋다. 다음으로 도랑에 남은 물을 길어 내고 모래를 파내고 바닥에서 진흙을 완전히 제거해서, 땅이 발아래에서 완전히 견고하도록 해야 한다. 상황에 따라서는 모래토양에도 똑같은 과정을 수행해야 한다.

마지막으로 터파기의 기단부 전체는 완전히 평평해서 어느 부분으로도 기울어져서는 안 된다. 그래야지 하중이 골고루 분산된다. 무게는 낮은 지점으로 쏠리게 마련이기 때문이다.

습지에는 추가조치를 할 것을 사람들은 당부하는데,[37] 다만 그것

35 Iunius Columella; 루키우스 유니우스 메데라투스 콜루멜라(Lucius Iunius Moderatus Columella, 4-c.70AD)는 로마제국에서 농업에 대해 쓴 작가다. 『농사론』(*Res rustica*)과 『나무에 대하여』(*De arboribus*)를 썼다.

36 콜루멜라, 『농업』, I, 5, 9.

37 비트루비우스, 『건축십서』, III 4, 2.

〈그림 9〉 사이공간을 띄어 벽기둥과 기둥들의 기초들만 만드는 방법에 대한 그림

은 기초보다 구조와 관련된다. 즉, 끝을 검게 태운 말뚝을 땅에 거꾸로 여러 개 박는다. 계획한 벽의 바닥의 두 배를 감당해야 한다. 또한 말뚝의 길이는 계획 높이의 8분의 1보다 작아서는 안 된다. 그 두께는 길이의 12분의 1보다 작아서는 안 된다. 가까이 붙여 박아야 하고 더 박아 넣을 여지가 없게 해야 한다. 말뚝박기에 어떤 기계를 쓰든지 간에 너무 무거운 망치를 쓰지 말고 거듭해서 타격할 수 있는 것을 쓴다. 너무 무거우면 목재가 타격과 큰 무게를 견디지 못할 것이고 곧바로 쪼개질 것이다. 그 저항이 얼마나 크든지 간에, 집요하게 거듭 타격하면 토양을 깨고 약화시킬 것이다. 딱딱한 나무에 가는 못을 박을 때 이것이 증명될 것이다. 무거운 망치 대신 알맞게 가벼운 것을 쓰면 못이 잘 들어간다.

이로써 터파기에 대해 말했다. 다만 어떤 경우에는 비용을 줄이기 위해서나 또는 불안정한 땅을 만들지 않기 위해서, 단일하고 연속된 터파기 위에 튼튼한 건축물을 짓는 대신, 사이공간을 띄어 벽기둥과 기둥들의 기초들만 만드는 것이 나을 것이다. [187] 그리고는 벽기둥에서 벽기둥으로 아치를 만들고 벽의 나머지를 꼭대기까지 세운다. 여기서 우리는 다른 곳에서 말한 것과 똑같은 원리를 따라야 한다. 하지만 무게를 더 많이 실으려 할수록 기초와 기초벽은 더 넓고 단단해야 한다.

제4장
돌의 본성, 형태, 습성에 대해서. 또한 회반죽 비빔에 대해서

구조로 나아가는 것이 남았다. 하지만 작업자의 기술과 쌓는 순서는 부분적으로는 돌의 본성, 형태, 반응에 따르고 부분적으로는 석회의 접착과 연결,[38] 그리고 인대[39]에 달려 있으니, 따라서 이에 대해 먼저 짧게 말해야 하고, 이것이 주제에 맞다.

어떤 돌은 거칠고 단단하고 눅눅한데, 부싯돌이나 대리석 따위가[40] 그렇고, 태생적으로 무겁고 소리가 난다. 어떤 돌들은 푸석푸석하고[41] 가볍고 둔탁한데, 규암과 역암(礫岩)[42]이 그렇다. 마찬가지로 어떤 돌들은 면이 평평하고 모서리가 직선이고 각이 똑같으며 이 돌들을 사람들은 마름돌[43]이라고 부른다. 어떤 돌들은 면, 모서리, 각이

---

38 “calcis fulturaeque glutino”.

39 illigamentum; 靭帶; 인대는 우리 몸에서 뼈와 뼈를 연결하는 치밀결합조직다발이다. 몸의 비유로서 건축부재를 가리키고 있다.

40 부싯돌(silex), 대리석(marmora).

41 exhausti.

42 sabulosi; les pierres alluvial, poudingue.(Caye et Choay)

43 quadratus.

다양한데, 이것들을 우리는 막돌[44]이라고 부를 것이다. 되돌아와서 어떤 돌들은 커서, 썰매, 지렛대, 굴림대, 운반대[45] 따위를 쓰지 않고 사람이 맨손으로 나를 수는 없다. 어떤 돌들은 작아서 집어 들어 한 손으로도 맘대로 배열할 수 있다. 세 번째의 돌들은 크기와 무게에서 그 중간 것들로서, 이것들을 우리는 중간 돌[46]이라고 부른다.[47]

무릇 돌은 온전하고 흙이 없고 잘 젖어 있어야 된다. 돌이 온전한지 아니면 금이 갔는지는 그것을 쳤을 때 나는 소리로 알 수 있다. 돌은 개울에서보다 더 깨끗이 씻기는 곳이 없다. 돌이 "중간 돌"이면, 보통 9일 미만으로 적셔서는 충분하지 않다. 더 큰 돌은 더 오래 걸린다. 채석장에서 갓 캐낸 것이 오래된 것보다 더 낫다. 석회와 한 번 붙었던 돌은 다시 잘 붙지 않는다. 돌에 대해서는 이것으로 충분하다.

석회[48]는 가마에서 꺼냈을 때 덩어리에 금이 가 있고 온전하지 않고 으스러져 있고 아주 가루상태면 작업에 쓰기에 약하므로 사람들이 허용하지 않는다. 쓸 만한 석회라고 그들이 인정하는 것은 구워서 순화되어 희고 가볍고 소리 나거나, 또는 물을 끼얹었을 때 [189] 금이 많이 가면서 김을 많이 내뿜는 것이다.[49] 앞의 것은 강도가 덜해서 모래가 적게 쓰인다. 뒤의 것은 더 단단해서 모래가 더 많이 필요

44 incertus.

45 gerula.

46 iustus.

47 돌을 다듬는 정도에 따라 마름돌과 막돌, 두 가지로 나누고, 돌의 크기에 따라 세 가지로 나눈 것이다.

48 가마에서 공기를 차단하고 구워서 생산한 생석회(CaO)를 가리킨다.

49 생석회가 물과 반응하여 소석회가 되는 과정에서 그런 격렬한 반응이 일어날 수 있다. 화학식은 $CaO + H_2O \rightarrow Ca(OH)_2$이다.

하다. 카토는 1척[50]의 작업마다 석회 1단위[51]를 모래 2단위와 함께 써야 한다고 했다.[52] 하지만 다른 의견들도 있다. 비트루비우스와 플리니우스는 채석장에서 가져온 모래일 경우 모래 4단위와, 강모래 바다모래일 경우는 3단위와 섞어서 써야 한다고 했다.[53]

게다가 돌의 본성과 특질에 따라서, 이에 대해서는 다시 다루겠지만, 재료가 더 액상이고 물렁물렁해야 하고 모래를 체로 걸러야 한다. 하지만 더 빽빽한 것을 원하는 경우, 거친 자갈과 고운 돌 부스러기 반에 모래 1을 섞어야 한다. 깨부순 타일 3분의 1을 여기 더하면 훨씬 더 튼튼해진다는 데 대부분의 사람들은 의견이 일치한다. 하지만 무엇을 섞든지 간에, 가장 작은 알갱이들도 흡수되도록 계속 반죽해야 한다. 모르타르[54]가 잘 반죽되도록 오래 휘젓고 두드리는 것은 이 때문이다. 석회도 마찬가지다. 다만, 석회는 다른 종류의 돌보다는 그것과 같은 종류인 석회석과 더 잘 접착한다는 점(특히 똑같은 채굴장에서 나왔을 경우)을 덧붙이고 싶다.

---

50 pes; 295밀리미터.

51 modius; 알갱이를 재는 로마의 도량형 단위. 16 섹스타리(sextarii)에 해당하며, 오늘날 8.73리터에 해당한다.

52 카토, 『농사에 대하여』, 15.

53 비트루비우스, 『건축십서』 II, 5, 1; 플리니우스, 『자연사』, XXXVI, 175를 볼 것.

54 mortarium.

제5장

옛사람들의 기념비와 본보기를 따라 기초를 만드는 것에 대해서

기초벽[55]은 기초로부터 바닥까지 채우는 부분으로서, 기초벽을 올리는 것에 대해서 내가 알기로 옛사람들이 알려 준 것이라고는 단지, 하늘 아래 드러나 있는 돌이 앞에서 말했듯이 캐낸 뒤 두 해가 지나 흠이 있는 것을 기초에 써야 한다고 했을 뿐이다.[56] 즉, 군대에서 땡볕과 먼지를 견디지 못하는 게으르고 겁쟁이인 자들을 집으로 불명예스럽게 되돌려 보내는 것처럼, 마찬가지로 약하고 무력한 돌을 되던져 버려서, 원래 아무 일도 안 하던 상태로 또한 익숙한 그늘에서 하찮게 남아 있게 한다. 그럼에도 불구하고 역사가들의 책에서 나는 배웠으니, 옛사람들은 땅에 기초벽을 두는 데에 매번 모든 수고와 세심함을 기울였고 그래서 그 구조가 가급적 모든 부분들에서 벽의 나머지보다 덜 튼튼하지 않게 했다는 것이다.

[191] 미케리누스[57]의 아들, 이집트 왕 아수키스[58]는 부친의 주

---

55 pedamentum; muretti(Orlandi); mur de fondation(Caye et Chaoy).

56 2권 8장을 볼 것.

57 Nicerinus; 미케리누스.

58 Asithim; 아수키스.

겸을 담보로 남에게서 차용할 수 있는 법을 제정한 왕인데,[59] 그는 벽돌 구조의 피라미드를 지었을 때, 우선 기초를 두기 위해 늪에 나무 말뚝을 박은 뒤에 그 위에 벽돌을 쌓았다.[60] 기억으로 전해지기로 에페소스에 있는 유명한 다이아나 신전을 맡은 탁월한 크레시푸스[61]는, 평탄하고 흠 없는, 지진도 없을 땅을 고른 뒤에 그렇게 큰 덩치의 기초가 미끌리고 충분히 안정적이지 않은 땅에 마구잡이로 놓이지 않도록[62] 석탄층을 먼저 펼쳐 깔고 그 위에 짐승 가죽을 깔았다고 사람들은 말한다. 말뚝사이 공간에 석탄을 채워 짓이기고, 그 위에 마름돌층을 가급적 길게 이어 붙여서 깔았다.[63] 또한 예루살렘에서 공적인 작업의 기초에서 어떤 돌들은 길이가 20 쿠비투스, 높이가 적어도 10 쿠비투스였다고 나는 배운다.[64]

아주 숙련된 옛 건축가들이 아주 큰 작업들에서 다양한 방식과 원칙으로 기초를 채운 점에 나는 주목했다. 안토니니의 무덤에서[65] 그들은 시멘트에 적신, 손바닥보다 크지 않은 딱딱한 돌조각들로 된 골재로써 기초를 채웠다. 은세공자 포럼[66]에서 그들은 기초를 분류한 돌 조각들로 된 골재로써 채웠고, 코미티움[67]에서는 보통의 돌조각

59 헤도로토스, II, 136.

60 헤도로토스(II, 136)는 아수키스가 습지에 말뚝을 박아 거기 묻은 진흙으로 벽돌을 만들었다고 썼다.

61 Cresiphus.

62 비트루비우스, 『건축십서』, VII, 서장, 12.

63 플리니우스, 『자연사』, XXXVI, 95; 비트루비우스, 『건축십서』 V, 12, 6.

64 에우세비우스, *Praeparatio Evangelica*, IX, 4.

65 로마에 있는 하드리아누스의 마우솔레움을 가리킨다.

66 forum argentarium.

67 Comitium.

들과 돌덩어리로써 채웠다. 하지만 내게 특히 인상적인 것은 타르페이아[68]에, 자연을 모방해서 언덕배기에 아주 딱 들어맞는 작업을 한 사람들이다. 즉, 딱딱한 돌과 무른 재료를 번갈아서 언덕을 쌓은 것처럼 그들은 마름돌층을 기단부로 놓았는데 이는 깊이 2척에 가급적 아주 단단하다. 이 아래에 2척의 골재로 된 반죽 같은 물질이 있다. 그러고 나서 그들은 기초의 나머지를 돌과 반죽을 번갈아 층을 만들어 채웠다.

다른 데서도 나는 선조들이 구덩이에서 캔 자갈로만이 아니라 또한 마찬가지로 지표면에서 끌어모은 아주 단단한 돌로도 만든, [193] 아주 단단해서 몇 백 년이나 된 이런 식의 기초 작업들과 구조들을 보았다. 볼로냐에서 높고 튼튼한 탑 하나를 철거했을 때 그 기초를 보니 둥근 돌과 찰흙으로 거의 6척 깊이까지 채워져 뻗어 있었고 나머지는 석회석으로 되어 있었다. 따라서 이 원리에서는 다양하다. 또한 어느 것이 좋은지 말하기 어려운데, 온갖 종류의 기초들 중에는 아주 튼튼하고 아주 강한 사례들을 찾아볼 수 있기도 하다. 하지만 잔해들과 소멸하는 것들로 기초를 만들지 않는 한, 검약하게 하는 것이 나의 원칙이다.

다른 종류의 기초벽들도 있다. 어떤 것들은 포티코[69]에 또한 열주를 받치는 곳들에 둔다. 다른 것들은 해안 땅을 위한 것인데, 거기서는 단단한 땅을 원하는 대로 구할 기회가 확실히 보장되지는 않는다. 바다에 대해서는 깊은 바다 안에 항구와 방파제를 놓는 것에 대

68 Tarpeia.

69 porticus.

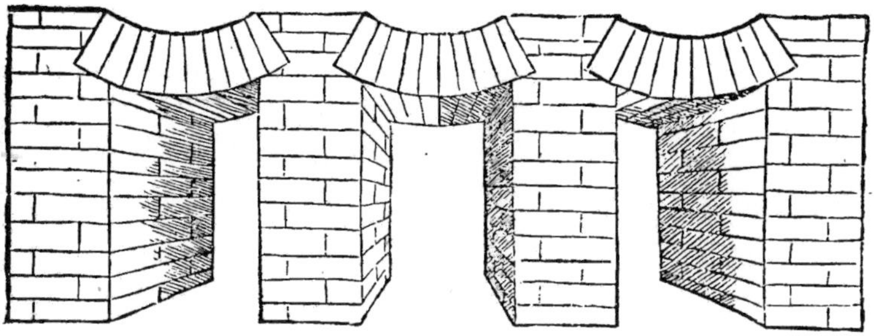

〈그림 10〉 열주를 받치는 기초벽의 도해

해 다룰 때에 말한다. 왜냐하면 그것은 여기서 우리가 말하고 있는 보편적인 건축물의 작업에 관련되어 있지 않고 그 대신 도시의 특정 부분에 관련되어 있는데, 이에 대해서는 그 종류의 다른 것들과 함께, 공적인 작업들에 대해 하나씩 언급할 때 다룰 것이다.[70]

열주에는 긴 터파기 전체에 연속된 구조에 의해서 채울 필요가 없다. 그 대신 먼저 기둥들 자체의 자리와 받침대[71]를 보강하고 그런 뒤 이 각각을 뒤집힌 아치로 즉 굽어 있는 등을 아래로 해서 연결해서 바닥의 높이를 현(弦)에 맞추는 것이 좋다. 이 아치들에 의해서 주어지는 지지력은, 사방으로부터 한 지점에 서로 다른 무게들이 집중되었을 때, 꿰뚫리지 않게 해 준다.

기둥들이 땅으로 얼마나 가라앉으려 하는지, 그 기둥들에 하중이 얼마나 집중되어 실리는지에 대해서는 유명한 베스파시아누스 신전의 북서쪽 각이 잘 보여 준다. 즉, 거기서 바닥의 각이 가로채어 버린

70 5권 12장에서 다룬다.

71 cubilia.

공적인 길을 사람들이 지나 다닐 수 있기를 원해서 [195] 바닥 안쪽으로 신전의 구조를 궁륭으로 된 통로를 냈는데, 그리 되니 길의 옆쪽이 각기둥처럼 남겨져서 그것을 보강하고 버팀대로 받쳤다. 그럼에도 불구하고 이것은 엄청난 건축물의 내리누르는 덩치 때문에 또한 땅의 가라앉음 때문에 훼손되었다. 이에 대해서는 충분하다.

제6장

두꺼운 벽에 바닥부터 꼭대기까지 통풍구가 필요함에 대해서. 기초와 벽 사이의 것에 대해서. 벽의 일차적인 부분이 무엇인지에 대해서. 구조의 세 종류에 대해서. 기단의 재료와 형태에 대해서

기초를 놓았으니 이어서 벽이 풀려 나아간다. 여기서 나는 기초를 채우는 것뿐 아니라 또한 벽 전체를 완성시키는 것과 관련된 것을 빠뜨리고 싶지 않다. 즉, 큰 건축물에서는 벽[72]들의 덩치가 더 두꺼울 것인데 그 벽 안에 기초부터 맨 꼭대기까지 작업의 중간에 환기구들과 숨구멍들을 서로 조금 떨어뜨려 남겨 두어야 한다. 이것들은 수증기가 맺혀서 땅속에 가두어져 있을 수 있고 그것이 어떤 식으로든 건축물을 훼손할 수 있으므로, 그 수증기를 쉽게 빼내기 위한 것들이다.[73] 옛사람들은 이런 목적과 더불어 꼭대기까지 갈 수 있도록 편의성을 위해서, 또한 아마도 비용을 줄일 목적으로, 이 벽 안에 나선 계단을 두고는 했다. 주제로 돌아가자.

기초벽과 풀려난 벽[74]의 차이는 이렇게 다르다. 즉, 기초벽은 터파기 양쪽에서 지탱되고 잡석들로만 이루어질 수 있되, 벽은, 곧 말하

72 murus.

73 1권 8장, 3권 3장, 10권 5장을 볼 것.

74 expeditus paries; 풀려난 벽; 기초벽 상부의 벽, 즉 지상부분의 벽을 가리킨다. 제6장의 첫 번째 줄의 '풀려 나아간다'는 표현을 볼 것.

겠지만, 다른 많은 것들로 함께 구성된다. 벽에서의 주요부분들은 이렇다. 즉, 아랫부분은 기초의 충전재[75]의 바로 윗부분이다(이것을 괜찮다면 기단[포디움[76] 또는 수게스툼[77]]이라고 우리는 부를 것이다). 중간부분은 벽을 두르고 감싼다(이것을 프로킨툼[78]이라고 사람들은 부른다. 윗부분에는 벽의 꼭대기를 둘러 동여맨 것이 있다(이것을 마지막으로 코니스라고 사람들은 부른다).

벽의 주요부분들 가운데에서, 특히 각별한 부분들은, 다름 아닌 각[79]들과 또한 벽에 삽입되고 통합된 각기둥들, 원기둥들, 및 그 밖에 지붕의 보들과 아치들을 떠받치기 위해 기둥들의 자리에 있는 것들이다. 이 모두가 "뼈대"라는 이름 아래 해당한다.[80] 또한 개구부의 설주[81]와 턱[82]이 있는데, 이것들은 각과 기둥과 비슷한 본성을 가지고 있다. 그 밖에 개구부의 덮개, 즉 인방[83]은 [197] 곧게 놓여 있거나 아치로 되어있는 그것들도 뼈대에 해당된다. 즉, 아치를 다른 것 아니라 휘어 있는 인방이라고 부르는 것이면, 인방은 옆으로 놓인 기둥이 아니고서야 무엇인가? 이 기본적인 부분들 사이에 뻗은 영역을 콤플레멘툼[84]이라고 부르는 것이 옳겠다.

---

75 infarctura.

76 podium.

77 suggestum.

78 procintum; procingo(두르고 감싸다, 구비하다)에서 나온 말이다.

79 angulus.

80 os; paneling(Rykert et al.).

81 stantia.

82 labra; 입술이란 뜻.

83 superliminare.

84 complementum; 뼈대 외의 나머지 부분들이 이에 해당하며, 건축물입면에서 봤을

벽 전체에서, 앞에서 말한 모든 부분들에 공통된 것이 있다. 즉, 벽 중간의 충전재(充塡物)[85]와 각각의 면에 있는 한 쌍의 피부 즉 거죽[86]인데, 한쪽은 바람과 해를 막고 다른 쪽은 바닥의 안쪽 그늘을 보호한다. 하지만 거죽과 충전재의 상호 간의 원리는 구조의 다양함에 따라서 다양하다.

구조[87]들의 종류들은 이렇다. 즉, 보통구조, 그물구조, 막된 구조[88]이다. 또한 여기서 바로가 말하는 것이 틀림없이 주제에 맞을 것인데, 그는 투스쿨룸 주민들이 빌라들을 돌로 지은 것을, 아게르 갈리쿠스[89]에서는 구운 벽돌로, 사비네스에서는 굽지 않은 벽돌[90]로, 히스파니아 전역에서는 자갈과 흙을 섞어서 지은 것을 언급한다.[91] 하지만 이것들에 대해서는 뒤에서 말하겠다.[92]

보통구조[93]는 중간 크기 또는 가급적 큰 크기의 마름돌들을 수직 수평선에 규칙적으로 결합시키는 것이다. 이보다 더 튼튼하고 오래가는 구조는 없다.

때의 개념이다. 충전재(infarcinatio)와 구별된다.

85 infarcinatio; infill(Rykwert et al.); remplissage(Caye et Choay); 벽의 바깥쪽 면과 안쪽 면의 사이에 채운 부분을 가리킨다. 콤플레멘툼(complementum)과 구별된다.

86 corion, cortex; peau, écorce.(Caye et Choay)

87 structua; appareil.(Caye et Choay)

88 ordinarium: rheticulatum: incertum.

89 Ager Gallicus; 로마가 기원전 295년에 벌어진 센티눔 전투(295 BC)를 이긴 뒤 확보한 영토다. 지금의 이탈리아에서는 에시노(Esino) 강 북쪽에 있는 마르케(Marche) 지역의 일부다. 리미니(Rimini)와 안코나(Ancona)사이 지역이다.

90 굽지 않은 벽돌(crudus).

91 바로, 『농사3서』, I, 14, 4-5.

92 3권 11장에서 다룬다.

93 ordinaria.

그물구조[94]는 중간 크기 또는 가급적 작은 크기의 마름돌들을 사각형으로 잘라서 평평하게 쌓지 않고 그 대신 각을 두고 정면에서 규칙적으로 또한 수직으로 노출시키는 방법이다.[95]

막된 구조는 막돌들을 끼워서 돌의 옆면들이 그 선들이 허용하는 대까지 서로 촘촘히 맞추는 방법이다. 우리는 이런 종류의 맞춤법을 규암으로 만든 길들의 구조에 쓴다.

우리는 이 다른 것들을 다양한 종류의 장소들에 다양하게 쓴다. 즉, 기단의 마감에는 다름 아닌 아주 크고 아주 단단한 마름돌만 쓸 것이다. 구조는 앞에서 말했듯이[96] 가급적 온전하고 아주 치밀해야 하므로, 벽 전체에서 [199] 이곳보다 강도와 내구성이 더 커야 하는 곳이 어디 있겠는가? 할 수 있다면 그대는 하나 또는 여러 개의 돌을 써서 이곳이 하나의 온전함과 오래감에 가급적 가깝도록 강화할 것이다. 이 돌을 어떻게 다루고 나르는지의 논거는 핵심적으로 장식과 관련되어 있으며, 이는 알맞은 자리에서 말하겠다.[97]

또한 단단한 돌과 석회[98]로부터 적어도 땅 위로 작업을 몇 척[99]이 뻗도록 올려야 할 것이라고 카토는 말한다.[100] 벽의 나머지 부분에는

---

94 rheticulata.

95 알베르티가 설계해서 지은 루첼라이 궁(Palazzo Rucellai)의 하단부가 그물시공으로 이루어져 있다.

96 3권 1장에서 다루었다.

97 6권 4장-7장에서 다룬다.

98 석회 모르타르를 가리킨다.

99 pedes; 문법적으로는 원문에 따르면 '몇 척'으로 번역된다. 하지만 Rykwert et al.과 Caye et Choay는 '적어도 1척 이상'이라고 번역했는데, 이것은 대개의 현실적 시공을 염두에 둔 의역이다.

100 카토, 『농업에 대하여』, 14, 4-5.

원한다면 굽지 않은 벽돌을 써도 무방하다. 그가 이렇게 말한 까닭은 분명하다. 즉, 지붕에서 떨어지는 빗물에 벽의 이 부분이 침식되기 십상이기 때문이다. 하지만 우리가 옛사람의 건축물을 되짚어 보고 확인한 사실은, 다른 곳들에서 제대로 지어진 건축물의 이 부분들이 아주 단단한 돌로 떠받쳐져 있다는 것, 또한 비의 침해를 걱정할 필요가 없는 나라에서도, 예를 들어 이집트에서도, 피라미드의 기단부 전부를 단단한 검은 테베돌로 만들었다는 것이고, 그래서 주제를 더 넓게 해석하게 된다. 즉, 철, 구리, 그 밖의 금속과 똑같이, 반대 부분으로 거듭거듭 굽히면 약해져서 결국 파괴되는데, 다른 물체들도 집요하게 가격당하면 크게 손상되고 파괴될 것이다. 나는 특히 이것을 다리에서, 특히 목재 다리에서, 관찰했다. 즉, 때로는 햇볕이 쬐이고 바람이 불어서 건조해지고, 때로는 물에서 솟아나는 저녁 수증기에 축축해져서, 날씨의 변화에 노출된 그 부분들이 금새 닳고 몹시 퇴락하는 것을 우리는 본다. 땅에 가까이 낮게 있는 벽의 부분들에서 이 사태가 어떻게 일어나는지도 볼 수 있다. 즉, 습기와 먼지에 번갈아 노출된 뒤 약해지고 풍화된다. 따라서 이 문제에서 나의 원칙은 전체 건물의 기단을 단단하고 아주 튼튼하고 큰 돌로 짓는 것인데, 그래야지 거듭되는 저항요소들의 잦은 공격으로부터 최대한 지킬 수 있다. 어떤 돌들이 가장 단단한지는 우리가 2권에서 충분히 살펴보았다.[101]

101 2권 8, 9장을 볼 것.

제7장

돌의 선택, 맞춤, 이음에 대해서, 어느 돌이 더 단단하고 어느 돌이 더 약한지에 대해서

[201] 작업에서 돌을 어떻게 결합하고 붙일지 아는 것은 여기서도 다른 부분에서만큼 대단히 중요하다. 즉, 목재에서처럼 돌에도 결과 옹이가 있고 또한 다른 곳보다 더 무른 부분들이 있다. 예를 들어 대리석은 갈라지고 뒤틀리는 것이 분명하다. 돌에는 노화된 물질의 종기[102]와 모임[103]이 있고 그것들이 시간이 지나 공기로부터 습기를 빨아들여 부풀어 올라 종양을 키워 기둥과 보[104]의 해를 입히게 된다.

이런 까닭에 돌에 대해서 다른 데서 우리가 이미 말한 것 말고도, 돌은 자연으로부터 형성된다는 점, 즉 우리가 보듯이, 액체 상태와 유동 상태의 물질로부터 점차 굳어지고 경화되어 그 덩어리 자체에서 그 부분들의 원래의 형태를 유지한다는 점을 알아야 한다. 바로 이 까닭에 바닥의 부분들이 위쪽의 부분들보다 더 무겁고 큰 입자로 이루어져 있다. 또한 한 물질이 다른 물질 위에 접촉해서 씌워지는 식

---

102 apostema.

103 collectio.

104 trabs.

의 결이 생긴다. 따라서 결들이 앞의 재료들의 찌꺼기와 뒤의 재료들의 앙금이 혼합되었든지, 혹은 여러 물질들이 결합되지 못하게 자연에 의해 삽입된 아주 다른 것이든지 간에, 확실한 것은 그것들이 있는 곳에서 돌에 금이 가기 더 쉽다는 점이다. 더구나 불분명한 까닭들을 찾지 않아도, 형성되고 강제된 결합을 헐겁게 만들고 깨뜨리는 데 이를테면 세월의 능욕이 영향을 끼칠 것이라는 점이 분명하다. 그래서 돌에서는 세월에 노출된 부분들이 더 연약해지고 더 부스러지기 십상이다.

그래서 돌을 쌓는 데서 주목하라고 당부하는 바는, 아주 튼튼해야 하는 건축물의 부분들에서 특히 가장 단단하고 가장 덜 취약한 돌의 면들을 위해요소에 [203] 노출시키는 것이다. 따라서 옆면에 결들이 서 있도록 놓지 않는 것은, 세월이 그것들을 이 지점에서 악화시키지 않게 하기 위해서다. 그 대신 평평하게 놓아서 위로부터의 하중에 그것들이 쪼개어지지 않게 하라. 또한 돌이 채석장에 있었을 때 안쪽에 감추어져 있던 면을 이제 바깥쪽으로 노출시키라. 왜냐하면 그 면이 더 진액이 많고 더 강하기 때문이다. 하지만 채석한 돌에서 가장 강한 면은 돌의 알갱이를 따라서 자른 면이 아니라 그것과 가로질러 잘린 면이다.

각들은 건축물 전체에 걸쳐서 가급적 각별히 굳건해야 하므로, 그것들을 매우 단단한 구조로써 튼튼하게 만들어야 한다. 단적으로 내가 옳게 해석했다면, 전체 건축물의 모든 각은 또 다른[105] 부분인데, 하나

105 각을 벽의 결합물로 간주할 것이 아니라 건축물에서 개별적이고 독자적인 부분으로 볼 것을 제시하고 있는 것으로 읽어야 한다.

의 각의 결함이 두 측면의 무너짐으로부터 뒤따르는 것은 아니기 때문이다.[106] 그대가 이것을 살펴본다면 거의 모든 건축물이 다름 아니라 어느 각의 취약함으로부터 노후하기 시작했음을 잘 알게 될 것이다. 따라서 옛사람들이 어느 부분들보다도 각을 상당히 더 두텁게 놓고 또한 열주 포티코에서 각을 보강하려고 벽기둥을 추가함에 익숙했던 것은 옳았다.[107]

따라서 각들이 튼튼할 필요가 있는 것은 그것으로써 지붕을 받치는 정도가 아니라—왜냐하면 이것은 각보다는 기둥의 역할이기 때문이다—실은 특히 그것으로써 벽이 제 역할을 계속 하고 수직에서 어느 한쪽으로 기울지 않게 하기 위해서다. 따라서 그것은 아주 단단하고도 길게 뻗은 돌들을 가지게 될 텐데, 이것을 마치 팔뚝과 팔꿈치처럼 인접한 벽들의 연장에 끼워서 넣는다. 벽 두께에 비해서 이 돌들은 폭이 넓어서 작업 속에 충전재[108]가 없을 것이다.

벽 속과 개구부 주변의 뼈대는 각과 닮는 것이 알맞고, 그것들이 떠받칠 무게에 따라 튼튼해야 할 것이다. 또한 특히 손[109]이 필요한

---

106 이 대목에 대한 이탈리아어 번역(Orlandi), 영어 번역(Rykwert et al.), 프랑스어 번역(Caye et Choay)은 모두 일맥상통한다. 즉, "하나의 각의 결함이 건축물의 두 측면들의 붕괴를 가져온다"라는 내용으로 번역하고 있다. 하지만 라틴어 원문의 문법적으로 정확한 뜻은 이와 다르다. 즉, 이 문장 자체의 요점은 각의 결함은 두 벽의 붕괴와 상관없이 독자적으로 발생할 수 있는 결함이라는 뜻이고, 이는 바로 앞 문장의 뜻에 연결된다. 각의 결함이 건물 전체에 영향을 준다는 내용은 이 문장 다음에 이어진다.

107 비트루비우스, 『건축십서』, VI, 8, 4.

108 infarcinatio.

109 manus; 벽 모서리가 마치 두 손의 손가락을 깍지 낀 모양이 된다.

데, 마치 벽의 나머지의 콤플레멘툼을 떠받치기 위한 지주[110]처럼, 돌을 한 겹씩 번갈아 가며 각 면에서 튀어나오게 하는 것이다.

110 adminiculum.

제8장

콤플레멘툼의 부분들, 거죽, 충전재, 또한 그것들의 종류들에 대해서

[205] 콤플레멘툼의 부분들은 즉 거죽과 충전재다.[111] 그것들이 벽에서와 공통된다고 우리는 이미 말했다. 하지만 거죽은 바깥에 하나, 안에 다른 하나가 놓인다. 바깥 거죽을 단단한 돌로 놓으면 건축물의 내구성에 확실히 이바지한다. 게다가 무릇 콤플레멘툼의 작업에서 그대가 그물쌓기든 막쌓기든 무엇을 선호하더라도 나는 개의치 않는다. 다만 맹렬하고 가혹한 태양, 성가신 바람, 불과 서리로부터 보호하도록, 공격과 시달림과 침해에 자연적으로 견딜 수 있는 돌을 쓴다면 말이다. 특히 옛 건축물들에서 두루 볼 수 있었듯이, 지붕의 홈통이나 처마로부터 빗물이 떨어져 튈 수 있는 곳에는 각별히 튼튼한 재료를 쓰는 것이 중요한데, 이런 식의 침해에는 대리석조차도 말하자면 바람에 쓸리고 습기가 먹는다. 그럼에도 불구하고 무릇 숙련된 건축가들은 지붕에 모인 빗물을 홈통을 통해서 빼냄으로써 이런 침해의 문제를 해결해 낼 것이다.

111 3권 6장에서 다루었다.

이는 어떤가. 즉, 선조들은 매년 가을마다 남풍[112]을 맞고 남쪽을 향한 나뭇잎이 먼저 진다는 것을 새겨 두지 않았는가? 우리는 수명이 오래되어 무너지는 건축물들이 어느 것이나 남쪽부터 낡기 시작함에 주목했다. 또한 이렇게 되는 까닭은 아마도 해의 열기와 힘이, 건축물은 새 건축물이더라도, 석회를 빨리 건조시켜 버리기 때문일 것이다. 게다가 항상 남풍 때문에 거듭거듭 습기를 먹고, 또한 타오르는 해에 뜨거워져 약해지고 낡는다. 따라서 이러한, 이런 식의 침해에 들어맞는 강한 재료로써 해야 한다.

우선적으로 살펴야 하는 것은, 내가 판단하기에 벽을 이미 시작했으면 그것을 전체 구조의 둘레로 높이를 맞추어 통일시켜서, 돌이 오른쪽은 더 크고 왼쪽은 더 작게 되지 않게 하는 것이다. 즉, 가해진 무게가 구조를 눌러서, 건조해진 석회[113]가 결속력을 잃어 결국 벽에 금이 갈 것이라고 사람들은 말하기 때문이다.

또한 안쪽 거죽과 모든 벽면을 무른 돌로 치장하는 것에도 [207] 나는 반대하지 않는다. 하지만, 그대가 어떤 돌을 쓰든지, 안쪽에도 바깥쪽에도 거죽을 세움에 있어서 그것의 선을 맞추고 수직으로 뻗게 해야 한다. 그것의 선이 바닥의 윤곽에 정확히 상응해야 할 것이고, 그래서 어느 부분에서도 배가 부르지도 쑥 들어가지도 뒤틀리지도 휘지도 않게, 올바로 맞추어서 만들어야 한다.

세우는 도중에 아직 생생한 벽에 첫 번째 모래층을 바르면, 그 뒤

112 haustrum.

113 석회 모르타르.

어떤 껍질이나 칠을[114] 해도 작업이 두드러지게 오래갈 것이다.[115]

두 가지 충전재가 있다.[116] 하나는 거죽들 사이에 있는 틈을 자갈로써 채우는 것이다. 다른 하나는 평범하고 별 것 아닌 돌을 써서, 채우기보다는 오히려 서로 결합시키는[117] 충전재다. 두 가지 다 절약의 이유로 발명된 것으로 보이는데, 어떤 종류건 작고 평범한 돌이 벽의 이 부분에 요구될 따름이다. 즉, 아주 큰 마름돌이 충분히 조달되면, 누가 작고 부수어진 돌을 애써 쓰겠는가?

그리고 콤플레멘툼과 뼈대는 한 가지 점에서 서로 다른데, 왜냐하면 콤플레멘툼에서는 껍질[118]들 사이를 조각난 것들이건 자갈이건 어쨌든 구해지는 돌들로 채우며, 모아서 쑤셔 넣는 작업이 거의 전부이지만, 반면 뼈대에는 불규칙한 돌을 전혀 쓰지 않거나 아니면 아주 조금만 쓰고 그 대신 보통의 돌맞춤을 써서 벽 전체 두께를 결합시키기 때문이다.

오래가게 하기 위해서 벽 전체의 모든 켜들을 마름돌로만 쌓는 것을 나는 선호한다. 그럼에도 불구하고 거죽들 사이의 틈을 그대가 어떤 돌로 메우든지 간에, 되도록 주의를 기울여서, 켜들을 똑같이 수준을 맞추어서 연결할 것을 선호한다. 또한 마찬가지로 한쪽 거죽의 바깥쪽으로부터 다른 거죽의 안쪽까지, 간격을 너무 많이 띄지 않고,

114 seu crustam seu albarium; placage ou enduit(Caye et Choay); 껍질(crusta)은 단단한 마감재를 가리킨다.

115 벽 치장 작업에 대해서는 6권 9, 10장에서 다룬다.

116 비트루비우스, 『건축십서』, II, 8, 7.

117 interstruunt.

118 cruita.

보통의 돌이 벽의 두께를 가로질러 거죽들을 서로 연결하게 해야 하는데,[119] 그리하면 채워진 충전재가 거죽을 튀어 나오게 하지 않는다.

[209] 옛사람들은 충전재 작업을 어디서건 속에 채워진 부분이 다섯 척보다 높을 경우 반드시 길고 넓은 마름돌의 켜를 두어 여기저기를 결합하도록 살폈다. 이것들이 근육과 인대처럼 작용해서[120] 건축물 전체를 꽉 조이고 동여매게[121] 했고, 그래서 사고 때문이건 부실한 작업 때문이건 충전재 중 어딘가에 침하가 생겼을 경우 그 때문에 거기에 모든 하중이 실리지 않게 했다. 그 윗부분이 새로운 하중의 받침이 되게 함으로써 말이다.

내가 알기에 무릇 옛사람들이 잘 지킨 또 다른 내용은, 1리브라[122]보다 더 무거운 돌을 충전용으로 쓰지 않는 것이다. 왜냐하면 작은 돌들이 큰 돌들보다 더 잘 결합하고 결합에 더 알맞다고 그들이 믿기 때문이다. 또한 주제에 맞는 것으로서 플루타르코스가 누마 왕에 대해[123] 말하는 내용이 있는데, 누마 왕은 백성들을 직업별로 나누는데, 이는 몸을 더 작은 부분들로 나눌수록 판단대로 통치하기도 통합하기도 쉽다고 여겼기 때문이라고 한다.[124]

---

119 비트루비우스, 위의 책; 비트루비우스는 이것을 디아토노스(diatonos)라고 부른다.

120 nervus(근육), illigamentum(인대); 근육, 힘줄, 인대는 뼈대와 관련해서 서로 구분되는 생체조직이다.

121 actata concinctaque.

122 libra; 로마의 기본 무게 단위는 리브라(libra)다. 329그램에 해당한다. 로마의 12 운키아(uncia)에 해당한다. 유럽에서 금은의 무게 단위의 표준이 되었고, 파운드의 약어를 lb로 쓰는 것이 libra에서 유래했다.

123 "de Mino rege"(초판본).

124 플루타르코스, 『누마』, 17, 1.

또 하나 내가 생각하기에 간과하지 말아야 하는 것은, 모든 구멍을 메워서 어디도 비워 두지 않아야 하는 것인데, 다른 까닭들 중에서도 한 가지 까닭은 어떤 생물의 접근도 막기 위해서인데, 그것들이 둥지를 틀고 또한 오물이나 씨를 쌓아서 벽 안에서 야생무화과가 벽 안에서 싹 틔우는 일이 없게 하기 위해서다. 믿기 힘들게도 나는 어마어마한 돌덩어리와 돌더미가 나무뿌리 하나 때문에 깨지는 것을 본 적 있다. 따라서 그대가 무엇을 짓든지 모든 것을 세심하게 결합하고 채워야 한다.

제9장

석재 보와 긴결재에 대해서. 코니스의 보강에 대해서. 여러 개의 돌들로 어떻게 벽을 강화하는지에 대해서

프로킨투스[125]들 사이에는 큰 돌로 된 긴결재[126]들을 도입하는데, 이것들이 바깥 껍질들[127]을 안 껍질들에, 뼈들을 뼈들에 연결한다. 우리가 5척마다 끼워 넣는다고 말한 것들이 그것들이다.[128] 다른 긴결재들—사실 이것들이 일차적이다—은 각들을 붙잡고 작업을 지탱하도록 벽 전체 길이에 걸쳐서 뻗어 있다. [211] 하지만 후자는 드물고, 하나의 벽에서 나는 그것을 둘, 셋 이상 본 적이 없다. 긴결재들의 위치와 자리가 아주 중요한데, 예를 들어 벽의 맨 꼭대기 즉 코니스에는, 5척마다 두는 것보다 긴결재를 더 자주 두지 않는다.

더 작은 돌들은 알맞지 않을 것이다. 이 뒤의 것을 우리는 코니스[코로나]라고 부르는데, 그 수는 드물지만 그 역할은 더 크기에, 그 돌들을 더 단단히 하고 두껍게 하는 것이 알맞다. 둘 중 어떤 종류든

125 procinctus(procintum); 높이로 볼 때 기단과 코니스 사이의 벽의 중간에 해당하는 부분이다.

126 nexus.

127 crusta.

128 3권 8장에서 다루었다.

지 간에 더 길고 더 두껍고 더 단단한 돌이 바람직하다. 하지만 더 작은 긴결재는 나머지 벽의 거죽들과 더불어서 직교하면서 조합되지만, 다른 것은 마치 코니스처럼 정면으로 튀어 나온다. 그 아주 길고 아주 넓은 돌들을 같은 수평면에, 켜들을 맞춰서 잘 연결하여, 그리하여 마치 포장을 위에 깔듯이 아래에 있는 것들을 덮는다. 돌들의 이음은 이렇게 한다. 즉, 새로운 돌들이 그 아래의 돌들 위에 놓일 때, 그것들은 이미 놓인 것들에 결합되고 맞추어지면서, 새 돌의 중심을 그것들의 이음새 바로 위에 쌓고, 새 돌의 표면을 아래에 있는 두 돌 위에 고루 펼쳐야 한다. 돌을 잇는 이 패턴을 작업 전체에서 간과하지 않아야 할 뿐 아니라, 또한 마찬가지로 이런 종류의 프로킨투스에서 방법을 더 잘 지켜야 한다.

나는 그물구조에서 옛사람들이 프로킨투스를 만들 때, 보통은 다섯 켜를, 그리고 세 켜 이상은 확실히 쌓은 것에 주목했는데, 이 중에서 적어도 한 켜는 돌로 두었고 그 돌은 함께 결합되는 돌보다 두껍지 않되 더 길고 넓은 돌을 썼다. 하지만 보통구조에서는 5척마다 벽돌 두 개 높이의 켜를 하나씩 두어 그것에 인대 역할을 맡긴 것에 옛사람들은 만족했음을 우리는 보았다.[129] 또한 어떤 사람들은 [213] 긴 납판을 벽의 두께 방향으로 집어넣어서 인대역할을 하게 했음을 우리는 보았다. 큰 돌로 쌓을 때는 더 적게 두었고, 어떤 경우는 코니스만 둔 것을 나는 안다.

---

129 밀라노 대성당의 기둥 건립에 대한 비판이 암시되어 있다.(Caye et Choay, 148쪽, 각주 47)

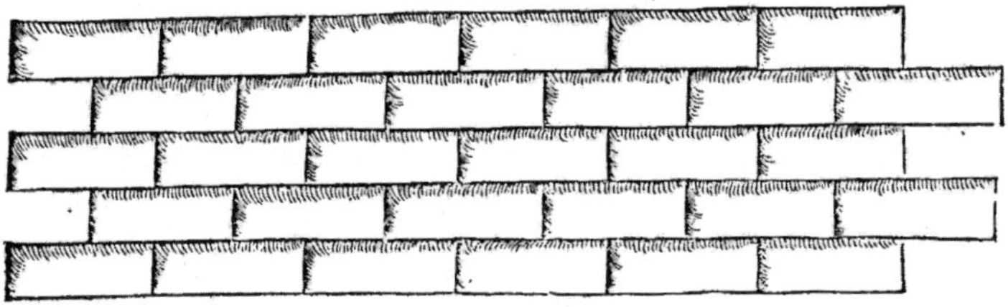

La quale commettitura di pietre, non eſſendo da eſſere ſprezzata per tutta la muraglia; ſi deue maſsimamente oſſeruare ne ricinti. Io hò auertito, che gli Antichi vſarono nelle opere amandorlate, tirarui il ricinto, che fuſſe cinque ordini di mattuncini; o non punto meno di tre, & che tutti, o almanco uno ordine, fuſſe di pietre, non piu groſſe che l'altre, ma bene piu lunghe, & piu larghe.

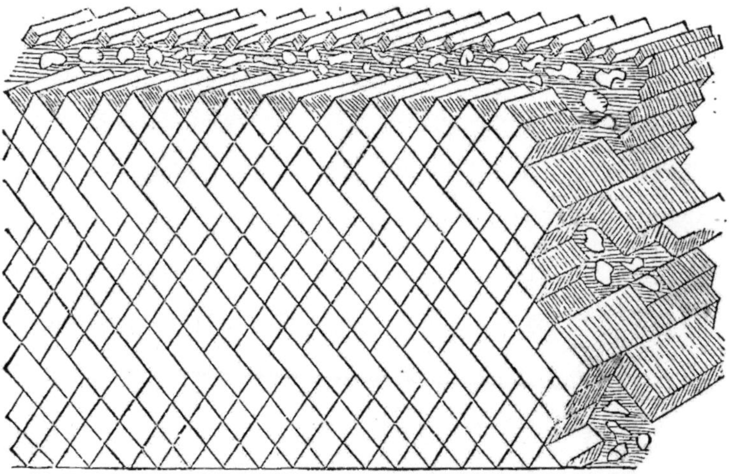

Ma nelle muraglie ordinarie di Mattoni. Io hò ueduto a ogni cinque piedi, eſſere ſtati contenti in luogo di legatura, di uno ordine di Mattoni, di grandezza di duoi piedi.

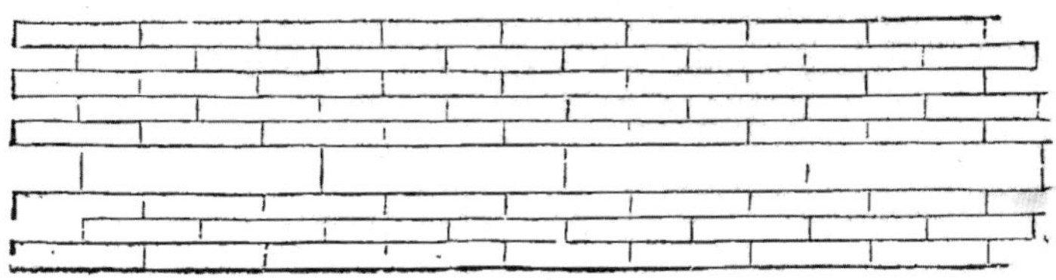

〈그림 11〉 그물구조와 보통구조에 대한 도해

코니스를 완성하는 데에서, 벽을 아주 단단한 긴결재들로 두르는 이 방법들에서, 지금까지 프로킨투스에 대해서 말한 내용 그 어느 것도 간과해서는 안 된다. 즉, 이것들에 가장 길고 가급적 아주 넓고 모든 돌들에서 가장 튼튼한 것들을 투입해야 하고, 긴결재들은 연속되고 올바로 짜 맞추어져야 하고, 각각의 켜가 수평이 완벽하게 맞고 각각의 원리에 따라 규칙적으로 모으고 똑같이 맞추어야 한다. 코니스는 그 위치 때문에 아주 많은 주의와 세심함을 기울여야 하는데, 코니스는 작업을 가장 취약할 것 같은 한 지점에서 함께 묶고, 또한 아래에 있는 벽의 지붕으로 작용한다. 이런 말이 있다. "굽지 않은 벽돌로 벽을 만들 때는 구운 벽돌로 코니스를 만들라." 그러면 지붕과 처마로부터 빗물이 떨어져도 막아 줄 뿐 아니라, 또한 덮개로 보호도 해 줄 것이다. 이런 까닭에 벽의 나머지 부분들에도 비의 침해를 막기 위해, 코니스가 지붕의 역할을 잘 하도록 주의해야 한다.

어떤 결합과 지탱방식으로 그 많은 돌들을 하나의 단단한 벽으로 결합하고 붙잡고 있을지를 또한 살펴야 한다. 확실히, 이 문제를 고려하는 사람들은 우선적으로 이를 위해서 석회로써 해야 한다고 생각한다. 비록 나는 무릇 돌들을 석회로써 결합해서는 안 된다고 여기지만 말이다. 대리석을 예로 들면, 그것은 석회와 결합하면 그것의 순수성을 잃어버릴 뿐 아니라 더러운 핏자국으로 오염된다. 대리석에는 빛나는 도도함이 있어서 자기들끼리가 아니고 다른 것과는 함께할 수 없다. 그대는 어떻게 생각하는가? 그것은 연기를 꺼리고, 기름이 묻으면 옅어진다. 적포도주에 적시면 색이 짙어진다. 밤나무 수액에는 검어진다. 또한 얼룩이 너무 짙게 져서 아무리 문질러도 자국이 지워지지 않는다. 이래서 옛사람들은 작업할 때 대리석을 가급적 그

대로 두고 석회를 전혀 쓰지 않았다. 하지만 이에 대해서는 다음에 다루겠다.[130]

130 3권 11장에서 다룬다.

제10장

벽을 만드는 알맞은 방법들에 대해서. 돌과 모래의 접합에 대해서

[215] 이제, 숙련된 장인의 일은 꼭 들어맞는[131] 것들을 고르기보다는 오히려 손 안에 있는 것들을 적절하고 적당하게[132] 쓰는 것이기에 우리는 논의를 이렇게 좇아가겠다. 석회가 소화(消和)되어서 거기서 뜨거운 열기가 꺼지고 젖 거품 같은 것이 모든 덩어리들로부터 솟아나면, 석회가 잘 구워진 것이라고 그대는 이해할 것이다. 모래와 섞었을 때 자갈돌들이 있으면 충분히 부드러워지지 않은 표시일 것이다. 모래를 필요한 것보다 더 많이 넣으면 거칠어져서 잘 붙지 않는다. 반대로 석회의 본성과 능력이 감당하는 것보다 모래를 적게 넣으면, 마치 침침해지고 진흙 같은 점성 때문에 쓸 만하지 않게 되고 다루기 어려워질 것이다.[133]

석회가 알맞게 축여지지 않았거나 다른 어떤 결함이 있으면 그대가 그것을 벽의 다른 부분들에 쓰기보다는 기초에 쓰는 것이, 또한

131 commodiora.

132 apte accomodateque.

133 비트루비우스, 『건축십서』, II, 5, 2.

껍질에 쓰기보다는 충전재에 쓰는 것이 해가 더 적을 것이다. 각, 빼대, 프로킨투스[134]에는 그 어떤 석회라도 결함이 조금이라도 있으면 써서는 안 된다. 특히 아치에는 가장 믿을 만한 석회만 써야 한다. 각, 빼대, 프로킨투스, 코니스는 더 가늘고 곱고 순수한 모래가 필요한데, 특히 광택 나는 돌로 만들어질 때 그렇다. 충전재에는 더 덩어리진 모래를 써도 괜찮다.

원래가 건조하고 메마른 돌은 강모래와[135] 잘 맞다. 원래가 축축한 모래는 채굴된 모래를 좋아할 것이다. 나는 남풍[136]에 바닷모래를 내놓지 않겠다. 북풍[137]에 내놓는 것이 분명 더 낫다. 작은 돌에는 고운 재료[138]가, 마르고 물기 없는[139] 돌에는 거친 재료[140]가 필요하다. 어떤 짓는 일에서든지 옛사람들은 거친 반죽이 고운 반죽보다 접착력이 더 좋다고 생각했지만 말이다.

아주 큰 돌들은 물렁물렁한 액상 재료층 위에 잘 얹힐 것이다. 그것은 [217] 이 미끌미끌한 층 덕분에 작업 도중에 손으로 그 돌을 더 쉽게 자리 잡아 줄 수 있기 때문이며, 접착력이 필요한 것보다 더 큰 까닭이다. 따라서 전체적으로 돌 아래에 이렇게 물렁하고 미끌미끌한 층을 만드는 것이 최선이다. 그리하면, 고르지 않은 하중에 돌이 눌려서 뭉개지지 않는다. 어떤 사람들은 두루 옛 건축물에서 아주 큰

---

134 praecinctus.

135 여기서 강모래라고 한 것은 강모래와 혼합한 석고를 가리킨다.(Caye et Choay)

136 Auster.

137 Septentrio.

138 석회 모르타르를 가리킨다.

139 sicco et exhausto.

140 석회 모르타르를 가리킨다.

돌들이 그 이음새들에 붉은 점토가 찍힌 것을 보고는 그것이 석회 대신 쓰였다고 해석했다. 내가 볼 때는 그럴 법하지 않은데, 왜냐하면 이것이 이음새의 양쪽에서가 아니라 한쪽에서만 보이기 때문이다.

벽을 둘러싼, 간과해서는 안 될 중요한 점이 있다. 즉, 작업을 서둘러도 안 되고, 경솔하게 손질해도 안 되고, 쉬지 않고 해도 안 되고, 일단 진행한 작업을 게을리 늦추어도 안 된다. 그 대신, 방법과 목적을 가지고 작업을 이끌어 나아가야 한다. 속도, 사려 깊음, 성실한 완숙함을 두루 갖추어야 한다.

이미 마친 부분이 아직 굳기도 전에 작업을 더 올리는 것을 전문가들은 반대한다. 즉, 방금 한 무른 작업은 느슨하고 약해서, 그대가 새로 얹어 쌓을 것을 떠받치지 못할 것이다. 제비들이 본능으로써 배워서, 둥지를 틀 때 우선 잔가지를 진흙과 함께 작업의 기초와 뿌리가 되도록 바르고는 마찬가지로 이에 가장 가까운 켜를 그 위에 바르는 것을 볼 수 있다. 하지만 제비는 마냥 서두르지 않고 그 대신 작업의 앞선 부분이 강도를 지닐 때까지 뜸을 들이면서 한 땀 한 땀 지어나아간다. 석회 작업에 익숙한 사람이라면 알겠지만 석회가 일종의 솜털과 작은 꽃을[141] 피우게 되면, 그들은 석회가 굳었다고 판단한다.

작업 중에 때때로 쉴 필요가 있다. 정확한 높이는 벽두께 및 장소와 기후에 따른다. 작업을 멈추기로 했으면 반드시 짚으로 작업을 덮어 두어야 한다. 그래야지 재료의 진액(津液)[142]이 바람과 해로 인해 빠져나오지 않고, 그 대신 때맞추어 말라서 굳는다. [219] 작업을 다

141 lanugo(솜털), flosculus(작은 꽃).

142 haustus; juice(Rykwert); sève(Caye et Choay).

시 시작하고 싶을 때는, 그 위에 깨끗한 물을 몇 번 끼얹어서 알맞게 적신다. 또한 야생무화과가 자라지 못 하도록 먼지를 털어 낸다. 작업의 강도와 안정성을 보장해 줄 것으로는 물에 푹 적신 돌만한 것은 없다. 돌은 깨뜨렸을 때 습기에 속이 완전히 짙은 색이 아니면 포화 상태가 아니라고 그들은 말한다.

이에 더해서, 건축물의 다양한 쓰임새와 기쁨을 위해서 새로 개구부가 요청되는 곳 어디에서나 작업 중에, 벽 안에 아치를 두어야 하는데, 그래야만 벽을 뚫었을 때, 아치 위에 무게가 실려도 그것이 안전하고 준비된 받침이 된다. 가장 작은 돌 하나조차도 그것이 제거되었을 때 전체 구조의 강도와 결합성이 어떻게 무너지는지는 말로 설명할 수 없다. 단적으로 우리는 오래된 구조에 새 구조를 가져다 붙일 때 그 사이에 분리가 없게 하지 못할 것이다. 그런 상처에 약해진 벽이 무너질 수 있음은 말할 것도 없다.

두꺼운 벽은 작업자들이 일하는 발판이 될 수 있으면 비계가 필요 없다.

제11장

벽을 펼치고 덮는 원리에 대해서. 벽의 취급과 보수에 대해서, 벼락을 피하기 위한 오래된 건축가들의 법칙과 보수에 대해서

우리는 돌로 쌓고 석회로 굳히는 적법한 축조의 종류들에 대해서 말했다. 하지만 다른 종류의 돌 맞춤도 있는데, 석회가 아니라 진흙[143]을 이음새[144] 삼아 세우는 것, 풀을 전혀 쓰지 않고 돌을 맞추는 것, 또한 그 밖의 다른 짓는 종류로서, 잡석[145]만으로써 하는 것, 또한 거죽만으로써 하는 것 따위도 있으니, 이것들에 대해 짧게 다루겠다.

흙을 펴 바를 돌은 마름돌이어야 할 뿐 아니라 또한 바짝 말라 있어야 하고, 이에 가장 알맞은 것은 벽돌이고 [221] 굽지 않고 잘 말린 벽돌이 훨씬 더 좋다. 굽지 않은 벽돌로 만든 벽은 그 안에 사는 사람들의 건강에 아주 좋고, 화재를 입지 않고 지진에도 견딘다. 하지만 그것이 충분히 두껍지 않으면 바닥 무게를 떠받치지 못한다. 이 까닭에 카토는 보를 떠받칠 구조에는 조적 벽기둥[146]을 쓰라고 당부한다.[147] 진흙은 그것으로 지탱하려면 역청 같아야 한다는 사람들이

---

143 lutum.

144 interlita.

145 infarctura.

146 pila.

있다. 또한 가장 좋은 진흙은 물에 천천히 녹고 손을 씻기 힘든, 마르면서 현저히 쪼그라드는 진흙이라고 어떤 사람들은 말한다. 또 어떤 사람들은 모래질 진흙을 선호하는데, 성형하기가 더 쉽기 때문이다. 이런 작업은 바깥 껍질에 석회를 발라야 하고, 원한다면 안 껍질에 석고나 은빛점토를 발라야 한다. 그것이 더 잘 붙게 하려면, 작업 중에 도기 파편을 이음새 사이에 드문드문 끼워 넣으면, 그것이 이빨처럼 튀어나와 바름질을 더 튼튼하게 받쳐 준다.

노출된 돌은 마름돌이어야 할 뿐 아니라 또한 보통 것보다 더 크고 속이 차 있고 아주 튼튼해야 한다. 여기에는 충전재가 없고, 그 대신 켜들이 완전히 고르고, 긴결재들이 이어져 있고, 꺽쇠[148]와 못바늘을[149] 자주 둔다. 꺽쇠란 그것으로써 한 쌍의 돌을 같은 높이로 맞추어 한 켜로 잇는 장치다. 못바늘은 두 개의 돌을 하나가 다른 하나의 위에 오게끔 결합시켜 어떤 켜도 선 밖으로 밀리지 않게 하는 장치다. 쇠로 된 꺽쇠와 못바늘을 그들은 반대하지 않았다. 하지만 우리는 옛사람들의 작업에서, 구리가 거의 영구적인 것에 비해서 쇠는 어찌나 녹이 잘 슬어서 오래가지 못 하는지 알게 되었다. 또한 나는 쇠에서 나오는 녹에 의해서 대리석이 무르게 되고 무너지는 것에 주목했다. 나는 또한 아주 오래된 작업들에서 목조 꺽쇠를 조적조에 끼워 놓은 것을 봤다. 나는 이것들이 쇠 꺽쇠보다 못하다고 생각하지 않는다. 쇠 꺽쇠와 구리 꺽쇠는 납으로 고정시키지만, 목조 꺽쇠는 그 걸

147 카토, 『농업에 대하여』, 14, 1.

148 ansa.

149 clauiculus.

모습 때문에 제비꼬리[150]라고 부르는 것인데 제자리에 충분히 튼튼히 고정시킨다.

목조 꺽쇠는 빗방울들이 침투해서 꺽쇠들을 상하지 않도록 끼워 놓아야 한다. [223] 청동 꺽쇠는 주조할 때 30분의 1 분량의 주석을 섞어 만들면 세월에 더 잘 견딘다고 그들은 생각한다. 그것에 역청이나 심지어 기름을 덧칠하면 녹이 덜 슬 것이다. 쇠는 흰 납, 석고, 액체수지로 담금질하면, 녹슬지 않는다고 사람들은 단언한다. 목조 꺽쇠는, 순수한 밀랍[151]과 기름 찌끼를 바르면 썩지 않는다. 뜨겁게 끓은 녹은 납을 꺽쇠에 많이 부었더니 돌들이 금이 간 것을 나는 안다.

잡석만으로써 지은 아주 튼튼한 벽을 옛사람들의 건축물에서 두루 찾아볼 수 있다. 이 벽들은 아프리카와 히스파니아에 흔한 진흙벽과 똑같은 방식으로 지어졌는데, 판벽이나 윗가지로 엮은 틀[152]로 된 거푸집을 세우고 그 안에 재료를 부어 담아 굳힌다.[153] 유일한 차이라면, 앞의 것은 골조로 만든 거의 액상의 반죽을 붓지만, 뒤의 것은 축이고 반죽해서 유연하게 된 진흙을 메와 발로 쳐서 넣는다는 점이 다를 뿐이다. 옛사람들은 3척마다 잡석 비슷한[154] 층을 긴결재로 집어넣었는데, 그것은 아주 큰 돌들, 즉, 대개는 보통의 돌이지만 어떤 것은 모난 돌조각들로 이루어져 있었다. 왜냐하면, 둥근 돌들이 침해에 저항할 수 있다 한들 여러 개의 지지대로 고정시키지 않으면 그

150 caudae hirundineae.

151 cera.

152 craticiorum spondae.

153 세비야의 이시도르, 『어원백과사전』, XV, 9. 5.

154 quasi ruderamenta.

어떤 구조에서도 믿을 만하지 못하기 때문이다. 아프리카에서는 흙벽의 진흙에 스파르툼[155]이나 바다 골풀[156]을 섞는다. 그 결과물은 놀라운데, 왜냐하면 바람과 비에 상하지 않고 견디기 때문이다. 진흙으로 만든 산 위의 탑과 전망대는 한니발 시대부터 내려오는 것으로서 플리니우스의 시대에도 볼 수 있었다.[157]

껍질—나는 그것을 거죽보다는 껍질이라고 부르고 싶은데[158]—로만 이루어진 벽은 잘 마른, 윗가지 엮은 것과 갈대로 짠 것들을 써서 만든다. 이는 고상한 작업은 아니고[159], 고대 로마의 평민들이 자주 썼다. 진흙과 밀짚을 3일 동안 반죽한 것[160]을 윗가지 엮은 것에 바른다. 그런 뒤, 내가 이미 설명했듯이,[161] 석회 또는 석고를 입힌다. 마지막으로 그림이나 부조로 장식한다. [225] 석고와 깨진 기와를 2 대 1로 섞으면, 물이 튀어도 걱정 없을 것이다. 석회와 섞으면 강도가 커진다. 축축하고, 서리 맞고, 차가운 석고는 전혀 유용하지 않다.

마무리 말로 내게는 옛 건축가들의 법칙을 말하는 것만 남았는데, 이를 신탁처럼 따르는 것이 내 원칙이다. 그것은 이렇다. 벽에 가급적 튼튼한 기초부를 두라 / 꼭대기를 수직을 따라 중심에 놓아야

---

155 spartum; σπάρτον; 스페인 금작화.

156 maritimus iuncus.

157 2차 포에니 전쟁에 대비하여 지은 건축물. 플리니우스, 『자연사』, XXXV, 169.

158 crustula(껍질), cortex(거죽); 껍질은 게껍질이나 조개껍질처럼 딱딱한 것에, 피부는 나무거죽이나 사람의 살갗같이 더 무른 것을 가리킨다. 알베르티는 껍질이 거죽보다 더 딱딱한 피복의 껍질의 뉘앙스가 있어서 그 단어를 더 선호한 것 같다.

159 opus illiberale.

160 즉, 벽토(壁土).

161 3권 11장에서 다루었다.

하고 바닥과 정확히 일치해야 한다 / 모서리와 뼈대를 땅으로부터 바로 꼭대기까지 더 단단한 돌들로 보강하라 / 석회를 제대로 적셔라 / 축축하지 않은 돌을 쓰지 말라 / 가장 많이 노출된 면을 더 단단한 돌들로 면하게 하라 / 구조를 같은 면으로, 같은 높이로, 수직으로[162] 맞추라 / 아래의 두 개의 돌의 줄눈 위에 윗돌의 가운데를 맞추어 놓으라 / 바깥쪽 켜에는 온전한 돌을 쓰고, 충전재의 켜에는 파편을 써라 / 몇 개의 돌들을 교차시켜 놓아 켜들을 함께 묶어라.

여기까지가 벽에 대해서다. 지붕에 이르렀다.

하지만 내가 빠뜨리고 싶지 않은 것이 있으니, 옛사람들이 아주 주의 깊게 그 논거를 살핀 주장들임을 내가 이해하고 있는 것이다. 자연에는 의심할 바 없이 업신여겨서는 안 될 힘들을 타고난 것들이 있다. 월계수와 독수리와 바다표범에게는 결코 벼락이 치지 않는다고 한다.[163] 이것들이 작업에 들어 있으면 아마도 벼락을 맞지 않을 것이라고 생각하는 사람들이 있다. 나는 이것이 다음의 미신들과 똑같을 수 있다고 본다. 즉, 그들은 말하기를, 두꺼비를 단지 안에 넣고 밭 한 가운데에 묻으면, 새들로부터 곡식을 보호할 것이라든지, 굴 나무를 실내에 들여놓으면 분만하기 어려워진다든지,[164] 레스보 유오니모스[165] 잎을 지붕 밑에 보관하면 이질이 생겨서 치명적일 것이라고 말하는 것이다.[166]

---

162 ad regulam et libellam et perpendiculum.

163 플리니우스, 『자연사』, II, 146, 테오프라스토스, 『식물연구』, III, 10, 3.

164 같은 책, XIII, 117.

165 enomion lespia.

166 플리니우스와 테오프라스토스는 둘 다, 레스보 유오니모스 나무가 치명적일 수 있

논의로 돌아가자. 건축물의 리네아멘타를 우리가 다루었을 때 먼저 손댔던 것을 여기서 되짚어야 한다.[167]

고, 설사를 하는 것이 유일한 치료법이라고 말한다. 플리니우스, 『자연사』, XIII, 118; 테오프라스토스, 『식물연구』, III, 18, 13.

167 1권 11장에서 다룬 내용을 가리킨다.

제12장

평지붕에 대해서. 보, 서까래, 그것들 사이의 결합에 대해서

[227] 즉, 어떤 지붕들은 하늘에 드러나 있고, 또 어떤 것들은 하늘에 드러나 이지 않다. 이것들 가운데 어떤 것들은 직선들로, 어떤 것들은 곡선들, 또 어떤 것들은 혼합된 선들로 이루어져 있다. 주제에 맞으므로 여기에 더하자면, 지붕은 혹은 나무 목재로써, 혹은 석재로써 놓인다.[168] 그것으로부터 우리는 먼저 다음의 것을 취함으로써 논의를 시작한다. 즉, 우리는 보편적인 지붕들의 원리가 되는 것을 설정하며, 그것은 이와 같다.[169] 지붕으로부터도 그것의 뼈대, 근육, 콤플레멘툼, 거죽, 껍질을[170] 벽에서와 똑같이 해석할 수 있다. 그럼에도 불구하고 사실상 그것이 정말 그런지를 살펴보자.

우선, 직선으로 된, 숲의 목재로 이루어진 것부터 시작하자. 지붕을 떠받치기 위해서는 더 튼튼한 보들이 벽에서 벽으로 걸쳐 놓이는

168 알베르티는 지붕의 작업을 구조적으로(외부 지붕/ 내부 지붕), 형태적으로(직선 지붕/ 곡선 지붕), 재료적으로(목조 지붕/ 석조 지붕)으로 구분한다. 이는 벽을 세 가지 관점에서 구분한 것에 일치한다.

169 즉, 바로 앞에서 말한 구조적, 형태적, 재료적 구분에도 모두 적용되는 것을 가리킨다.

170 뼈대(ossum), 근육(nervus), 콤플레멘툼(complementum), 거죽(cortex), 껍질(crustula).

것이 필요하다. 또한 이 보는 이미 말했듯이[171] 가로로 놓인 기둥임이 분명하다. 따라서 뼈대의 장소에 보가 있을 것이다. 재정이 허락한다면 누가 이를테면 뼈처럼, 아주 튼튼한 작업, 즉, 그럼으로써 연속된 기둥들로써 또한 이어진 보들로써 치밀하고 공고한 것을 선호하지 않는가? 하지만 우리는 검약함을 내다보고, 작업의 튼튼함에 이바지하되 덜어 낼 수 있는 모든 과도한 것을 판단해야 한다. 그래서 큰 보들 사이에 틈을 남긴다. 또한 그 큰 보들에 교차하는 목재들을 놓고[172], 또한 늘어선 서까래들[173]과 또한 이와 닮은 다른 것들로서[174] 그 모두를 인대(靭帶)[175]로 여겨도 부적절하지 않은 것을 더한다. 이것들에 마지막으로 널들과 폭이 더 넓게 맞춘 판재들이[176] 맞추어져서 분명 콤플레멘툼의 차례를 차지한다. 똑같은 원리로 포장과 기와가 바깥 거죽임을, 머리 위에 걸려 있는, 덮은 천장이자 안쪽 거죽임을 부정할 수 없다.[177]

[229] 따라서 그대가 이에 동의한다면 이것들 각각에 어떤 특수

171 3권 6장에서 다루었다.

172 이른바 도리를 말한다.

173 quadruli.

174 여기서 알베르티는 불필요한 구조부재들을 덜어 내어 비우고 반드시 필요한 구조부재들만을 얽어서 엮는 가구구조방식을 설명하고 있다.

175 illigamentum.

176 asses tabulaeque ampliores; 첫 번째 널판(asses)은 안쪽 지붕을, 두 번째 널판(tabulae)은 바깥 지붕을 가리킨다.

177 즉, 알베르티는 이 문단에서 지붕을 이루는 구조적 요소들을 뼈대, 근육, 콤플레멘툼, 거죽, 껍질로 구체적으로 설명했다. 즉, 큰보, 도리, 서까래는 뼈대에 속하고, 이 뼈대들과 비슷하되 부차적인 구조요소들이 근육 내지 인대에 속하고, 널과 판재가 콤플레멘툼에 속하고, 포장과 기와가 거죽 내지 껍질에 속한다.

성이 있는지, 그것을 인식함으로써 석조 지붕에 알맞은 것이 무엇인지 이해할 수 있을지를 조사해 볼 것이다. 이것들에 대해 따라서 사안이 허락하는 데까지 우리는 아주 짧게 다룬다.

하지만 이 주제와 관련된 것이 있으니, 내가 이 시대의 건축가들을 칭송하지 않는다는 것인데, 그들은 바닥판들을 두기 위해서 벽 뼈대에 큰 구멍을 베어 내듯 남겨 두고, 벽이 완성되면 거기에 보머리들을 끼워 넣는다. 이로 인해 벽은 취약해지고 집이 불이 날 위험에 더 드러나게 되는데, 거기서부터 인접한 실로 불이 옮아갈 수 있기 때문이다. 그래서 옛사람들은, 튼튼한 까치발을 벽에 고정시키고 앞서 언급한 보머리들을 거기에 얹어 놓는 데 익숙한 건축가들을 선호한다. 하지만 벽이 보와 연결되기를 원한다면 까치발과 결합시키기에 아주 편리한 꺽쇠, 청동 클립, 갈고리들이 많다.

보는 전체적으로 온전해야 하고 아주 말쑥해야 하며, 특히 길이방향의 중간에 아무런 흠이 없어야 한다. 한쪽 보머리에 귀를 대고 다른 쪽을 쳤을 때 울리는 소리를 들어 보고, 그 소리가 둔하고 음이 떨어지면 속이 상했다는 표시다. 옹이가 있는 보, 특히 옹이가 많고 서로 모여 있는 보를 써서는 안 된다. 심재에 가장 가까운 부분은 대패질해서 위로 두어야 한다. 보의 아랫면이 될 곳은 거죽을 벗기거나 대패질 하는 것을 가급적 덜 해야 한다. 보의 옆면에 어떤 결함이 있으면 그것을 위쪽으로 두어야 한다. 길이방향으로 균열이 있으면 그것을 옆면에 두어서는 안 되고, 그 대신 윗면에 두거나, 더 좋게는 아랫면에 두어야 한다. 보에 구멍을 뚫거나 새김눈을 만들어야 한다면 길이의 중간부분은 남겨 두고 또한 아래쪽 면도 다치게 하지 말라.

어쨌든 바실리카에서 그들이 했듯이 쌍둥이 보를 놓을 거라면,

[231] 그 두 보 사이에 몇 치 간격을 두고 그것들이 숨 쉬게 하고, 보가 서로 마찰되었을 때 생길 손해를 미리 막아라. 보를 반대방향으로 놓아, 보머리들을 똑같은 베개에 놓지 않고 한 보의 발을 다른 보의 머리 옆에 놓는 것이 알맞다. 이런 식으로 한 보의 발이 가진 안정성과 강도가 다른 가벼운 부분의 약함을 보상해 줄 것이다. 보들은 같은 과의 것들이어야 한다. 즉, 똑같은 수종인 것, 똑같은 숲에서 난 것, 똑같은 기후조건에서 자란 것, 똑같은 날에 벌목한 것이어야 한다. 그리하면 자연적 강도가 똑같아서 똑같은 역할을 수행한다.

보들을 놓을 자리는 수평이어야 하고 가급적 단단하고 튼튼해야 한다. 목재에 석회가 닿지 않는 위치에 주의해서 보를 놓아, 보가 사방에서 자유로이 숨 쉬게 해야 한다. 그래야 접촉을 줄여서 훼손을 막고, 에워싸여 썩는 것을 막을 수 있다. 보를 위한 베개로는 건조한 식물인 양치류의 층, 숯을 놓거나, 또는 훨씬 더 좋기로는 올리브 씨와 섞은 기름찌기를 놓아 두라.

하지만 나무가 너무 작아서 하나의 나무줄기로부터 온전한 보를 얻을 수 없으면 몇 개를 결합해서 하나의 복합보를 만드는데, 아치가 힘을 얻듯이, 즉, 하중이 복합보의 위쪽 선을 누르지도, 아래쪽 선을 벌리지도 않고, 그 대신 마치 하나의 현(弦)처럼, 마주한 면들이 서로 톱니모양으로 맞물려서, 나무줄기들을 긴장된 상태로 붙들고 있게 된다.

보를 만들고 남은 것들로 만든 장선[178]들과 다른 목조 부재들은

178 tignum.

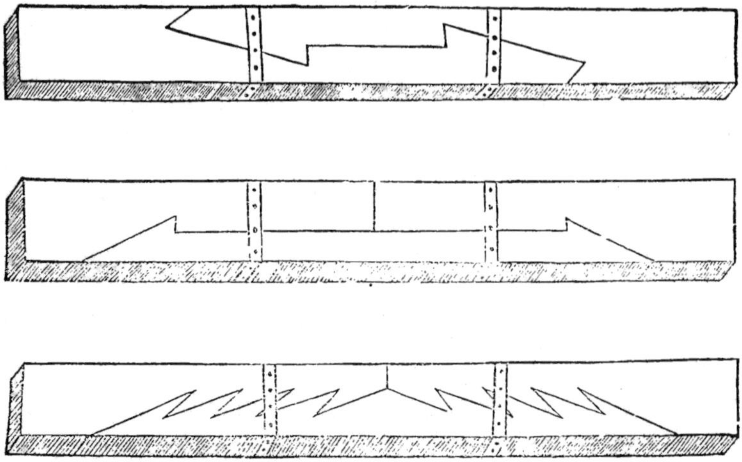

〈그림 12〉 여러 개의 보를 결합한 복합보

보의 상태와 온전함에 따라 인정될 것이다. 너무 치밀한 목판은 알맞지 않다고 사람들은 여기는데, 왜냐하면 그것들이 휘어지기 시작할 때 못을 튕겨 내기 때문이다. 목판이 아무리 얇아도 못은 쌍으로 쓸 것을 사람들은 당부하는데, 특히 바깥쪽 판에서는 모서리, 중심, 가장자리를 꼭 박아야 한다고 한다.

못은 그것이 가로로 힘을 받는 곳에서는 더 두꺼워야 한다고 사람들은 당부한다. 다른 곳에서는 가는 못도 충분히 괜찮은데, 하지만 가는 못은 더 길고 [233] 머리가 더 넓어야 한다. 구리못은 공기 중에서나 습한 곳에서 더 오래가는 반면, 쇠못은 작업의 실내에서와 건조한 곳에서 더 튼튼함을 나는 관찰했다. 하지만 바닥을 고정시킬 용도에는 나무못이 낫다.

우리가 목조 지붕에 대해 말한 것들을 조적 지붕에서도 마찬가지로 살펴야 한다. 돌에 결이나 흠이 가로로 나 있는 돌을 보에 써서는 안 되고 기둥에만 써야 하며, 혹은, 자국이 미약하고 가벼운 정도라면, 자국이 보이는 돌의 옆면이 작업에서 안쪽으로 돌려놓는다. 결이 길이 방향으로 나 있는 것이, 그 어떤 보들에서도, 결이 가로질러서 나 있는 것보다 더 낫다. 석판은, 다른 까닭들도 있지만 무게 때문에 두껍지 않게 놓는다. 결국 목재 지붕이건 조적 지붕이건, 거기 쓰인 널판, 장선, 보가 너무 얇거나 너무 서로 동떨어져 놓이면, 자체 무게도, 그것이 떠받치는 무게도 견디지 못한다. 또한 반대로 너무 두껍거나 너무 서로 가까이 붙여 놓이면 작업이 우아하지 않고 볼품없어진다.[179] 하지만 작업의 형태와 매력에 대해서는 다른 곳에서 다루겠다.[180]

직선 지붕에 대해서는 여태껏 말한 것으로 충분하다. 다만 내가 판단하기에 무릇 작업들에서 잘 살펴야 하는 것이 하나 더 있다. 동물의 몸에서 자연은 어떤 뼈도 다른 뼈와 동떨어져 있거나 분리되지 않도록 아주 완벽하게 작업해 놓은 것에 의사들은 주목했다. 이와 같이 우리는 뼈들을 연결시키고 그것들을 근육과 인대들로 단단히 묶을 것이고, 그래서 뼈대들의 묶임과 짜맞춤이[181], 나머지 것들이 모두 없어져도 작업이 혼자서도 그 지체들과 힘들 덕분에 잘 서 있게 해 줄 것이다.

179 illepidus(우아하지 않고), informis(볼품없게).

180 7권 5장에서 다룬다.

181 ossium series et compactura.

제13장

휜 지붕에 대해서. 아치들의 다름에 대해서. 아치의 쐐기들의 구성에 대해서

휜 지붕으로 온다. 그것이 무릇 수많은 평지붕들에 충분히 상응하는지 살펴보자. 곡선 [235] 지붕을 이루는 것은 아치들이다. 또한 아치는 다름 아니라 휘어 있는 보라고 우리는 제시했다.[182] 또한 거기서도 인대들이 나아간다. 또한 틈을 채우는 것들이 덧붙는다. 하지만 나는 아치가 정확히 무엇인지, 어떤 부분들로 이루어져 있는지 분명하게 이해시키고 싶다. 왜냐하면, 아치를 이끌어 내는 원리를 사람들은 다음과 같이 도출한다고 나는 생각하기 때문이다. 즉, 두 개의 보가 서로 보머리는 맞대고 발치는 벌린 채 튼튼히 있으면서 부분들이 서로 결합되어 무게를 받치는 것을 사람들이 봤을 때, 그 발견에 그들은 기뻤고, 이 작업으로써 이중물매를 가진 건축물의 지붕을 짓기 시작했다. 그 뒤 아마도 더 큰 바닥을 덮으려는 시도에서 보가 짧아서 생기는 제약 때문에, 사람들은 두 개의 몸통의 머리를 가로지르는 중간보를 설치해서 그리스문자 파이(Π)와 비슷한 모양을 만들었을 것

182 3권 6장에서 다루었다.

이고, 추가된 이 부분을 아마 쐐기[183]라고 불렀을 것이다. 그리고는 이 실험이 성공적으로 드러나자 사람들은 이런 식의 쐐기들을 더 많이 추가해서 아치를 만들었고 그 형태가 아주 보기 좋음을 깨닫고는 이렇게 아치를 짜는 방법을 조적작업에 옮겼고, 더 많은 쐐기들을 추가해서 결국 온전한 아치를 만들었다. 그래서 아치 자체는 여러 개의 쐐기들이 뭉쳐져서 이루어진 것이라고 인식해야 하는데, 그것들의 어떤 머리돌들은 아치의 양쪽 하단부에서 기초부를 이루고, 어떤 것들은 등에 놓여서 척추[184]를 이루고, 다른 나머지 것들은 갈비뼈의 곡선[185]을 채운다.

우리가 1권에서 말한 것과 똑같은 것을 되풀이해도 주제로부터 벗어나지 않을 것이다.[186] 아치들은 서로 다르다. 즉, 바른 아치[187]는 온전한 반원을 이룬다. 그것의 현(弦)은 원 중심을 지나간다. 또한 아치의 본성보다 보의 본성을 더 닮은 것이 있는데, 우리는 이것을 줄인[188] 아치라고 부르는데, 왜냐하면 그것이 온전한 반원이 아니라 반원의 일부일 뿐이기 때문이다. 그것의 현은 중심이 아니라 그 위를 지난다. 또한 복합아치가 있는데, 그것을 어떤 사람들은 모 난 아치, 또는 뾰족한 아치라고 부른다. 이것은 두 개의 줄인 아치들로 이루어

---

183 cuneus.

184 척추를 이루는 쐐기돌이란 즉 머리돌이다.

185 ambitus costarum; 갈비뼈의 곡선이란 척추 양쪽의 휘어 있는 곡선을 가리킨다.

186 1권 7장의 내용을 가리킨다.

187 arcus rectus.

188 comminutum; ribassato(Orlandi); incomplete(Rykwert et al.); diminué(Caye et Choay); 한국어 번역에서는 라틴어의 원래 뜻을 살려서 불완전 아치 대신 줄인 아치(감축아치)로 옮긴다.

지고, 그 현은 교차하는 두 곡선들의 중심들을 관통한다.

바른 아치가 모든 것들 가운데 가장 튼튼하며, 실제로 그럴 뿐 아니라 또한 원리와 증거로 입증된다. 사실 아치가 저절로 [237] 어떻게 무너질 수 있는지 나는 알지 못한다. 그 쐐기들 중 하나가 다른 하나를 밀어 내지 않는다면 말이다. 그런 침해가 전혀 없도록, 서로가 서로를 도와 보강하고 있다. 떠받치는 힘 또는 자체 무게 둘 중 하나의 자연적인 추력 때문에 쐐기들이 떨어지지 않고 있을 것이다. 그래서 아치 작업에서 오른쪽 것은 왼쪽 것에 의해 붙들려 있고, 왼쪽 것은 오른쪽 것에 의해 붙들려 있다고 바로 확신하는 것이다. 이 문제를 따져 보자. 어떻게 가장 위쪽에, 척추 꼭대기에 혼자 앉아 있는 쐐기가 다른 쐐기들을 양쪽으로 밀 만큼 충분히 센가? 혹은, 일단 자리 잡고 나면 어떻게 바깥쪽 쐐기들이 꼭대기 쐐기를 밀 수 있는가? 갈비뼈를 따르는 선에서 옆의 것들은 평형에 의해 아주 쉽게 제자리에 붙잡혀 있을 것이다. 마지막으로, 더 낮은 아래쪽으로 지지력을 제공하는 다른 쐐기들은 어떻게, 위쪽 쐐기들의 무게에 의해 제자리에 붙잡혀 움직일 수 있는가? 따라서 바른 아치들은 스스로를 쉽게 돌보므로 현을 요구하지 않을 것이다. 하지만 줄인 아치들에는 쇠사슬을 두거나 또는 현의 역할을 하는 다른 것—즉, 이쪽저쪽으로 벽을 늘임으로써 우리가 튼튼하게 만드는 그런 것—을 두는데, 이 늘임에 의해, 줄인 아치의 둥글림이 완전해질 수 있는 것보다 짧지 않기를 우리는 바란다. 옛 건축가들은 이 예방책을 반드시 지켰고, 그것이 허용되면 어디서나 줄인 아치들을 벽의 옆면에 통합시켰다. 또한 분명히 그들은, 사정이 되는 곳에서는 어디든지, 곧은 보 위에 줄인 아치를 두는 것이었고, 또한 줄인 아치 위에 바른 아치를 끼워 넣어 그 밑에

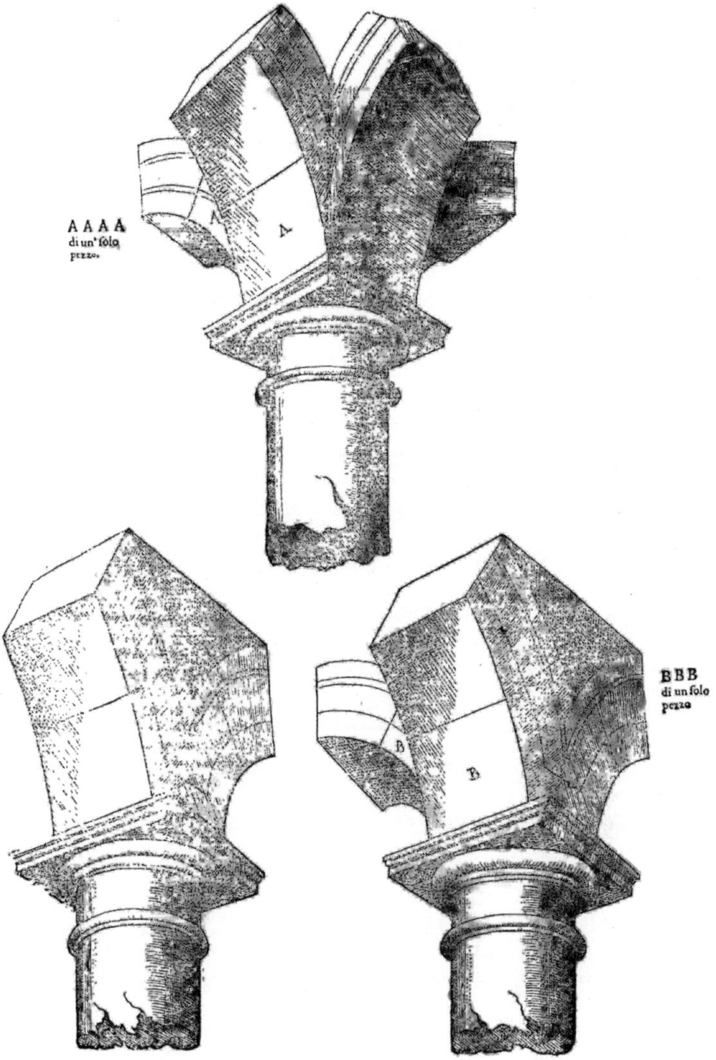

〈그림 13〉 아치의 구조. 둘 이상의 아치들이 솟아오르기 시작하는 지점에 있는 쐐기가 두 개의 돌로 나뉘지 않고 하나의 똑같은 돌로 이루어져 있는 모습을 보여 준다. 그림에서 AAAA는 하나의 부재다. BBB도 마찬가지다.

있는 불완전한 아치를 도와서 무게로 인한 훼손을 피하기 위해서였던 것을 그들은 관찰했다. 복합 아치는 옛사람들에게서 찾아볼 수 없다. 어떤 사람들은 그것을 탑의 개구부에 도입해야 한다고 여기는데, 그래서 그 위에 실리는 과도한 무게를 마치 뱃머리처럼 나눈다는 것이다. 비록 사실상 복합 아치가 위에 위로부터 실린 무게에 눌리기는커녕 강화되지만 말이다.

아치를 만드는 쐐기가 모조리 마름돌인 것을, 즉, 정사각형이고 가급적 [239] 큰 것을 나는 선호한다. 즉, 그 몸에서 자연으로부터 단단하고 연속된 부분이야말로 사람들의 손과 기술로써 연결시키고 짜맞춘 것들보다 흩트리기 더 어려운 부분이다. 또한 서로 똑같아야 하는데, 그래야 저울에서처럼 오른쪽이 왼쪽에 모양, 크기, 무게 따위에서 상응한다. 기둥 위와 주두 위에서 그대가 복수의 아치들을 뽑아내어 연속된 개구부를 가진 현관을 만들었다면, 둘 또는 더 많은 아치들이 결합되어 솟아오르는 지점에서 돌을 두 개로 나누면 안 되고, 그 대신 아치가 주두에 몇 개나 모이건 간에 하나의 똑같은 온전한 받침대여야 한다. 첫 번째 쐐기들에 인접한 두 번째 쐐기들은, 그것들이 큰 돌로 되어 있다면, 그것들이 서로 등을 일직선으로 맞대도록 한다. [241] 두 번째 층 위에 놓이는 세 번째 층은 좋은 벽을 만드는 원리를 따라 서로 높이가 맞아야 한다. 또한 양쪽에 똑같은 이음새를 두어 그것들이 결합되어 있는 양쪽 아치들에 봉사하고 그 쐐기들을 잡아야 한다. 아치 전체에서, 쐐기들이 만나는 선들과 이음새들이 중심을 향하도록 만들어야 한다. 숙련된 사람들은 늘 하나의 온전하고 큰 돌을 쐐기로 삼는다. 하지만 벽이 더 두꺼워져서 그대가 이런 식으로 온전한 쐐기를 둘 수 없다면, 그것은 이윽고 이제 아치가 아니고 그 대신 우리가 포르닉스[189]라고 부르는 것이 되기 시작한다.

189 fornix.

제14장

볼트의 여러 종류와 그것들이 서로 어찌 다른지, 어떤 선들로 이루어져 있는지, 고정방식은 무엇인지에 대해서

다양한 종류의 볼트들[190]이 있다. 그것들이 서로 어떻게 다르고 어떤 선들로 구성되어 있는지 탐구해야 한다. 내가 이 책들에서 애썼듯이, 쉽고 덜 애매하려면 새로운 이름들을 내가 고안해야 한다.[191] 시인 엔니우스[192]가 "하늘의 광대한 포르닉스[193]"라고 이름 붙인 것도, 세르비우스가 배의 용골처럼 만들어진 것들을 "동굴"[194]이라고 말한 것도 나는 잊지 않고 있다.[195] 하지만 나는 여기서 한 가지, 이 책에서 어쨌든 주제에 들어맞고도 아주 쉽게 이해되는 라틴어를 고려하겠다.

볼트의 종류들은 이렇다. 즉, 포르닉스, 카메라, 완전 구형, 또한 이것들의 일부로 이루어진 다른 것들.[196] 이 가운데, 구형은 그것의 본

---

190 testudo.

191 비트루비우스와의 차이점이다. 6권 1장을 볼 것.

192 바로, 『라틴어에 대하여』, V, 19; 세르비우스, 『아이네이스 주해서』, II, v, 19.

193 fornix.

194 caverna.

195 바로, 『라틴어에 대하여』, V, 20.

196 fornix(포르닉스), camera(카메라), recta spherica(완전 구형); 알베르티가 구형 볼트라고 부르는 것은 흔히 돔이라고 부르는 것이다.

성상 원형 바닥에서부터 세운 벽에만 놓인다. 카메라는 정사각형 바닥이 필요하다. 한편 더 짤막하거나 더 길쭉한 직사각형 바닥을 덮는 것인데, 그런 것을 우리는 크립토포르티쿠스[197]에서도 볼 수 있다. 볼트는, 산에 뚫린 굴과 비슷하며, 우리는 그것을 비슷한 말로 포르닉스라고 부른다.[198] 따라서 그것은 아치들을 서로 덧붙인 것과 같거나, 또는 휜 보를 옆으로 늘인 것과 같을 것이다. [243] 우리 머리 위를 보호하기 위해 굽어 있는 벽에 비유될 수도 있다. 북쪽에서 남쪽으로 진행되는 이러한 포르닉스가 동쪽에서 서쪽으로 진행되는 또 다른 포르닉스와 완전히 교차하면, 각 모서리 쪽으로 진행되어 나가는 굽어 있는 뿔[199]을 닮은 볼트가 형성되며, 그래서 그것을 카메라라고 부른다.[200] 하지만 여러 개의 똑같은 아치들의 꼭짓점들이 중심의 한 점에서 만나게 되면 하늘처럼 생긴 볼트가 생겨난다. 이것을 우리는 완전 구형 볼트라고 부른다.

이 부분들로부터 형성된 다른 볼트들은 이렇다. 즉, 하늘의 반구를 동서방향의 수직면으로 둘로 나누면 반원 니치에 들어맞는 두 개의 볼트가 만들어진다. 하지만 하늘의 반구를, 동쪽 모서리에서 남쪽

---

197 criptoporticus; 고대로마건축에서의 크립토포르티쿠스는 반지하구조의 통로로서, 그것의 천장볼트가 상부의 포티코를 떠받친다.

198 포르닉스(Fornix)라는 말을 알베르티는 "뚫다"라는 뜻의 라틴어 'perforare'로부터 가져온다.

199 cornu.

200 카메라는 교차볼트를 가리킨다. 알베르티는 또 다른 어원학을 여기서 만든다. 카메라는 세르비우스를 따라 "접혀 있는"이란 뜻의 'camur'로부터 나왔다. 베르길리우스, 『게오르기카 카르미나』, 3, 55, 또한 세르비우스, 『게오르기카 주해서』, III, v, 55를 볼 것.

모서리, 남쪽 모서리에서 서쪽 모서리로, 서쪽 모서리에서 북쪽 모서리로, 북쪽 모서리에서 동쪽 모서리로 난 선으로 경계 짓고 잘라 내면, 가운데에 남은 볼트가 굽이친 돛을 닮게 되는데 우리는 그것을 우리는 돛 볼트[아울레아][201]라고 부른다. 포르닉스의 여러 부분들이 만나 이루어지는 볼트들이 6각이나 8각의 바닥을 덮고 있는 것을 우리는 보는데, 이것을 우리는 모난 구형 볼트[202]라고 부를 것이다.

볼트를 만드는 원리는 벽에서와 똑같을 것이다. 왜냐하면, 온전한 뼈가 볼트 꼭대기까지 벽의 뼈로부터 솟아오르고, 똑같은 방식으로 거기 놓이고, 서로 일정한 거리로 떨어져 있기 때문이다. 뼈대로부터 뼈대까지 인대가 뻗고, 그 가운데가 콤플리멘타로 채워진다. 하지만 다른 점이 있으니, 벽에서는 개별적인 돌들과 켜들이 수평선과 수직선을 따라 직선으로 놓이고 쌓이지만, 반면 볼트에서는 켜들은 곡선을 따라, 돌의 줄눈들은 모두 그 아치의 중심으로 모이도록 흩어져 있다는 점이다. 뼈대를 위해 [245] 옛사람들은 거의 항상 구운 벽돌을 썼고 그 길이는 일반적으로 2척이었다.[203] 충전재를 아주 가벼운 돌로 완성할 것을 사람들은 조언하는데, 그래야 과도한 무게에 의해 벽이 피로해지는 것을 막을 수 있기 때문이다. 하지만 어떤 건축가들은 이 뼈대들을 연속적으로 속이 채워지지 않게 만들었다는 것을 나는 발견했다. 그 대신 그것들을 여기저기 가장자리에 세워진 벽돌들로 흩트려 놓았고, 그 끝이 서로 빗살처럼 마치 오른손 손가락 끝과

---

201 aulea.

202 spherica angularem.

203 2권 10장에서 다루었다.

왼손 손가락 끝을 깍지 낀 것처럼 서로 맞물리게 했다. 그들은 그 중간을 골조로 채우고는 했다. 특히 경석(輕石)을[204] 썼는데, 이것은 일반적으로 모든 돌 중에서 볼트의 속채움 재료로 가장 알맞다고 여겨진다.

하지만 아치와 볼트를 짓는 데는 홍예틀[205]이 필요하다.[206] 그것은 거칠고 임시적인, 곡선으로 된 목조틀로서, 덮개와 피부로 쓰기 위해 외가지 엮기나 갈대 또는 그 밖의 값싼 재료로 만드는 것으로서, 그 기능은 볼트가 단단해질 때까지 작업 중에 볼트를 떠받치는 것이다. 그럼에도 불구하고 볼트들 가운데서 완전 구형 볼트는 틀이 필요 없다. 그것은 아치뿐 아니라 코니스[207]로도 이루어지기 때문이다. 이 둘이 제공하는 등각 또는 비등각으로 교차하는 셀 수 없이 많은, 서로 떠받치는 선들을 서술하거나 머리에 떠올리기란 불가능하다. 코니스를 코니스 위에 올리고 아치를 아치 옆에 두고, 그 작업이 무너질 수 있을 것이라고 상상할 수 있겠는가? 만약 그렇다면 특히 모든 쐐기들이 중심을 향해 똑같은 힘과 압력으로 기울 때, 어떤 지점부터이겠는가? 옛사람들은 이 구조의 내적 강도를 시험했고, 몇 척마다 단순한 도기 코니스를 얹고는 그 볼트의 나머지 부분에 서둘러 시멘트[208]를 쏟아붇고는 했다. 볼트 작업 중에는 훨씬 더 주의해서 코니

---

204 pumex.

205 armamenta.

206 비트루비우스, 『건축십서』, VII, 3, 1.

207 알베르티에 있어서 코니스의 두 가지 개념 중 하나다. 보통은 벽의 최상부를 가리킨다.

208 cementaria.

스가 너무 많지 않게 하고 하나의 코니스가 다른 하나의 코니스 위에 곧바로 연결되지 않게 하고, 아치도 벽에서 돌들을 묶는 데 쓴 것과 똑같은 기술로써 연결할 것이다. 특히 채석장 모래가 부족하고 작업이 바닷바람이나 남풍을 맞게 되면 말이다.

[247] 모난 구형 볼트[209]도 또한, 그 두께 안에 완전구형볼트가 들어가는 방식으로, 그대는 홍예틀을 전혀 쓰지 않고 올릴 수 있을 것이다.[210] 하지만 거기서, 앞의 볼트의 취약한 부분들이 뒤의 볼트의 더 단단한 부분들과 단단히 묶이게 해 주는 긴결재들이 가급적 필요하다. 그럼에도 이로써 쓸모 있을 것은, 석조 코니스 하나 또는 둘을 두른 뒤 그것이 튼튼해졌다면 그것들 아래에 좀 가벼운 끈과 고리들을[211] 고정시켜 거기에 충분한 홍예틀이 코니스보다 몇 척 위에 지탱되게 해서 그것들이 마를 때까지 두는 것이다. 그러면 일단 이것이 굳어진 뒤에, 홍예들을 몇 켜 위로 들어 올려 그 위쪽 부분을 지을 수 있고 결국 작업을 완성할 수 있다.

교차 볼트 및 이와 비슷한 볼트는 둘 다 홍예틀로 받칠 필요가 있다. 하지만 나는 차라리 아치들의 첫 번째 몇 개의 켜들과 발치를 꽉 찬 기단부가 되게 하겠다. 까치발[212]만을 볼트의 최종지지체로 남겨 두고 전체 벽을 그 위에 올리는 방법은 인정할 수 없는데, 그것은 너무 약해서 믿기 어렵다. 만약 내 조언을 따르겠다면, 아치와 그것이 함께 결속된 벽을 한 줄 한 줄 지어서, 작업을 가급적 튼튼한 결합들

209 angularem testudo spherica.

210 알베르티는 여기서 브루넬레스키가 한 작업을 재언급하고 있다.

211 끈(amentum)과 고리(ansa).

212 pediculis.

로써 묶어야 한다. 휘어 있는 볼트와 벽 사이에 남은 공간은 흙과 마른 돌조각으로 채워야 한다. 하지만 보통의 꽉 찬 석조작업으로써 그것을 끊임없이 벽과 결합시켜 놓아야 한다. 또한 나는 볼트의 마루에 속 빈 도기 물항아리들을 놓아서 무게를 줄이는 시도에 놀랐는데, 그 물항아리들에 금을 내고 위아래를 바꾸어 놓아 거기에 물이 모여 무게가 늘지 않도록 막았다. 그 위에 가볍지만 단단한 석재 골조들을 쏟아 부었다.

끝으로, 무릇 어떤 종류의 볼트이든지 거기서 자연을 모방해야 하는데, 즉 그것은 뼈대를 뼈대에 결합시키고, 살[213]과 근육을 길이, 폭, 깊이, 사선 방향으로 가급적 모든 방향으로 엮어야 한다. 돌을 볼트에 놓기 위해 자연의 솜씨[214]를 베껴야 한다고 나는 판단한다.

[249] 이것들을 완성했으면 다음은 그것을 덮는 일인데, 짓는 것 전체에서 으뜸가는 것이고 또한 어려운 만큼 필수적이다. 이 일에 무릇 관심과 세심함을 거듭거듭 기울이는 것이 필요하다. 이것들에 대해 우리는 말해야 한다. 하지만 우선 볼트 작업에 특히 관련된 것으로서 말해 두어서 도움되는 것이 있다. 사실 볼트를 완성하는 법은 다양하다. 홍예틀의 지지력을 써서 결합하는 아치와 볼트는 재빨리 지어야 하고 중간에 그치지 않아야 한다. 홍예틀 없이 결합되는 것들은 거의 매 켜를 쌓을 때마다 쉬었다가 작업해야 하는데, 그래서 그것들이 고정될 시간을 주고 새로 쌓는 부분이, 아래에 있는 것이 충분한 강도를 얻지 못해 헐겁거나 제자리에서 벗어나지 않도록 해야

213 caro.

214 artificium.

한다. 또한 홍예틀 위에 쌓는 볼트들은, 마지막 쐐기가 볼트를 덮으면, 홍예틀을 떠받치고 있는 지지를, 말하자면, 살짝 풀어 주는 것이 도움이 된다. 이렇게 하면 갓 자리 잡은 쐐기들이 홍예틀 사이에서 석회 모르타르 층에서[215] 떠다니지 않고 그 대신 고정되어서 평형상태가 된다. 그렇게 하지 않으면 작업이 충분히 치밀하게 고정되지 못하고, 정착되면서 균열을 남기게 될 것이다. 따라서 이렇게 한다. 즉, 홍예틀을 곧바로 치우지 않고, 그 대신 며칠에 걸쳐 차츰 느슨하게 푼다. 너무 빨리 치워서 결과가 나쁘지 않게 말이다. 며칠 뒤에 작업의 크기에 따라서 더 많이 헐겁게 푼다. 볼트의 모든 돌 쐐기들이 결합될 때까지 계속 이렇게 하면 작업이 굳어진다. 헐겁게 푸는 방법은 이렇다. 즉, 그대가 벽기둥 위 또는 편리한 어느 곳에 홍예틀을 설치할 것이든지 간에, 우선 홍예틀의 양 끝에 도끼날처럼 가늘어지는 목조 쐐기들을 둔다. 그리하여 작업을 헐겁게 하려 할 때, 이 쐐기들을 메로 쳐서 차츰 제자리로부터 원하는 만큼 위험 없이 뽑아낸다.

마지막으로, 겨울을 온전히 나기 전에 홍예틀을 떼어 내서는 안 된다는 것이 나의 원칙이다. 다른 까닭들에서뿐 아니라 또한 비의 습기에 작업이 약해지고 헐거워져서 마침내 무너지는 것을 막기 위해서다. [251] 비록 볼트가 많은 물을 흡수해서 결코 건조해지지 않는 것보다 더 편리할 수는 없다고 그들이 말하지만 말이다. 이 주제에 대해서는 충분하다.

---

215 inter fomenta et fultum calcis; fulcio는 조적조에서 돌 사이에 있는 '모르타르 줄눈'을 가리킨다.

제15장
지붕의 외피와 그 활용성에 대해서. 기와의 종류, 형태, 재료에 대해서

지붕의 껍질[216]로 돌아간다. 우리가 옳게 이해했다면, 분명 건축물 전체에서 가장 오래된 것은 타오르는 해와 하늘에서 내리는 비바람으로부터 피할 보금자리를 마련하는 것이다. 이 혜택을 그대에게 유지시켜 주는 것은 벽도 아니고 바닥도 아니고 그 어떤 다른 부분도 아니고, 으뜸가는 그 하나는, 알 수 있듯이, 지붕의 바깥 껍질[217]이다. 하지만 세월의 침해에 맞서서 그것을 튼튼히 하려던 것은 사람들의 노력과 기술은 모든 경험에도 불구하고, 필요성이 요구하는 것만큼 충분히 되지는 못했다. 나는 이것을 찾아내기가 쉬우리라고는 생각하지 않는다. 즉, 비 말고도 얼음과 열기와 가장 해롭기로는 바람의 끈질긴 공세에 직면해서, 누가 과연 어디선가 오랜 시간 동안 그렇게 쉼 없고 맹렬한 적에 맞설 수 있었는가? 이로부터, 어떤 것은 곧바로 낡아 버리고, 어떤 것은 무너지고, 어떤 것은 벽을 짓누르고, 어떤 것은 쪼개져서 무너지고, 어떤 것은 씻겨 버려서, 어떤 금속인들 다른

216 crusta.
217 crustula.

데서는 비바람의 침해에 맞서 꺾이지 않을지라도, 여기서는 그토록 끊임없는 공격을 못 견딘다.

하지만 사람들은 지역에서 자연의 재료들로서, 손 안에 쉽게 얻을 수 있는 풍부함을 거부하지 않고, 할 수 있는 한 필수적인 것을 마련하였다. 그래서 지붕 덮는 다양한 작업들이 등장했다. 피르기아 사람들은 갈대를 덮개로 썼고 마실리아[218] 주변에서는 진흙을 짚과 반죽해서 썼다고 비트루비우스는 말한다.[219] 가라만테스 왕국의 이웃족속인 텔로파기아 사람들은 그들의 볼트를 조개껍질로 덮었다고 플리니우스는 말한다.[220] 게르마니아의 많은 지역에서는 널판이 쓰인다. 벨기카[221]에서는 흰 돌을 [253] 나무보다 얇게 썰어서 기와로 쓴다. 리구리아와 토스카나에서는 집을 비늘 있는 돌들을 켠 석판으로 덮는다. 어떤 사람들은 바닥포장[222]을 시도했는데 이것은 뒤에 다루겠다.[223]

필멸의 인간의 재능과 노력으로도 아직 도기기와[224]보다 더 알맞은 것은 발명되지 못 했다. 진정 포장공의 작업은 서리에 거칠거칠해지고 쪼개지고 가라앉는다. 납은 태양의 열기에 녹아내린다. 구리는

---

218 지금의 마르세유(Marseille).

219 비트루비우스, 『건축십서』, II, 1, 5. 실제로 비트루비우스가 언급한 것은 프리기아인들이었다.

220 플리니우스, 『자연사』, VI, 109. 사실 이 내용은 플리니우스가 가라만테스 사람들에 대해 한 이야기가 아니라 페르시아 만에 있는 카르마니아 사람들에 대해 한 이야기다.

221 지금의 벨기에.

222 pavimentum.

223 3권 16장에서 다룬다.

224 tegulum.

무거운 동판으로 덮으면 비싸고, 얇은 동판으로써 덮으면 바람에 훼손되고 푸른 녹이 슬러 닳아 없어진다. 아그리파의 아들로서, 키니라스라고 불린 키프리오트가 기와를 발명했다고 사람들은 믿는다.[225]

기와는 두 가지가 있다. 하나는 납작한 것으로서 폭은 1척이고 길이는 1 쿠비투스고 양쪽에는 폭의 9분의 1만큼 거친 가장자리가 있다. 다른 하나는 발을 보호하는 정강이받이처럼 휘어 있다. 흐르는 빗물을 받는 부위는 넓고 흘려보내는 부위는 좁다. 하지만 납작한 기와가 더 나은데, 줄을 맞춰서 결합할 수 있고 한쪽을 기울이지 않고도 완벽하게 수평을 맞출 수 있기 때문이다. 또한, 골, 마루, 틈, 그 밖에 비가 흐르는 것을 막는 것이 없다. 지붕에 덮이는 면적이 크다면 더 큰 기와가 필요한데, 그렇지 않으면 선홈통이 부족하고 빗물배수로가 넘쳐 버릴 것이다. 기와가 강한 바람에 날아가지 않도록, 나는 특히 공적인 작업들에서는 기와를 회반죽에 고정시켜 두기를 바란다. 사적인 작업들에서는, 바람에 맞서서 홈통을 보강하기만 해도 충분하고, 회반죽에 고정시키지 않으면 부서진 기와를 보수하기가 더 쉽다.

이에 딱 맞는 또 다른 것이 있다. 즉, 목조 지붕에 목판을 둘 자리에 도기 기왓장[226]들을 석고로써 외벽기에 고정시키는 것이다. 이 도기 기왓장들 위에 평기와를 석회로 고정시킨다. 그것은 불에 아주 강한 작업이고 거주자들에게도 아주 편리하다. 또한 비용을 줄이려면, [255] 도기 기왓장들의 자리에 그리스 갈대를 놓고 석회로 고정시키

225 플리니우스, 『자연사』, VII, 195.

226 tabellula.

면 된다.

석회로 고정시킬 기와, 특히 공적 작업들의 기와는 적어도 2년 동안 서리와 태양에 노출시킨 다음에 써야 한다. 왜냐하면 약한 기와가 설치되면 떼어 내는 데 상당한 작업이 소모되기 때문이다.

역사가 디오도로스에 따르면 유명한 시리아의 공중정원에서 채택되었다고 우리가 읽은 참신하고도 무용하지 않은 기술 하나를 여기서 말해 두는 것이 도움이 될 것이다. 즉, 아스팔트를 바른 갈대층을 보 위에 놓고 이 위에 구운 벽돌 두 켜를 석고로 결합시킨다. 납판으로 된 세 번째 층을 결합시켜서 습기가 첫 번째 벽돌들과 닿는 것을 막는다.[227]

227 디오도로스 시켈로스, 『세계사』, II, 10, 5.

제16장

플리니우스와 비트루비우스의 견해에 의한 바닥 포장 및 옛사람들의 작업에 대해서. 작업시기에서 다양한 시점과 종점, 한 해의 기후의 양태와 모습에 대해서

나는 바닥포장[228]에 이르렀는데,[229] 바닥포장은 지붕과 똑같은 특징을 공유한다. 이 가운데 어떤 것들은 하늘에 드러나 있고, 어떤 것들은 복합보로 이루어지고, 어떤 것들은 그렇지 않다. 하지만 그것들 각각이 놓일 면은 단단하고 그 선들이 정확해야 한다.

하늘에 드러나는 면은 적어도 10척마다 2 디기투스[230]씩 낮추어야 한다. 그렇게 해야지 흘러내린 물이 수조에 담기거나 배수구로 빠진다. 물이 바다나 강으로 빠져나갈 수 없으면 알맞은 자리를 찾아 지하수가 나올 때까지 우물을 깊게 파고 그 구멍들을 자갈로 메워라. 이것이 불가능하다면 마지막 조언은 큰 구덩이를 파서 석탄을 어느 정도 집어넣은 다음 모래로 채우라는 것이다. 이렇게 하면 남는 물을 빨아들여 없앨 것이다.

바닥표면을 다진 흙으로 한다면, 높이를 정확히 깎아 맞춰서 그

228 pavimentum.

229 비트루비우스, 『건축십서』, VII, 1, 1-5.

230 digitus.

자리에 다진 잡석층을 덮어야 한다. 하지만 바닥표면을 복합보의 기초부로 할 테면,[231] 가로로 널을 깔고, [257] 아래로 다지고, 잡석을 한 척 깊이로 덮어야 한다. 잡석 밑에 금작화나 양치류를[232] 한 층 깔아서 기초부로 삼아, 목재가 석회에 닿을 때 피해를 입지 않도록 해야 한다고 여기는 사람들이 있다. 잡석이 새것이면 거기에 3 대 1 비율로 석회를 섞는다. 오래된 것이면 5 대 2로 섞는다. 깔고 나면 그것을 메로 계속 쳐서 다진다. 부순 기와와 모래를 3 대 1로 섞은 혼합물을 이 위에 여섯 치 깊이로 깐다. 마지막으로 세르틸리아[233]나 이삭모양 기와나 모자이크를[234] 맨 위에 줄을 맞춰 평평하게 깐다. 지반과 반죽 사이에 기와 한 층을 기름에 담근 석회로 쌓으면 이 작업을 더 잘 보호할 수 있다.

외기에 트이지 않은[235] 바닥포장에 대해, 바로는 그것이 계속 건조할 수 있도록 다음의 방법을 권한다.[236] 즉, 2척 깊이로 파서 흙을 채우고 그런 다음 잡석이나 벽돌로 바닥포장을 깐다. 물이 도랑을 따라 빠져나가도록 개구부 몇 개를 남긴다. 또는, 석탄 위에 말뚝을 박고 이것이 다져지고 단단해지면 그것을 자갈, 석회, 재를 섞은 1척 반 깊이의 고형물을 덮는다.

여기까지 우리가 언급한 이것은 플리니우스로부터와 특히 비트

---

231 subcontignata superficies.

232 spartum(금작화), filix(양치류).

233 sertilia.

234 fertilia(페르틸리아), testa spicacea(이삭모양 기와), tessere(모자이크).

235 non subdialis.

236 사실, 바로가 아니라 플리니우스, 『자연사』, XXXVI, 188, 비트루비우스, 『건축십서』, VII, 4, 5에서 인용했다.

루비우스로부터 우리가 얻은 것이다.[237] 이제 나는 옛날의 작업들을 자세히 성실히 조사함으로써 바닥포장에 대해 내가 끌어올 수 있었던 지식에 대해 언급하겠다. 또한 어떤 저자로부터 얻은 것보다 내 자신의 관찰로부터 더 많이 배웠음을 밝혀 두어야 하겠다.[238]

가장 바깥 껍질[239]부터 시작하자. 이것을 충분히 튼튼하게 만들고 균열이 가지 않게 하는 것은 아주 어렵다. 아직 축축하고 습기가 가득 차 있을 때, 태양과 바람은 그 바깥 표면을 건조시켜 버릴 수 있다. 그 결과, 물이 넘친 뒤에 진흙이 쌓여 있는 것과 비슷해 보이게 된다. 즉, 그 피부[240]는 오그라들어 있고, 고칠 수 없는 균열을 남긴다. 말라 버린 부분들을 되돌릴 수 있는 방법도 없다. 축축한 부분은 조금만 건드려도 으스러진다.

[259] 그 껍질을 옛사람들은 특히 구운 점토나 돌로써 만들었음을 나는 안다. 나는 기와, 특히 그 위에 발을 딛지 않을 기와는 1 쿠비투스 정사각형 크기이고, 기름과 섞은 석회로 결합한 것을 봤다. 또한 작은 벽돌들도 볼 수 있는데, 한 치 두께, 두 치 폭에 그 길이는 폭의 두 배이며, 가장자리를 이삭[241]을 모방해서 두었다.[242] 돌 껍질들을 큰 대리석 석판의 형태로건 더 작은 부분과 입방체의 형태로건 두

237 플리니우스, 『자연사』, XXXVI, 184-189, 비트루비우스, 『건축십서』, VII, 2, 1.

238 1권 1장에서 처음 선언한 뒤로, 작가들의 기록보다는 자신의 관찰과 성찰을 우선시하는 태도가 줄곧 견지되고 있다.

239 crusta.

240 cutis.

241 spica.

242 opus spicatum을 가리킨다. 오늘날 흔히 헤링본 패턴이라고 부른다. 비트루비우스, 『건축십서』, VII, 1, 4와 플리니우스, 『자연사』, XXXVI, 187을 볼 것.

루 볼 수 있다. 오래된 바닥포장은 석회, 모래, 깬 기와를 동일한 분량으로 함께 섞었다고 생각되어지는 균일한 혼합체의 껍질로 이루어진 것을 볼 수 있다. 으깬 석회화를 4분의 1만큼 첨가하면 그 껍질이 더 단단하고 더 확고한 것이 될 것이다.

라필룸[243]이라고 부르는 포촐라나 가루를 이런 작업에서 선호하는 사람들이 있다. 균질한 바닥포장의 껍질을 며칠 간 계속 두드리면 돌보다도 밀도와 굳기가 커짐을 알게 된다. 확실히, 껍질에 석회수를 끼얹고 아마인(亞麻仁) 기름을 바르면 유리에 맞먹는 굳기를 가지게 될 테고 어떤 기후에도 영향 받지 않게 된다. 기름을 포함하고 석회와 결합한 바닥포장은 그 어떤 해로운 것에도 훼손되지 않는다.

껍질 아래에, 석회 및 작은 기와조각들이 포함된 재료를 두세 치 깊이로 깐 것을 나는 안다. 그 아래에는 작업자의 끌로 깨부수진 일부는 기와, 일부는 돌조각으로 이루어진 충전재가 있었다. 이 층은 거의 1척 깊이였다. 나는 때로는 얇은 도기 벽돌로 된 켜가 바로 이 층과 그 위 층 사이에 있는 것을 발견한다. 마지막으로, 바닥에는 주먹 크기만한 돌들로 된 기초부가 있다. 개울에서 난 돌을 “남성스럽다”고 하는데, 자갈돌, 규석, 유리질 돌들이 그렇고 물에서 꺼내자마자 곧바로 마른다. 하지만 기와, 석회화 따위는 오랜 동안 습기를 머금는다. 또한 그래서 어떤 사람들은 바닥포장의 기초부가 이런 돌들로 이루어져 있다면 땅에서 올라오는 습기가 껍질에 결코 닿지 않을 것이라고 주장한다. 또한 우리는 [261] 구운 점토기와로 이루어진 한 척

243 rapillum; 이 종류의 모래에 대해서는 2권 9장에서 말했다.

반 높이의 각기둥들이 땅에 두 척 간격으로 직사각형 줄로 깔린 것도 찾아볼 수 있다.[244] 하지만 이런 종류의 바닥포장은 특히 욕장에 알맞은데, 우리는 그것을 알맞은 데서 다루겠다.[245]

만드는 동안 바닥포장은 습기와 축축한 공기를 좋아하고, 그늘에서와 습기에서 더 튼튼하고 더 온전하게 보존된다. 또한 포장에 손해를 끼치는 것은 특히 땅의 불안정함과 빨리 마르는 것이다. 밭에서 계속 비가 오면 땅이 포장처럼 굳듯이, 포장을 물에 포화상태로 계속 유지하면, 하나의 온전하고 치밀한 것으로 서로 결합될 것이다.

지붕 홈통으로부터 바닥포장으로 비가 떨어지는 곳은 어디서나 그 껍질을 아주 온전하고 아주 꽉 찬 돌로 만들어야 한다. 그래야 낙수가 계속 떨어져 그것을 닳게 하고 훼손시키는 것을 막을 수 있다.

목조 바닥틀 위에 깐 바닥포장에 대해서는, 지지력을 제공하는 뼈대가 충분히 튼튼하도록, 그것들이 똑같은 강도를 가지도록 주의를 기울여야 한다. 그렇지 않고서 만약 벽이나 보의 한 지점이 다른 곳보다 더 튼튼하다면, 그 바닥포장은 쪼개지고 훼손될 것이다. 목재의 강도와 활력은 항상 일정하지 않고 조건에 따라 바뀐다. 목재는 습기에는 물러지고, 건조하면 강성과 강도를 다시 얻는다. 그래서 확실히, 더 취약한 어떤 부분이 하중을 받고 긴장되고 주저앉으면, 바닥포장은 쪼개질 것이다. 이 주제에 대해서는 이로써 충분하다.

하지만 빠뜨리고 싶지 않은 한 가지 알맞은 고려사항이 있다. 기초를 파서 그것을 채우고, 벽을 세우고 덮개를 까는 것은 한 해 중 다

---

244 이 종류의 작업에 대해서는 비트루비우스, 『건축십서』, VII, 4, 2를 볼 것.

245 8권 10장에서 다룬다.

른 시기, 다른 기후조건에서 해야 한다는 것이다. 기초를 파기에 가장 좋은 때는 시리우스의 때나 가을철인데, 그때는 땅이 메말라 있어서, 터파기에 물이 들어가 작업을 방해할 일이 없다. 초봄에 기초를 채우는 것은, 특히 기초가 깊을 때, 결코 부적절하지 않은데, [263] 기초를 에워싼 땅 덕분에 여름철 열기로부터 기초가 충분히 보호되기 때문이다. 하지만 겨울이 시작될 때가 기초를 채우기에 월등히 알맞으니, 그 지역이 극지방 밑과 비슷한 곳이 아니면 되는데, 거기서는 기초가 안착되기 전에 곧장 얼어 버린다. 벽은 과도한 열기와 매서운 추위, 급작스런 서리, 무엇보다 북풍을 싫어한다. 또한 특히 볼트는 작업이 강도를 충분히 얻어 굳기까지는 고르고 온화한 기후를 좋아한다. 바깥 껍질을 만들기에 가장 알맞은 시기는 플레이아데스가 떠오를 때,[246] 일반적으로 남풍이 강하게 불고 습기가 가득한 때다.[247] 피부를 조성하거나 바르려는 껍질이 완전히 축축하지 않다면 그것이 잘 붙지 않을 것이고, 그 대신 두루 벗겨지고 찢어지고 떨어져 나가서 작업이 볼썽사나워지고 오점이 가득해질 것이다. 하지만 껍질과 칠 작업에 대해서는 제자리에서 더 철저히 말하겠다.[248]

이제 일반적 사안들에 대해 말하는 것을 마쳤으니 나머지 구별되는 것들을 살펴보는 것으로 우리는 넘어간다. 우리는 첫 번째로 다양한 건축물들의 종류와 다양성에 대해, 또한 각각의 것이 어떠해야 할지에 대해 다루겠고,[249] 다음으로 건축물의 장식에 대해[250], 그런 뒤

---

246 5월 중순.

247 6권 9장에서 다룬다.

248 6권 9, 10장에서 다룬다.

마지막으로, 잘못된 작업 때문에 또는 기후에 의한 피해 때문에 만들어진 건축물들의 결함들을 어떻게 고치고 복구할지에 대한 것으로 넘어가겠다.[251]

249 4, 5권에서 다룬다.

250 6, 7, 8, 9권에서 다룬다.

251 10권에서 다룬다.

❁ 참고문헌

Biermann, H., "Die Aufbauprinzipien von Leon Battista Albertis De re aedificatoria," *Zeitschrift für Kunstgeschichte* 53(1990).

Caye, P. et Choay, F. (tr.), *L'art d'édifier*, Paris: Seuil, 2004.

Grayson, Cecil, and Bari, G. Laterza, *De iciarchia*(*Opere volgari*, ed. 1966), III.

Eck, Caroline van, "The Structure of De re aedificatoria Reconsidered," *Journal of the Society of Architectural Historians*(1998).

Furlan, Francesco, "De I'alchimie ou des sciences inutiles. Méthode et valeur de la recherche chez Leon Battista," *Chrysopoeia*, vol. II. fasc. 3, juillet-septembre 1988.

Jarzombek, Mark, "The Structural Problematic of Leon Battista Alberti's De pictura," *Renaissance Quarterly* 4/3 (1990).

Jarzombek, Mark, *On Leon Baptista Alberti: His Literary and Aesthetic Theories*, The MIT Press, 1989.

Krautheimer, R., "Alberti and Vitruvius," *Studies in Early Christian, Medieval, and Renaissance Art*, New York and London, 1969.

Krautheimer, Richard, *Rome. Profile of a City, 312-1308*, Princeton: Princeton University Press, 1980.

Kruft, H., *Geschichte der Architekturtheorie: Von der Antike bsi zur Gegenwart*, Munich, 1985.

Onians, J., *Bearers of Meaning: The Classical Orders in Antiquity, the Middle Ages, and the Renaissance*, Princeton, N.J.: Princeton University Press, 1988.

Peroni, A., "Due citazioni per il San Marco di Venezia: gli sfiati della fabbrica contariniana(in Leon Battista Alberti, 1485)," in R. Polacco(ed.), *Storia dell'arte marciana: l'architettura*, Venise, 1997.

Riess, J. B., "The Civic View of Sculpture in Alberti's De re aedificatoria," *Renaissance Quarterly*, vol. 32, no. 1(Spring, 1979).

Wright, D. R. Edward, "Alberti's De Pictura: Its Literary Structure and Purpose," *Journal of the Warburg and Courtauld Institutes*, vol. 47 (1984).

❁ 찾아보기

[ㅇ]

레온 바티스타 알베르티(Leon Battista Alberti, 1404-1472)

이탈리아 르네상스 문화를 대표하는 인문학자이자 성직자였고 건축을 비롯한 여러 분야에서 활동한 예술가였다. 유년기부터 새로운 인문교육을 받고 성장한 그는 작가로서 『가족론』(1434), 『회화론』(1435), 『모무스』(1450) 등 여러 저작들을 남겼다. 건축가로서 그는 『건축론』을 집필했을 뿐 아니라, 교황 니콜라우스 5세의 건축자문을 맡은 것을 비롯하여, 피렌체의 루첼라이궁, 리미니의 말라테스티아노 교회, 피렌체의 산타 마리아 노벨라 교회, 만토바의 성 세바스티아노 교회와 성 안드레아 교회 등을 설계했다.

서정일(徐正一)

서울대학교 건축학과를 졸업하고 동 대학원에서 건축학 분야 석사·박사 학위를 받았다. 미국 펜실베이니아 대학교, 뉴욕 대학교 방문학자를 역임했다. 서울대학교 인문학연구원 HK연구교수로서 인문학 분야와 학제연구를 수행하면서, 건축과 도시의 창작과 실천의 문제들을 중심으로 고전·현대 건축이론을 탐구했다. 단독저서로 『소통의 도시: 루이스 칸과 미국현대도시건축』(제2회 심원건축학술상 수상작)이 있으며, 공동저서로 『문화도시 서울 어떻게 만들 것인가』, 『뉴욕 런던 서울의 도시재생 이야기』, 『중국 개항도시를 걷다: 소통과 충돌의 공간 광주에서 상해까지』, 『동서양의 접점: 이스탄불과 아나톨리아』, 『제국, 문명의 거울』, 『그림일기: 정기용의 건축 드로잉』이 있다. 역서로 『루이스 멈퍼드 건축비평선』, 『재현 분열 시대의 건축』, 『사상가들 도시와 문명을 말하다』(공역) 등이 있다. 건축과 도시의 미래 전망을 찾는 작업에 몰두해 있다.(jeongseo@snu.ac.kr)

❁ 문명총서 발간사

서울대학교 인문학연구원은 2007년 11월 한국연구재단의 인문한국(HK) 사업을 수탁하여 HK문명연구사업단을 출범시켰다. 한국과 아시아, 세계를 향한 문명연구의 허브를 구축하기 위해 '한국 인문학'의 정립을 목표로 인문학 제 분야는 물론 인근 분야의 전공자들까지 한 지붕 아래 모였다.

인문학연구원이 한국 인문학의 도약을 위해 핵심과제로 주목한 것은 문명에 대한 새로운 이해이다. 문명이란 장구한 세월 동안 인류가 일구어낸 정신적·물질적 성과들의 종합이며, 타 문명들과 서로 영향을 주고받으며 진화해 온 복합적 실체이다. 이에 대한 심층적인 이해가 선행되지 않는다면, 현재와 미래에 대한 유효적절한 준비와 대응은 불가능하다.

'문명텍스트총서'는 인문학 안팎의 다양한 전공을 가진 우리 연구원의 연구자들이 자신의 영역에서, 과거와 현재 문명의 정수와 그에 대한 인식을 담은 중요한 텍스트를 선정하여 번역하고 주해한 결과물이다. 이는 긴 시간의 노동을 요하면서도 성취가 단기간에 가시화되지 않는 우직한 작업이지만, 인류의 유산을 한국화하는 이 같은 작업이 주체적으로 세계문명을 사유하고 새로운 문명을 개척하는 데 발판이 되리라고 믿는다. 문명텍스트총서가 현재와 과거를 엮는 씨줄 놓기 작업이라면, 문명공동연구총서는 인간과 세계를 총체적으로 이해하려는 날줄 엮기라고 할 수 있다. 오랫동안 자신의 분야에서 전문화를 추구했기에 공동연구가 쉬운 일은 아니지만, 문명 이해의 융합적 시각뿐만 아니라 한국 인문학의 새로운 전망을 써 내려가는 방법론을 제시할 수 있기를 희망한 결과물이다. 또한 문명지평총서는 연구원 안팎의 연구자들이 참여한 연구서와 교양서를 아우르고 있다.

아무쪼록 문명총서 시리즈가 동서고금의 문명을 더 깊고 더 넓게 이해하는 창발의 효과를 가져오길 기대하며, 국내외의 학자들이 참여하고 교류하는 열린 연구공간이 되길 바란다.

2014년 4월

서울대학교 인문학연구원 원장